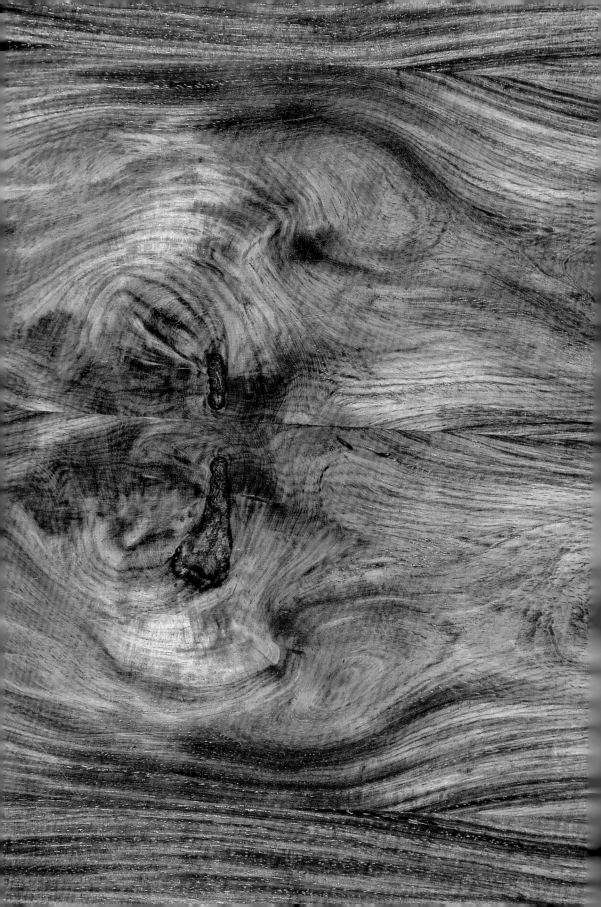

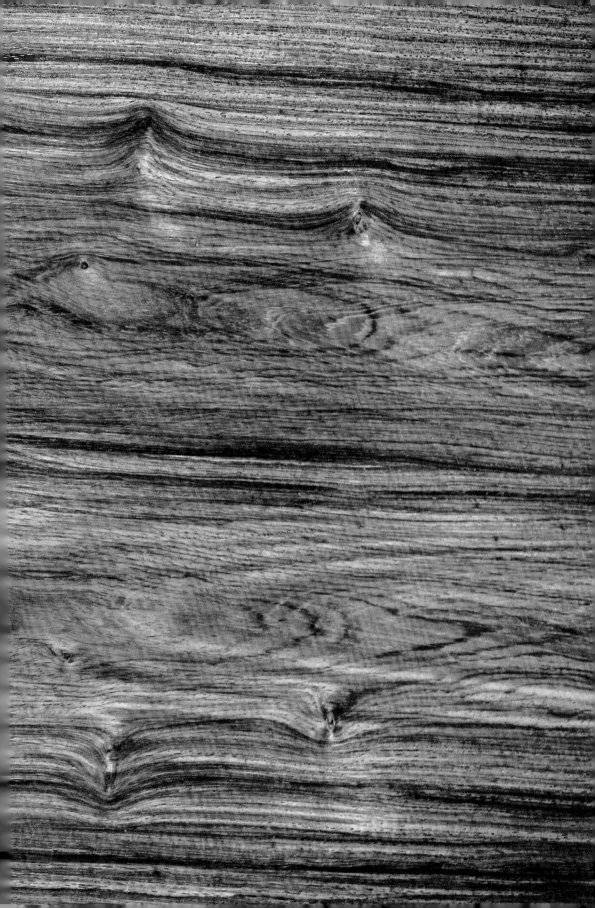

黄花黎

周默 著

图书在版编目（CIP）数据

黄花黎 / 周默著. －北京 ：中华书局，2017.6
（2021.9重印）
ISBN 978-7-101-09889-1

Ⅰ．黄… Ⅱ．周… Ⅲ．降香黄檀－木家具－研
究－中国 Ⅳ．TS666.2

中国版本图书馆CIP数据核字(2013)第298185号

书　　名	黄花黎
著　　者	周　默
题　　签	徐天进
责任编辑	朱振华 李晓燕
装帧设计	许丽娟
出版发行	中华书局
	（北京市丰台区太平桥西里38号 100073）
	http://www.zhbc.com.cn
	E-mail:zhbc@zhbc.com.cn
印　　刷	天津艺嘉印刷科技有限公司
版　　次	2017年6月北京第1版
	2021年9月第2次印刷
规　　格	开本787×1092毫米　1/16
	印张27¾　字数350千字
国际书号	ISBN 978-7-101-09889-1
定　　价	158.00元

周　默　1960年生于湖南岳阳。1983年大学毕业，分配至国家林业部从事珍稀木材进出口工作，历任文化部艺术品评估委员会委员、中国林产工业协会红木专业委员会专家组顾问、中国紫檀文化研究会会长。现专注于中国古代家具的研究、鉴定，重点考察木材的历史与文化。所著《木鉴——中国古代家具用材鉴赏》，荣获国家新闻出版总署第一届"三个一百"原创图书奖，为研究、收藏中国古代家具的基础工具书。另有《紫檀》、《雍正家具十三年》等著作及学术论文数十篇。

记忆的文明

"读其书,不知其人可乎?"孟夫子这话是对的。故有梁启超所言"孟子知人论世之义,以谓欲治一家之学,必先审知其人身世之所经历,盖百家皆然"。我认识周默先生,知道他中学时代喜欢考古,高考立志要进北大考古系,却因种种原因,高分进了其他学校。我常常调侃北大是个"毁人不倦"的学校,其意是说如果你本科没有志向,没有用心追寻你自己喜好的东西,你无法适应北大的学风,尽管今日北大已易遗风。好在周默毕业进了林业部,因工作原因对全国及世界林木种群、生态、特性及利用做过细致的考察。再有周默对中国传统家具的喜好矢志不渝。否则,如何能写出《木鉴》、《紫檀》、《黄花黎》等专著。

近六七年来,周默一直在北大读中国哲学、佛教,勤奋求索,增殖学养,让他有社会历史人文的积淀,故而在林木鉴别专业知识、中国传统家具结构、鉴赏审美意识及木材家具的历史与社会成因,都有了精到描述。这似乎暗合了中国文化传统的境界,即"以道御器","得其寰中"。"道"在老子看来,"天得一以清,地得一以宁,神得一以盈,万物得一以生,侯王得一以为天下贞"。天地万物由于"道"而成。而"器"则是形而下的具体的事物,或为解决问题的具体方法,即是"术"。无"道"而专讲"术",即今日林林总总的鉴宝类节目,完全无视器物蕴舍的历史文化成因及审美意识,直接一句"老的",引导百姓寻利而去,玩物丧志。

周默写就《黄花黎》，嘱我写篇序文。如果不是那天与他酒后神侃，斗胆我也不敢领这个命。我于传统家具完全不懂，始有兴趣，还是源于结识王世襄先生，读先生的书。那一年，先生把他收藏的明清家具悉数捐给上海博物馆，后在图录中发现先生捐出的家具中竟有一件铁力木的长案。先生注此案原藏在溥侗的治贝子园。这个也称"红豆馆"的小院在北大，即是我现在使用的。一件家具，一段历史，一缕情丝。

中国传统家具历史之悠久，已有方家专论。大家共识是到了有明一代，中国传统家具经过长足的发展已达到了高峰。制作之精妙，器形之简洁，气象之内敛而流畅，素逸而庄恭，在中国家具史中独树"明式"典范。究其原因，如没有隆庆、万历年间开放海禁，也不会有东南亚与南亚的硬木随贸易之船来到中国，何来明式家具之用材。与宋元前家具用料相比，明式家具之贩来料材成就了明式家具的榫卯结构着力牢固，质地纹样艳而不腻。究其更重要原因，不得不从中国审美观念在宋元间由文人气息的浸润，已从高远、平远、恢弘美感转而追求窄小留白、简约平和、意趣由心的审美取向。无论是罗汉榻、禅椅，或是画案、小几，无不见线条之流畅、结构之简要，置之室内，配以窄幅山水画，让人观之处处有禅意。

明式家具的审美意念与明中晚期王阳明的心学的影响不无关系。王阳明早年有所谓"四句理"——"身之主宰便是心，心之所发便是意，意之本体便是知，意之所在便是物"。阳明以为与意念有关的对象即是一个活色生香的世界，而不是一个纯粹客观的物理性的世界。所以阳明说，当我未看此花时，此花并不存在我的生活世界中，它与我没有关系，当我看此花时，它即灿烂在我的世界中。阳明认为"意蕴"即是我的"世界"，这个生活世界中的物就是我心灵的显现，与我的关照。这也是阳明的"良知"说。他在《答陆元静》中说："以其妙用而言谓之神，以其流行而言谓之气，以其凝聚而言谓之精。安可以形象方所求哉？"阳明这一"先立乎其大"，即大我，即心，彰显了人的主体意识，影响了明清绘画、书法抑或明式家具的审美意识是毋庸置疑的。

"君子务本，本立而道生"。周默近年学养精进，我冀希他师前学，涵泳其中；得心源，超脱世俗。更进一步，在整理好前辈有关中国传统家具的种种文献的基础上，再写几本好书。

王守常

2013年4月29日夜于上地佳园

目 录

第一章 绪 论

什么是黄花黎?

这一答案是不可能在植物分类学或木材学的文献中直接找到的。

黄花黎并非某一树种的科学名称,而是文博界及收藏家有关中国古代家具所用木材一个约定俗成的称谓。

文博界有关家具所用木材的名称多以其外表特征如颜色、纹理来命名:紫檀、鸡翅、黄花黎、红木,很难与植物分类学、木材学中的科学名称一一对应。文博界靠经验的积累即所谓眼学来判断,植物学家必须依据树木的叶、花、果、皮的异同确定树木的属、种,木材学家则通过眼及科学仪器辨析木材的宏观特征与微观特征,并与标本库中的标本进行比对来得出结论。国家文物局2007年12月份11日发布《文物出境审核标准》规定一九四九年以前的黄花梨、紫檀、乌木、鸡翅木、铁力木,铁梨木家具禁止出境,这几种木材名称,多见于古代文献。如今之鸡翅木,明及明以前称鸂鶒木,包含红豆属、孔雀豆属及铁力木属的近十种木材,而《红木国家标准》之鸡翅木仅指崖豆属与铁力木属的几个树种,二者的花纹、颜色相差很大,根本不为一物。文博界及《文物出境审核标准》中的铁梨(亦称铁力、铁棱)木,原本为产于越南北部及广西玉林的格木,铁力木、格木不同科、不同属,风马牛不相及。广东、广西根本不产铁力木,历史上也没有铁力木家具,何以保护?这一混乱与错误现象至今仍未改变。

文博界与木材学界的看法似乎并行而从不交叉,没有结点。本书的目的之一,便是找到黄花黎与木材学家的这一结点。

本书所述黄花黎即产于我国海南岛的特有树种——降香黄檀

俄贤岭（摄于2015年9月26日）

俄贤岭，又名俄娘九峰山。俄贤洞高悬山中，深不可测，激浪追逐，声如滚雷。清乾隆《萧府志》："九峰山……高百余丈，九峰峻耸，盘旋百余里，相传有黎妇生九子，皆为峒长，故俗又名俄娘九峰山。"《广东图说》曰："……山有九峰，盘旋而下，俄娘溪出焉，西有黎峒。"俄贤岭与霸王岭、尖峰岭相连，蕴藏高品位的金矿、铁矿。西部高品质的深色油黎多生长于此地。

俄贤岭南浪村山溪畔的小片黄花黎树 (摄于2015年9月16日)

(*Dalbergia odorifera* T. Chen) ，隶豆科黄檀属。

我国古代家具中所使用的黄花黎究竟包含几个树种？原产地在哪里？目前有三种意见：

(1) 海南黄花黎，即降香黄檀，原产地为海南岛。

(2) 越南黄花梨，即东京黄檀 (*Dalbergia tonkinensis* Prain) ，原产地为越南、老挝。

(3) 包含海南黄花黎、越南黄花梨。

有些木材学家并不认同所谓的越南黄花梨为东京黄檀，也有学者依据越南林业部门提供的最新资料确认越南黄花梨即东京黄檀。

我国古代家具所使用的黄花黎仅仅指产于海南岛的降香黄檀吗？海南岛是否也产东京黄檀？中国古代的黄花黎家具是否也曾使用越南黄花梨？这是一道十分敏感、尖锐而又必须回答的难题，也是本书研究的第二个重要目的。

研究中国古代家具的学者有关黄花黎的论述，比较有代表性的是德国人古斯塔夫·艾克 (Gustav Ecke) 的名著《中国花梨家具图考》，其中的文字很大篇幅是在研究木材，对于紫檀的研究与分析接近于科学，但对于黄花黎的论述则含混不清甚至自相矛盾；另一位即《明式家具珍赏》与《明式家具研究》的作者王世襄先生。他依据古代文献与植物分类学、木材学的最新成果，特别是1980年出版的成俊卿等的《中国热带及亚热带木材》中有关降香黄檀 (*Dalbergia odorifera*) 心材特征的描述，认为黄花黎即降香黄檀。他还从经验的角度出发区分了花梨与黄花黎的不同，将二者放在一起比较。如果从树木分类学的角度来讲，花梨隶豆科紫檀属，黄花黎隶豆科黄檀属，两种木材同科不同属，从宏观与微观特征比较均有很大区别。厘清历史文献中黄花黎的脉络，是本书研究的第三个目的。

将古代的优秀家具特别是我们所能看到的明式家具作为艺术品，其功劳不是我们中国人自己，而是美国及欧洲的学者、传教士及收藏家。

明黄花黎夹头榫云纹牙头书案(收藏：北京黄英，摄影：初晓，2014年7月29日)
这是一件明代文人家具的模范之作，其比例匀称，如草木自然生长；冰盘沿的
处理方意凸显，出人意料，在同类器物中仅此一例；牙头如意云纹勾勒清晰、
饱满；腿足内侧踩线起鼓，做法讲究、周致，端庄、富丽；穿带大进小出透榫，
为明代优秀家具的标志。

我们将古代家具作为博物馆当然的陈列品也就是近十几年的事，国内有古代家具陈列的博物馆也就上海博物馆、故宫博物院、南京博物院等少数几家。国内的博物馆、拍卖界至今仍将家具列入"杂项"，而不像书画、瓷器、玉器那样身份显赫、名正言顺。19世纪末20世纪初，欧美的学者就开始注意到中国家具的精致、内秀与典雅，不仅搜集精品运回本国，对其从艺术价值方面进行研究与评价，而且对中国家具所用的木材、铜活、大漆、编藤及其他辅助材料均进行了科学而又细致的分析与研究，这方面，他们是走在中国人前面的。如1925年巴黎出版了罗什·奥迪隆著《中国的家具》第一集；1926年出版了杜邦·莫里斯（Dupont Maurice）著《中国家具》；1937年美国人Dye Daniel Sheets《中国格子细工初步》（*A Grammar of Chinese Lattice*）；1941年休顿（Herry S. Houghton）《柜橱木料——中国北方用作细木工的……主要种类》（*Cabinet Woods: The Principal Types……Used in North China for Fine Joinery*）。古斯塔夫·艾克（1896—1971年）从20世纪初对中国的古建、家具开始了长达半个世纪的探寻与研究，1931年在《辅仁大学学报》上发表《几个未曾发表的郎世宁设计的家具及室内设计图案》，1940年发表《中国硬木家具使用的木材》。更为国际所重视的便是1944年在北京出版的《中国花梨家具图考》，其中对于黄花黎的论述可能在迄今为止所发现的资料中是较为详细的，也是比较早的。黄花黎何时用于家具，艾克也作了小心的推测与求证。他认为："在明朝，并很可能包括前两个朝代，黄花梨木料曾经是高级日用家具的专用特色。"①这一推测是有依据的，唐、宋、元已有大量史料佐证，黄花黎的利用在明以前就已经开始。

在国际上，主要博物馆的中国家具及研究中国家具的著作中，绝大

---

① 古斯塔夫·艾克著，薛吟译，陈增弼校审《中国花梨家具图考》第34页，地震出版社，1991年。

多数是黄花黎与紫檀，红木则很少，其他木材的家具只有高古而显沧桑的榆木家具或简洁、空灵的榉木家具。外国人如此做法不是没有道理的。我们的先贤在选择用什么样的木材做家具时其要求近乎苛刻，在上千种木材中不断筛选、淘汰，最后仅剩下黄花黎、紫檀、乌木、格木、榉木、楠木、鸂鶒木等几个树种。什么样的木材适宜于做什么风格的家具是一定的，与其所要表达的主题、思想或追求是有很深的联系的。我们应立足于中外有关中国古代家具文献的研究与整理，立足于已发现的优秀明式黄花黎家具的研究，从而揭示明式家具产生与发展的基本线索、规律及审美特征。这是本书研究的第四个目的。

将某一植物或某一种木材进行多角度考察与研究，在中国已有数千年历史，如《诗经》、《离骚》及其他同时代的文献，集大成者为1593年首刻问世的、有植物学大全之称的《本草纲目》，对树木名称的来历、形态、特征、地理分布及利用价值均有详细记述。

近年来，国际上兴起森林文化（Wood Culture），也译为"木材文化"的研究，其学术重镇在日本，特别是京都大学、东京大学。如果从研究范围与内容看，我更主张采用"木材的历史与文化（History and Culture of the Wood）"这一概念。《黄花黎》一书正是对黄花黎历史与文化研究的初步尝试。

有关黄花黎的文字记载始见于唐代开元年间（713—741年）陈藏器的《本草拾遗》之"榈木"。从此，广东、海南地方志、本草类文献均有"榈"、"榈木"或"花榈"的记录。最早将黄花黎与中国最优秀的明代黄花黎家具联系在一起研究的应为德国人艾克，其代表作《中国花梨家具图考》中有关"花梨"的论述，与其相关的木材名称有：

①花梨（Hua-li）

②高级花梨木（High-grade Huali Wood）

③精美的黄花梨（the Exquisite huang-hua-li）

④灰暗的老花梨（the Dull lao-hua-li）

⑤新花梨(the Hsin-hua-li)

⑥红豆属的花榈木 (*Ormosia henryi*)

⑦麝香木 (Musk-Wood)

⑧印度紫檀的亚种 (Sub-species of *Pterocarpus indicus*，薛吟译为"安达曼红木的亚种")

⑨青龙木 (Amboyna) ①

如果不同时具备厚实的木材学及中国古代家具知识背景，很难读懂艾克所述内容的本意。艾克已找到了解中国古代硬木家具所用木材的科学门径，认为多数源于豆科 (*Leguminosae*) 黄檀属 (*Dalbergia*) 和紫檀属 (*Pterocarpus*)，并准确指出"老的花梨木家具的木料，无论其颜色深浅，通常都指明是'黄的'，以形容所有真品共有的色泽"。

艾克未能给出黄花黎的科学名称，除了其本人并非植物学家外，重要的原因还是植物分类学并未确定其科学名称。

1933年，华南植物所的植物学家将黄花黎带回广州栽植。上世纪50年代，侯宽昭教授主编的《广州植物志》将产于海南的"花梨木"之科学名称定为"海南檀"(*Dalbergia hainanensis* Merr. et Chun)。1965年，陈焕镛教授主编的《海南植物志》第二卷，首次将产于海南的"花梨木"分为海南檀 (*Dalbergia hainanensis* Merr. et Chun，别名：花梨公)、降香檀 (*Dalbergia odorifera* T. Chen,别名：花梨母、降香)。

中国林业科学研究院木材工业研究所的成俊卿、李秾、孙成志、杨家驹、张寿槐、刘鹏等一批木材学家从上世纪50年代已系统、全面地开始了中国热带及亚热带的木材研究，对于海南岛称之为"花梨"的树种进行了深入的对比研究，认为"花梨公"、"花梨母"确为两个不同的树种，将前者的科学名称定海南黄檀 (*Dalbergia hainanensis* Merr.et

---

① 参考 "Chinese Domestic Furniture by Gustav Ecke" PP.23-24, SMC Publishing INC., Taipei,1997,1992。

海南黄檀 (摄于2013年4月4日)
俗称海南檀、花梨公，为我
国海南岛独有。树干及树根
易为家天牛、鳞毛粉蠹虫蛀
空，鲜有实心材。

海南黄檀 (标本：海南乐东
秦标村关万侯。摄于2015
年8月22日)
取自于乐东县林区，数年土
埋、水浸之后呈红褐色不
规则块状，表面有粉状细
末，残留泥沙。

Chun)，后者为降香黄檀（*Dalbergia odorifera* T. Chen）。我们今天所说的"黄花黎"或中国古代家具中的"黄花黎家具"，其所用的木材即为降香黄檀。

陈焕镛、成俊卿将花梨公、花梨母从科学名称、种属上加以区别、纠正、定义，其意义不仅仅在木材学、树木分类学上，中国古代家具的研究同样也从这里吸收到了科学的营养。王世襄先生很快注意到了这一最新学术成果，在其《明式家具珍赏》、《明式家具研究》中准确地认定明式家具中的黄花黎即产于海南岛的降香黄檀。极为遗憾的是，中国古代家具研究领域的一些学者引用当今学者谢方先生点校的《西洋朝贡典录》中有关"花梨"的注释，即花梨有两种：花榈木（*Ormosia henryi*）及海南檀（*Dalbergia hainanensis*）。这两种植物同属豆科，隶红豆属与黄檀属两个不同的属。《西洋朝贡典录》中的花梨，产于南亚、东南亚，隶豆科紫檀属；黄花黎即降香黄檀隶豆科黄檀属。花榈木、海南檀、花梨、黄花黎，从科、属、种来分辨，并不是一个树种，也不属同一类木材，相互之间没有关联或可替代性。谢方先生的注释是错误的，后来的学者不加分析地将这一错误注释作为研究中国古代家具所用木材的科学依据，贻害极深。

何谓"越南黄花梨"？

中国的收藏家、木材商及文博界对此争论不休，植物分类学家及木材学家至今也未取得共识。越南的林业主管部门及学者、中国的部分木材学家，认为越南黄花梨的中文名称为"东京黄檀"，拉丁名称即*Dalbergia tonkinensis* Prain，原产地为越南、老挝。陈焕镛《海南植物志》第二卷称："据记载（Lecomte, Fl. Gen. Indo-Chine 2:500,1916.），本属中之越南檀（*D. tonkinensis* Prain）亦分布于海南，惟我们未见这一种的标本，故不收录。"[①]日本正宗严敬1943年出版的

---

① 陈焕镛主编《海南植物志》第二卷第286页，科学出版社，1965年。

《海南岛植物志》也明确提到海南岛产东京黄檀。上述植物学的研究可能让一些收藏家感到惊讶，但植物的自然分布或早期人工引种、台风或飞鸟的作用，即植物的人工或非人工迁徙使其原来的自然分布延伸、扩展或分离，这些都是自然而然的。何况我们根本未能以公正、科学、平和的态度来寻找东京黄檀根植于海南岛的活立木或木材。实际上，我们今天看到的所谓"越南黄花梨"，多数产于长山山脉西侧的老挝，不过老挝没有出海口，多经越南出口到中国。有趣的是，2014年出版的《老挝木材志》（*Lao Flora, A Checklist of Plants Found in Lao PDR With Scientific and Vernacular Names*）记录黄檀属（*Dalbergia*）树种21种，唯独不见东京黄檀，只有模棱两可的"*Dalbergia* sp."（即黄檀属的一个树种），令人猜测。

降香、降真香、降香黄檀是同一个树种吗？

历史文献记述降香为小乔木，产于今越南南部、印度尼西亚诸岛、马来西亚、泰国、柬埔寨等地，多进贡中国或药用，故降香又有"蕃降"之称。其来源减少后便用降香黄檀即海南黄花黎的根或茎干之心材替代，这也是降香黄檀中文名称的来历。

降真香，亦称降真、降香，这几个名称常重叠混用。海南的香学家认为降香和降真香是两种不同的植物，应区别开来。降真香产于海南，多为藤类植物，海南黎人称之为总管藤或总管木。史籍中记载的降香与降真香为一物，与降香黄檀心材在药用方面有某种替代关系。如何定义与区别降香、降真香、降香黄檀？海南的热带植物学家、香学家及收藏家联手成立"降真香研究会"，能否科学地解释这些疑问是研究会的主要方向。

本书研究的另一个重要内容即黄花黎的生长条件、自然分布与基本特征。

对于黄花黎生长的一般条件、自然分布，我国的植物学家、林学家及木材学家近一百年来做过很多野外调查与研究，比较全面、清晰、细

东京黄檀树叶、花蕊（摄影：李英健，2012年5月6日）

东京黄檀（标本：河北泊头。孙玉成，摄于2014年8月16日）
俗称越南黄花梨或越黄，主产于长山山脉东西两侧的越南、老挝，叶、花、果、皮与海南产降香黄檀极难区别，二者的木材表面特征较易分辨。

生长于海南白沙鹦哥岭的降真香（摄于2015年8月24日）

呈螺旋状攀缘于紫薇、三角枫等坚硬的树干上。从形状上分析，原为两股绳状植物相绞，另一半空余，有可能是异于降真香的一种植物已被生命力顽强的降真香绞杀而枯死，腐朽为泥。

产于海南的降真香 (收藏及摄影：魏希望、2014年6月30日)
香农又称其为小叶降真香。油质饱满，粘糯温润，为降真香之上上品。

分的学术成果并未出现。海南黄花黎的自然分布与纬度、海拔、降雨量、温度、温差、阳光、季节变换、土壤及伴生植物等的关系，土壤中所含微量元素及高品位矿产如铁、铜、金的分布带与黄花黎分布区域的重叠，这些因素与黄花黎的颜色、花纹、密度、光泽、油性、香味都有十分密切的关系。地理位置与环境的不同，黄花黎的这些特征也会发生相应的变化，故有油黎、糠黎之分，东部料与西部料之别。

黄花黎的利用与审美，也是木材文化及明式家具研究中的关键内容。

黄花黎的利用，历史上海南岛与以苏州为代表的大陆地区有着完全不同的方式与认识。

海南岛黎人"居五指山中者为生黎，不与州人交；其外为熟黎，杂耕州地。原姓黎，后多姓王及符。熟黎之产，半为湖广、福建奸民亡命及南、

类 别	原产地海南岛		以苏州为代表的大陆地区
	生黎	熟黎	
家具	容器、小型坐具	床、椅、凳、柜、盒、桌等种类较多，用料宽厚，极少与其他木材配，少数与大理石、花梨、格木相配。喜雕琢、求实用是其主要特点	各类家具及文房用具，除了实用外，神韵始终是第一位的，尤其工于形式、结构、比例与工艺。用料考究，常与紫檀、楠木、格木相配
建筑	干栏式建筑，就地取材，不使用黄花黎	东部、东北部、东南部喜用黄花黎做房梁、柱、门窗、墙板、隔板等	仅见于槅扇等内檐装饰之局部（山西、北京等）
农业、交通、纺织	点种用杵棒、犁等少量农具	牛铃、轭、犁、耙、水车、牛车、木船及其他渔具、锹、铲、水桶、纺车及纺织用具、工具柄等各种农具	
乐器	木鼓（原木挖空）	木鼓、二胡、琵琶、笛子、箫、古琴等	
雕刻及工艺品		动物造型及吉祥图案的工艺品，工艺粗糙，见斧凿痕	多见于清中期后，特别是民国及现在的广东、福建、浙江、江苏、上海、河北、北京等地，把玩件及根艺作品比例较大
武器	弓、刀、刀柄	弓、刀或刀柄、枪杆、枪托、梭标杆	

表1 16—19世纪黄花黎的利用

琼山多火山岩，民居多以火山石相砌。火山爆发后火山灰积聚，且海南东北部阳光充足、雨量充沛、台风频繁，生长于这一地区的黄花黎纹理、色彩特征明显，是明清时期黄花黎的主伐区及供应地。（摄于2015年9月14日）

恩、藤、梧、高、化之征夫……"①海南岛黎人有生熟之分，生黎多为原住民，居五指山中；熟黎多为大陆移民，环五指山周围。生黎、熟黎对于黄花黎的认识与利用也有明显不同。

从表1所见，生黎对于树木的认识，以方便、就地取材为主，较少关注材性及适用性；熟黎源于中原及大陆东南部、南部之汉民，注重材性及适用性，黄花黎油性重，防虫防潮，不易开裂、腐朽、耐磨，故多用于房屋建筑、交通工具、农具及家具制作。

---

① 清张廷玉《明史·广西土司传·广东琼州府附》。

海南东方市江边乡白茶村石山，江边、大广坝所产比重大、油性足的深色黄花黎为西部料的优质代表。（摄于2015年1月26日）

　　黄花黎在海南，并非一直被认为珍稀、贵重，从几百年的建筑、室内陈列为例，有地位的人或富有的人，多用南洋进口木材，如花梨木（尤以文昌为盛）、波罗格、格木、坤甸木。海口近二百年的老街建筑极少采用本地木材，名人故居亦如此。黄花黎用于建筑，多见于海口、琼山、定安等农村山区。

　　黄花黎作为硬木家具用材，在明末清初的苏州、北京、山西可谓求之不得的珍品，主要用于明式家具的制作。材尽其用，几乎没有不可以利用的部分。黄花黎家具除了少数采用一木一器或所谓"满彻"外，在苏州、山西等地，出现了不少包镶家具，内胎为楠木或柏木，外部包镶黄花黎或紫檀，除了节省珍稀木材外，也是工匠显示高超工艺的一种表现手法。优秀的黄花黎明式家具，并不完全追求满彻，如柜类，顶板、侧板、背板、底板或抽屉均用软木（楠木、松木、杉木、柏木），衣箱、官皮箱、食盒之底板、隔板采用格木，俗称"金帮铁底"。

　　中国古代家具形式之美在五代及北宋已有标杆式的艺术成就，至明末，种类之全、用材之精、器形之妙，特别是结构科学、合理，是中国家具发展史上一个理性的进步，也是学术界公认的巅峰期。注重家具的品格、审美、个性的张扬，自由、自我、厚生，也是明式家具的标签。黄花黎家具在明朝特别是后期的光辉耀眼，与其金色的光泽、炫丽的花纹及文人的浸染是有很大关系的。曹昭、王佐、屠隆、文震亨、戈汕、高濂、李渔关于家具所用材料、设计、功能、陈设及审美（雅与俗）的讨论，直接将家具的审美置于明亮、可观的显著位置。从唐、五代、宋、元、明及清前期，文人家具的成长脉络一直清晰可见。这一时期绵延八百年左右，是文人家具产生、发展、完善的黄金时期。文人家具最主要的特点是实用、好玩、好看。至于"好看"，涉及两方面：木材自身的色泽、纹理之美；形、神契合之美。黄花黎、黄花黎家具在明式家具抑或文人家具之中的地位是一种天地自然之秩序，散生于海南岛丛林之中的黄花黎处在复杂多变的热带气候之中，丰富奇特的多品位地下矿产分布，使其密度、质地、颜

沤山格呈紫褐色，虽久埋深山，但木性未失，色泽一致，皆因其内含丰富的降香油所致。（摄于2015年1月26日）

毛孔料轻、脆，已不宜于加工。（标本：海南东方市东和镇吉文。摄于2015年1月26日）

色随自然条件的变化而改变，这些不断变幻的表面特征，与作为当时文化、时尚之都——苏州的特质是一致的，故黄花黎迅速得以替代本土的榉木而成为新宠。苏作黄花黎家具空灵、纤细、柔婉，线条流畅、不喜雕饰，讲究颜色、花纹的统一、对称，结构、法度严谨，尺寸、形式与环境的协调，与主人的喜好、品味，乃至建筑、园林一体，为人之精神所养、性灵之依。

黄花黎、黄花黎家具的审美研究本应成为打开本书的窗口，但限于本人的学术涵养，只能披荆斩棘蹚开一条小路，以供后学拓展，能看到更美、更真的自然之象。

黄花黎的现状与未来，是一个令人无法回避的研究课题。黄花黎天然林在海南岛很难找到，濒临灭绝。本书主要从四个方面剖析：采伐与运输方式的不断改进；移民与汉黎关系的变化；农业开发与种植方式的变化；其他社会因素。其中，人祸，应该是黄花黎濒临灭绝的首要原因。

随着海南黄花黎资源的枯竭，越南黄花梨在越南、老挝也遭到毁灭性的采伐，树根也被挖出来用于家具、工艺品及根艺制作。民房、寺庙、桥梁、篱笆、民用家具、农具、乐器及宗教器物，凡为越南黄花梨或老红木、酸枝、花梨木、鸡翅木、乌木及其他贵重木材，无论大小、新旧或腐朽程度如何，悉数通过泰国、越南，或陆路，或海路运往中国。老挝同越南一样，很难找到东京黄檀的野生林，在越南也只有在河内、胡志明市的植物园内可以看到挂牌、编号的东京黄檀。

海南尖峰岭热带林业试验站仅剩半棵黄花黎树桩，用带电铁丝网缠绕，外筑钢筋水泥筒；广西林科院试验林场仅剩一棵几近枯死的人工种植的黄花黎。非法盗采者不仅盗伐研究所用于科研的黄花黎，而且深入到人迹罕至的林区，连干枯变脆的所谓"毛孔料"（又称管孔料、沤山格或铁料）也被从悬崖峭壁的石板缝中挖出来用于销售。"毛孔料"源于海南西部矿产丰富的山区石缝中，是黄花黎幼龄树枯死或伐后留下的没有生命力的树根。由于海南西部干旱少雨、气温高，黄花黎朽根油性物质已被蒸发，从其截面可以看到大小均匀的管孔，多呈深褐色，表面覆盖一层深褐色粉状物。毛孔料几乎不适宜于加工，已丧失天然本性，脆、轻、涩。即使如此，毛孔料在其产地东方市大广坝的市场价每500克约500—800元人民币。

近五年来，中国兴起各种木质及其他材质的手串收藏风，黄花黎手串最高价超过百万人民币，每颗呈一致的鬼脸纹与色泽，这一现象多源于油性好的幼龄活树干或树根，心材直径4厘米左右，每斤价格8000—10000元；如按长度卖，从外表可以看到鬼脸者，28—30厘米长一根，不论重量，价格为10000元或更高。手串料如赌石一样，赌其鬼脸纹、芝麻纹，导致野外大量的幼龄树被挖根，进一步加快了黄花黎灭绝的速度。

如何科学地解决黄花黎濒临灭绝的窘状？第八章用了很大的篇幅讨论这一问题，以期黄花黎的美好未来。

《黄花黎》作为"木材的历史与文化"这一学科研究的初步尝试，最主要的研究方法有两种：

第一，史籍或近现代中外文献的整理、辨析。

1.本草医药类；

2.地方志（广东、海南、广西）；

3.文化史；

4.植物学、木材学；

5.中国古代家具研究的相关著作、论文；

6.其他文献。

第二，调查。

1.林区

（1）海南岛原产地：野生林的自然分布与人工林种植区；

（2）福建、广东、广西、云南人工林：种植条件、心材材质变化、发展趋势；

（3）长山山脉东西两侧的越南、老挝：越南黄花梨天然林区，不同地区心材特征的变化及与海南黄花黎的比较研究。

    2.社会

    （1）人与树木的关系：习俗、自然崇拜、宗教、迷信、禁忌、传说；

    （2）木材的利用与认识的变迁；

    （3）保护与利益的冲突、协调；

    （4）黄花黎的生存现状。

文献的搜集、整理、辨析、订正和不间断的林区社会调查，是"木材的历史与文化"研究的不二法则，《黄花黎》也不例外。

黄花黎胎彩绘冼夫人像（收藏：海南王力，摄影：魏希望）

冼夫人（512—602年），名英，俚人。梁、陈、隋三朝岭南部落首领，有"岭南圣母"、"谯国夫人"之称，在海南、广东及东南亚一带声望极高，几与妈祖、观音地位相等。多为广东、海南等地供奉。此木雕彩绘像神态庄恭，衣着官服，色彩鲜艳、华丽，左右为文官武臣。

第二章

海南的历史与文化

第一节 简述

一、位置

今天的海南岛位于东经108°37′—111°03′，北纬18°10′—20°10′，濒临南海，面积约33920平方公里。海南岛属于海洋性热带季风气候，雨水丰沛，距离赤道很近，是各种珍稀热带植物生长的天然宝库①。

世界上几种最珍贵的树木几乎均生长于赤道以北，北纬5°—20°之间，集中于亚洲的南亚、东南亚地区及中国的海南岛，如檀香紫檀分布于印度南部、东南部北纬13°—17°之狭窄山地。印度的檀香木即著名的老山香、乌木（又称"真乌木"）也与檀香紫檀的天然生长区相同，老山香、乌木产地的纬度会更低一些。降香黄檀即黄花黎也是分布于这同一纬度。著名的沉香树也分布于赤道以北的这片区域，印度、缅甸、柬埔寨、老挝、泰国、越南、马来西亚、印尼及我国的香港、广东、海南岛、广西、云南均有沉香树分布。世界上最好的沉香产于海南岛，最贵的木材黄花黎也产于海南岛，对于这一奇特现象，还没有人作出标准而科学的判断。

古人是如何认识海南岛的呢？

有海南第一才子之称的明朝大学者丘濬《南溟奇甸赋》谓：海南"民生存古朴之风，物产有瑰奇之状。其植物则郁乎其文采，馥乎其芬

---

① 许士杰主编《海南省——自然、历史、现状与未来》第3页，商务印书馆，1988年。

五指山 （摄影：石怀逊，2006年8月28日）

清张嶲等《崖州志》："五指山……深歧黎境。五岭联络，形如伸掌。屹立琼崖儋万之间，盘亘六百里。诸山皆其脉络。上多异产，人迹所不经。"

馨，陆摘水挂，异类殊名；其动物则彪炳而有文，驯和而善鸣，陆产川游，诡象奇形。凡夫天下之所常有者，兹无不有。而又有其所素无者，于兹生焉。……花梨靡刻而文，乌樠不浧而黝。椰一物而十用其宜，榔三合而四德可取。木之精液蒸之可通神明，鸟之翮毛制之可饰容首。有自然之器具，有粲然之文绣"。

　　唐朝杨炎称海南岛"一去一万里，千知千不还。崖州何处在？生度鬼门关"。李德裕在《登崖州城作》中表露出孤独无望的心迹："独上高楼望帝京，鸟飞犹是半年程。青山似欲留人住，百匝千遭绕郡城。"而宋人周去非在其《岭外代答》一书中将海南岛之黎母山描绘成人间仙境："海南四州军中，有黎母山。其山之水，分流四郡。熟黎所居，半险

鹦哥岭（摄于2015年8月24日）

鹦哥岭位于海南岛中部偏西，呈东北—西南走向，为黎母岭山脉之主体，主峰海拔1812米，为海南岛第二高峰，横跨白沙、五指山市及乐东县、琼中县，为南渡江、昌化江的发源地。鹦哥岭保有我国面积最大的原始热带雨林，植物、动物种类丰富多样。降香黄檀、降真香及新发现的伯乐树（*Bretschneidera sinensis*，又名钟萼木、山桃花、冬桃）均分布于此。

半易，生黎之处，则已阻深，然皆环黎母山居耳。若黎母山巅数百里，常在云雾之上，虽黎人亦不可至也。秋晴清澄，或见尖翠浮空，下积鸿蒙。其上之人，寿考逸乐，不接人世。人欲穷其高，往往迷不知津，而虎豹守险，无路可攀，但见水泉甘美耳。此岂蜀之菊花潭、老人村之类耶？"

海南岛的位置，据《山海经》称"皆在鬱水之南"："伯卢国、离耳国、雕题国、北朐国，皆在鬱水之南。鬱水出湘陵南海。一曰相卢。""有儋耳之国，任姓，禺号子，食谷。北海之渚中，有神，人面鸟身，珥两青蛇，践两赤蛇，名曰禺疆"。

北魏郦道元《水经注》称："《林邑记》曰：汉置九郡，儋耳预焉。民好徒跣，耳广垂以为饰，虽男女裸露，不以为羞。暑褻薄日，自使人黑，积习成常，以黑为美，《离骚》所谓玄国矣。然则儋耳即离耳也。王氏《交广春秋》曰：朱崖、儋耳二郡，与交州俱开，皆汉武帝所置。在大海中，南极之外，对合浦徐闻县。清朗无风之日，遥望朱崖州，如囷廪大。从徐闻对渡，北风举帆，一日一夜而至。周回二千余里，径度八百里，人民可十万余家，皆殊种异类……"

北宋诗人苏东坡贬居儋州而北归中原时，赠姜唐佐一联："沧海何曾断地脉，白袍端合破天荒。"此言被今天的地质学家所证实。原来海南岛与雷州半岛为一体，广西的勾漏山脉同五指山相连。

二、中央政权的统治与开拓

据史书记载，公元前110年汉武帝平定南粤后，遣使自徐闻赴海南，设置珠崖、儋耳二郡，从此，海南岛一直处于中央政权的统治之下。

从目前出土的文物特别生产用的石器及生活用的陶器之地理分布看，海南岛的原住民，即黎族的祖先已经开始从事原始的农业生产，一般居住在靠近河流、港湾的山岗和台地上，使用石斧、石锛进行耕种，即"刀耕火种"。这也是最初森林资源减少的主要原因。

中央在海南岛的政权设置是从沿海开始，逐步向黎族聚居的核心区域挤压式前进的。西汉时的"珠崖郡（治今暗都县）管辖暗都（治今海口市境内）、珠崖（治今海口市）、苟中（治今澄迈县内）、紫贝（治今文昌市）、临振（治今三亚市）、玳瑁（治今海口市）、山南（治今陵水黎族自治县内）等县；儋耳郡（治今儋耳市内）领县有儋耳（治今儋州市）、至来（治今昌江黎族自治县内）、九龙（治今东方市内）、乐罗（治今乐东黎族自治县内）。……这些郡县位于海南岛北部、西部和南部地区，可见汉王朝在海南开拓疆土，是从沿海地区开始的"，隋唐时期"一些设置开始深入中部黎族聚居的山区，如唐咸通五年（864年）设立的忠州（今定安西南峒中）等，虽存在时间不长，但说明中央王朝的封建势力开始向中部山区扩张"①。政权设置的不断深入、疆土的开拓，也是资源掠夺不断加剧的过程，首当其冲的则是森林资源，特别是有用的珍稀树种的递减或毁灭。

三、物产

海南岛的丰富物产，在许多古文献中均有很详细的记载，我们主要归纳出与中国古代家具，尤其是黄花黎家具有关的内容。

（一）木材

清初屈大均《广东新语》、清末张嶲等人的《崖州志》对于海南岛所产代表性的木材均有详细记载与描述，对于研究海南家具及地域文化提供了尤为难得的资料。

1.《广东新语》所列海南产文木有22种：花榈、乌木、鹨鵣木、虎翅木、苏方木、铁索木、香楠、相思木、铁力木、紫檀、水梭、飞云木、秋风木、胭脂木、椶、橡、槌子木、水椰、栌、金丝樏、椅、吐珠木。

2.《崖州志》所列木材有37种：文梓、紫荆、花梨、香楠、坡櫑、竹叶松、黄杨、梅、胭脂、铁櫑、银朱、香槁、乌格木、黄桫木、黑榧、藤椿、波

---

① 王学萍主编《中国黎族》第7—8页，北京民族出版社，2004年。

图中紫褐色者为苏木，浅黄者为黄金刺木，左下侧两根为黄连，右侧为野板栗树皮（标本：海南东方市，王秀蓉，2015年9月15日）
《民国儋县志》："苏木，即苏枋，树类槐花，黑子，南人以染绛，凡州县艺植者，十年后始堪用，黎山野生者，以年久故佳。"苏木为海南历代贡物，为天然植物染料，多用于织染，也用于格木、黑柿家具的表面染色。

罗木、万年生、鸡头木、鸡翅木、铁力木、吐珠木、蛇总管、红罗、荔枝、龙胆、海棠、桃榔、苏木、苦楝、青炭木、水杨柳、榕树、龙骨、公土檀、甜糖、鬼画符。

　　海南热带森林资源特别丰富，特别是珍稀树种在《崖州志》及《广东新语》中均有提及，如：花榈（实为今之降香黄檀）、鸡翅木（今之铁刀木）、坡垒、母生、香楠、黄杨、铁力木、苏木等都是十分优良的家具或建筑用材。不过紫檀、乌木均不产于海南岛，紫檀原产于印度，乌木则产于南亚、东南亚及非洲，我国其他地方也不产。海南人除了就地取材外，也大量使用从国外进口的格木、花梨、波罗格、坤甸，用于建筑、桥梁、家具。

鹦哥岭野生红藤（摄于2015年8月24日）

海南沉香专家吉承宏先生种植的沉香树（2015年8月21日摄于海南澄迈昆泰沉香文化观光苑，红光农场21连）
利用人工干预的方式（人工开槽，使活树主干受伤）使其结香。

（二）竹藤

竹有观音竹、竿子竹、黄竹（一名界金竹）、苦竹（又名过山苦）、山竹（一名涩勒，即赤竹也）、麻竹（沙麻竹）、凤尾竹、砂竹、斑竹、甜竹、箭竹；藤则有：黄藤、白藤、红藤、鸡藤、犁藤、苦藤、松筋藤、绉皮藤。

其中，斑竹"高三四尺，小如指。皮有黑圆晕纹，可为烟管"。斑竹，在中国古代大小均可用于竹类家具的制作或装饰，也有用于文具，如笔筒装饰、笔管等。

海南的藤，比较有名者是一种土称为"黄金藤"的。其韧性好，易于剖削及加工，但其色杂、不纯净，不太适宜明式家具编藤所用。入清以后，内地也大量使用"黄金藤"制作家具及其他器物。

（三）香类

沉香及其分类

我国历史文献有关沉香的论述，多以海南岛土产沉香为上上品，特别是海南东部"万安黎母东峒香为甚"，因为"居琼岛正东，得朝阳之气又早"。今人则认为，上等沉香及棋楠多出于西部的尖

鹧鸪斑 (收藏与摄影: 魏希望, 2013年9月10日)
　《崖州志》: "鹧鸪斑, 亦得之沉水、蓬莱, 及绝好笺香中。槎枒轻松, 色褐黑而有白斑点点, 如鹧鸪臆上毛。气尤清婉, 似莲花。"

带血色的玳瑁鳞片（收藏与摄影：
杜金星，2013年4月25日）

车渠（收藏与摄影：杜金星，
2012年7月14日）

峰岭、霸王岭一带。

《崖州志》将沉香细分为15种：黄沉、生结沉、四六沉、中四六沉香、下四六沉香、油速、磨料沉速、烧料沉速、红蒙花铲、黄蒙花铲、血蒙花铲、新山花铲、铁皮速、老山牙香、新山牙香。

海南的沉香或伽南除了用于中药外，多用于文房、佛珠或雕件，如笔筒、如意等，而沉香木（指未生成沉香之普通木材）原住民也将其用于米桶、储物桶、床板或其他家具。沉香木初锯时泛白，且轻软发泡，使用久后则呈古铜色，细密无纹，滑腻润泽。这也是海南地方家具用材的一个明显特征。

（四）其他

1.玳瑁

《崖州志》称："状类龟鼋，而壳稍长，足有爪，后二足无爪。背鳞十三片，黑白斑纹，相错而成。用作器，则煮之，刀切如意。治以鲛皮，则莹滑。俗所称十三鳞者是。州境多生，故州名玳瑁云。"蜜黄色鳞片所占比例大者最为珍贵，价格奇高。古人称"黄者黄如蜜，黑者黑如漆"。黑白不分、黄黑散乱或黑斑密集者皆为下等。

玳瑁从三代开始就是贡物，主要用于器具的装饰，明清时也有将其与紫檀、黄花黎或黄杨木相配制作匣类，用以盛装首饰、和田玉、鸡血石、田黄或其他贵重物品。也有单独制作手镯、眼镜架、凉扇把（一般配硬木，如黄花黎、紫檀）、项链、头饰等。在清宫造办处档案中也有将其镶嵌到紫檀或黄花黎笔筒上的记载。

2.车渠

《崖州志》又称："蚶，壳上有棱，如瓦垄。壳中有肉，紫色而满腹。俗呼为天脔。《岭表录异》云：州海中生蚶，甚大。有片甲大如屋者，以治器。即为车渠。"

宋人周去非《岭外代答》论及车渠更为详细："南海有蚌属曰砗磲，形如大蚶，盈三尺许，亦有盈一尺以下者。惟其大之为贵，大则隆起之处，心厚数寸。切磋其厚，可以为杯，甚大，虽以为瓶可也。其小者犹可以为环佩、花朵之属。其不盈尺者，如其形而琢磨之以为杯，名曰潋滟，则无足尚矣。佛书所谓砗磲者，玉也，南海所产，得非窃取其名耶？"

车渠切削打磨后洁白纯净而可以成大块，一般与其他颜色的贝类合用镶嵌于屏风、椅类、桌案类或其他家具之上。也有单独成器的，如笔筒、镇纸、佛珠或用于装饰物。螺钿的镶嵌在广式家具中极为普遍，主要与深色硬木，如紫檀、老红木或酸枝木相配，清晚期或民国时期，螺钿多与产于缅甸的酸枝木相配，且越来越广、越来越密集。

3.海镜

"形圆如镜，即璅结也。……壳圆，莹如云母光"。

另外《崖州志》中还对鹦鹉螺、蛤、江鳐柱、九孔螺、紫贝等很多海生贝、螺进行记述，其外壳多数用于中国古代家具之镶嵌。所谓"五彩螺钿"即为螺钿之天然颜色镶嵌而成。

4.铁树

《崖州志》曰："生海中。每枝杈丫，分歧如鹿角。色黑而泽，其坚如铁，随海涛冲激而上，可供瓶玩。取其粗干，揉为鉅品，最珍，俗有铁珊瑚之名。作金彩者尤佳。"

铁树，形态各异、大小不一，大者可高达1—2米，小者仅十数厘米，一般插于瓶中置于案几之上，也有单独用于室内陈设装饰之用，宜疏朗有致，天然雅趣，而绝不可多用。

5.珊瑚

《崖州志》物产中未专门提及珊瑚。古代宫廷所用珊瑚除国外进贡外，多数源于海南岛。珊瑚除了用于手镯、项链等装饰品的制作外，也大量用于家具或其他器物的镶嵌，如桌案陈设、鼻烟壶等。

第二节　海南的民族与人口变迁

一、黎族

唐代后期刘恂《岭表录异》谈到"紫贝"时称："紫贝，即蚜螺也。儋、振夷黎，海畔采以为货。"《岭表录异》第一次将"黎"作为一个族名。此前，西汉时称"骆越"，东汉时又有"里"、"蛮"之称，唐初则有"俚"、"僚"之称。到了宋代称"黎"开始普遍，在许多史籍中均有记载。

关于黎族的形成学术界看法不一，海南岛目前还没有从猿到人的考古发现，只有三亚落笔洞遗址可以证明黎族是海南岛最早的原住民，距今一万年左右即在此居住。从事海南岛历史研究的学者认为，黎族与我国古代居住在两广地区的越族有着密切的族源关系。而另一种意见认为，黎族来源于东南亚地区的一些古代民族，远古时期从东南亚地区渡海迁入海南岛，其依据是从海南岛出土的新石器与马来亚、越南等地出土的器形相同，而人体测量材料的对比分析也证明，部分黎族在血统上与正马来族（亦即印度尼西亚族）有着密切的关系。此外，还有"来源多元说"及"一源多流说"，其时间、地点、源流十分复杂。

历史上将黎人分为生、熟两种：生活于黎母山内者为生黎，外者为熟黎。生黎质直犷悍，原本不为人患，而熟黎多为福建、湖广之移民。屈大均认为："熟黎者生黎之良莠，而粮长又熟黎之蟊贼。凡生黎蠢动，皆熟黎为之挑衅；而熟黎之奸欺，又粮长之苛求所激也。粮长者，若今之里长，其役黎人如臧获，黎人直称之为官，而粮长当官亦呼黎人为百姓。"

有文献称黎人的祖先源于蛇卵，蛇卵生一女，后与过海采香的交趾蛮为婚，繁衍子孙，此乃黎人之先祖。也有"狗尾王"之说，有一少女航

三亚落笔洞（摄于2015年8月23日）
旧石器时代晚期遗址，距今约1万年（10640±），出土人牙化石、打制敲
砸器、砍砸器等文化遗物六百多件，属岭南地区洞穴石器文化范畴。

海而来，入山中与狗为配，生儿育女，名曰"狗尾王"，即黎人先祖，其子孙皆以王为姓，凡生黎多姓王。

生黎生性彪悍、勇蛮。今儋州原称儋耳、离耳，当地古代居民"皆镂其颊皮，上连耳作状如鸡肠下垂"，外人至此，几乎均被掠杀，取其牙齿挂于胸前，牙齿多者被视为族内英雄而受到尊崇或成为首领。刀不离手，弓以竹为弦，纳木皮为布。生黎男女皆喜文身，不然，上世祖宗不认其为子孙。豪富文多，贫贱文少，故以文之多少来别富贱。

生黎由于受到周围生存环境的挤压，故多谨慎猜疑。客人来后，主人一般不见面，而是躲在里面窥视探究客人的一举一动，布置酒席后主人才出来会客，一言不发，备少许酒及恶臭秽味以待客，如客人忍食不疑，主人则大喜，否则送客。这一习俗在上世纪80年代的黎寨多有保留，

黎人船形屋（摄于2015年8月23日）
残存于海南昌江县王下乡洪水村的船形屋破败不堪，任其坍塌，被迁移到村外的黎人常盘桓于祖屋。船形屋前后种有黄花黎、面包树、椰子树、橄榄、苦楝等树。

特别是近年黄花黎及沉香价格急升，而上等的黄花黎及沉香多为黎人所拥有，很少有光顾一次就成交的，除反复喝米酒、观察来客的一言一行外，还有很多规矩。如黄花黎交易，一定要有本地熟人作为中介，中介也适当收费，不然很难成交。黎人视拥有牛的数量为财富与身份的象征，当地的土产如黄花黎、沉香、吉贝、苏木、槟榔、水晶、车渠、玳瑁多以牛来交易，明末上贡的黄花黎也多由熟黎作为中间人以牛换取，少用白银或黄金，也有用食品或其他物品来换取黄花黎的。

生黎所居为"栏房"，采伐长木搭屋，呈长船形，上覆以草，中剖竹，下横上直，平铺为楼板，其下虚空。栏房多用红棉、波萝蜜等本地树木，这些木材防潮、防虫，不易腐朽与开裂，深受黎人喜爱。而熟黎之富有者或州县居民少用黄花黎搭建栏房，多用进口的草花梨、黑盐、波罗格以别于当地土居。我们观察过无数海南古旧建筑，海口市的古旧建筑几乎无一根黄花黎，而在偏僻的山村，有的民居筑石为屋，以黄花黎为檩、为梁、为墙、为门窗。近年所谓的黄花黎拆房料多源于琼山、澄迈、临高、昌江、乐东、白沙、东方等比较落后的农村地区。

二、苗族

海南苗族的形成也不过500年的历史。海南岛的苗族主要来源于广西境内。万历四十三年（1615年），崖州罗活、抱扛（即今乐东黎族自治县抱由、三平、大安、千家地区）等黎峒发生黎民暴动。明代钟芳《平黎碑记》称当时民众"奏请闲住参将程君鉴"，"急拯陵难。崖民老幼数千遮道哭迎，请移民先之。""程又多设间谍，图山川险夷曲折以献，曰：'寇众且强，非翦寇无以辑民，非广目兵无以挫敌。'公如其请，奏调目兵八万，合汉达官军土僮敢死士十数万人征之。檄程统中哨，田州、归顺、南丹、向武、胡闰、上林、忠州果化目兵隶焉；陵分左右哨，泗城、镇安、东兰、那地、安隆。思明、江州、龙英、武靖、奉或、都康、归德、太平、万承、上思目兵隶焉"[①]。据称这批广西兵中约有苗兵及家属万余人。战后明朝将这些广西兵驻军

苗族织锦（摄影：魏希望，2009年11月18日）

---

① 清屈大均《广东新语》第239—243页，中华书局，1984年。

屯垦,屯垦取消后,便散居于崇山峻岭之中。这就是海南岛苗族的来源。

苗人也分生熟。已归王化者为熟苗,生苗则僻处山峒,据险为寨,言语不通,风俗迥异,斩木结庐以为屋。苗人,特别是生苗居住地多在西部或西南部,原为生黎所据。所谓的油黎(黄花黎颜色较深者)多生长在生苗所栖之地。生苗很少用黄花黎盖房,而多用杂木,其日常所用的米柜、臼、臼棒及其他器物多采用油黎。苗人视盐为美味,如一人得盐则分与同族,置于掌中舔舐。故苗人用其土产如杂粮、布、绢以通有无。苗人升木如猱,不供赋税,不耕平地,伐岭为园,以种山稻,一年一徙。黎人也效仿苗人,放火烧山播种山稻。苗人善制毒药着弩末,射物不见血而死。苗人也擅邪术,以符法制服人禽,极为生黎、熟黎所畏服。

三、汉族

海南岛上的居民除了黎族、苗族、回族外,最大的主体应为汉族。据日本占领海南岛时所做人口调查及分类所得数字:

表2　日占时期(1939—1945年)海南人口统计表[①]

民族或来源分类	人口(万人)	所占比例(%)
总人口数	235.1	
福建移民	150	63.80
中原汉裔	40	17.00
客家人(包括临高人)	20	8.50
黎族	20	8.50
苗族	5	2.00
回族	0.1	0.1

① 杨东文《海南历史开发过程中的人口迁移研究》,载《海南大学学报(社会科学版)》1991年第3期。

采香（摄于2015年8月22日）

乐东县秦标村的关光义、关万侯父子为当地有名的香农，野外识香、采香
的经验丰富，几代相传。图为关万侯于云坡山沟溪水边寻找降香。

　　从此表可以看出，汉人即福建移民、中原汉裔占了80％，如果加上
客家人，则接近90％。关于汉族向海南迁徙的历史与变迁，《汉书》或海
南地方志、其他史籍均有大量记录。而近几十年的大量调查与研究也极
大地丰富了这方面的认识。

　　班固《汉书》比较全面、真实地记录了汉武帝收复南越后在海南岛
设郡统治的情况："自合浦、徐闻南入海，得大洲，东西南北方千里，武
帝元封元年略以为儋耳、珠厓郡。民皆服布如单被，穿中央为贯头。男子
耕农，种禾稻纻麻，女子桑蚕织绩，亡马与虎，民有五畜，山多麈麖。兵
则矛、盾、刀，木弓弩，竹矢，或骨为镞。自初为郡县，吏卒中国人多侵陵
之，故率数岁一反。元帝时，遂罢弃之。"[1]

---

① 　《汉书·地理志》，中华书局，1962年。

汉武帝于公元前110年派路博得平复海南后，设置朱厓、儋耳两郡，两郡治九县（瞫都、朱卢、玳瑁、紫贝、苟中、山南、义伦、至来、九龙），因汉朝官吏腐败、欺凌土居，而频繁引起土居的激烈反抗。至西汉初元三年（前46年），贾捐之献计汉元帝："中国衰则先畔，动为国家难，自古而患之久矣，何况乃复其南方万里之蛮乎！骆越之人父子同川而浴，相习以鼻饮，与禽兽无异，本不足郡县置也。颛颛独居一海之中，雾露气湿，多毒草虫蛇水土之害，人未见虏，战士自死。又非独珠厓有珠犀玳瑁也，弃之不足惜，不击不损威。其民譬犹鱼鳖，何足贪也！臣窃以往者羌军言之，暴师曾未一年，兵出不逾千里，费四十余万万，大司农钱尽，乃以少府禁钱续之。夫一隅为不善，费尚如此，况于劳师远攻，亡士毋功乎！求之往古则不合，施之当今又不便。臣愚以为非冠带之国，《禹贡》所及，《春秋》所治，皆可且无以为。愿遂弃珠厓……"[①]汉元帝听从贾捐之建议，遂在海南岛废除郡制，罢弃珠厓。但西汉并未放弃对海南岛的统治，不过海南土居并未从内心接受中原汉人，臣服于中央政权，反抗汉人统治的战争连绵不断，使得西汉不断派军队、官吏进驻海南岛。这也是汉人成规模移入海南岛的开始。

《汉书·贾捐之传》："武帝征南越，元封元年立儋耳、珠厓郡，皆在南方海中洲居，广袤可千里，合十六县，户二万三千余。"陈光良教授根据有关史料推算，当时海南岛人口约10万，其中源于大陆经商定居于海南的非土居人口约3万，其中肯定有一定数量的汉人以及在沿海一带定居下来的临高人，也可能有一部分汉化的骆越族群[②]。

明人唐胄《正德琼台志》卷十《户口》详细记录了海南历朝人口的变化：

① 《汉书·贾捐之传》。
② 陈光良《海南经济史研究》第104—105页，中山大学出版社，2004年。

表3 海南历代户口变化一览表①

朝 代	户	口	备 注
汉	23，000		《汉书·贾捐之传》
后汉	23，221	86，617	交州合浦郡统合浦、徐闻、高凉、临元、朱崖五城，此数字为五城总数
隋	19，500		《隋书·地理志》
唐	8，593		《唐书·地理志》
宋	10，317		《宋书·地理志》
元	92，244	166，257	《元史·地理志》
明洪武二十四年	68，522	298，030	其中：总户中民71，212，黎17，394，总口中民296，093，黎41，386
永乐十年	86，606	337，479	
成化八年	54，485	266，304	
弘治五年	54，705	227，967	

《正德琼台志》在列举各朝海南岛人口的增减后，也粗略分析了其原因。如分析西汉人口减少的原因为"始元乃省儋耳入朱崖，至初元并弃之，则非惟不能招徕，且与生养者并失之。建武立朱崖县，合合浦、临元、徐闻、高凉五城，户只二万三千余，则减杀不啻十八九矣"。而隋朝则"以冯冼氏之归，置二郡十县。旧籍之民尽见天日，招徕之黎归附至千余洞，户凡一万九千五百，可谓盛矣"。对于明朝洪武年间海南岛人口增至29万多则大加赞许："国朝义旗之临，民黎首目奔趋恐后，未尝妄杀一人，虽约户减二三万，而口则二十九万八千有奇，实几倍之。百数十年以来，峒落化为都图。"②人口的消长与汉黎纷争、汉人的移入及经济的发展是有着极大的关系的。永乐十年，总户为86,606户，其中民71,212户，黎17,394户；口337,479，其中民296,093，黎41,386。这一统计数字并不科学准确，但大体还是能反映黎人与汉人的比例关系。汉人的不断移入

---

① 明唐胄《正德琼台志》第219—223页，海南出版社，2003年。
② 明唐胄《正德琼台志》第231—232页。

是从东北部沿海平原向东部平地、向南挤压，而黎人不断退缩于山地及岛之中部的过程，也由东北而西、而南圈形发展。这一发展过程与迁徙方式也是海南岛自然资源特别是森林资源遭到毁灭性破坏的过程。

《正德琼台志》卷十尤其对正德七年（1512年）的人口情况及分工进行了最为详细的记述：

表4 正德七年（1512年）海南人口情况[1]		
户	口	
总：54，798	总：250，143	
1.民户43，174	男	女
2.军户3，336	179，524	70，619
3.杂役户7，747		
（1）官户10		
（2）校尉力士户48		
（3）医户30		
（4）僧道户7		
（5）水马站所户816		
（6）弓铺兵祇禁户1622		
（7）灶户1952		
（8）疍户1913		
（9）窑冶户160		
（10）各色匠户1189		
4.寄庄户541		

在正德七年的人口统计中，不仅可以看出海南岛的人口总数有所增加，而且人口统计也按职业来细分，除了民、军之分外，还将杂役细分为十数种：官户、校尉力士户、医户、僧道户、水马站所户、弓铺兵祇禁户、灶户、疍户、窑冶户及各色匠户，多数为有一技之长的职业者，这些人

---

① 明唐胄《正德琼台志》第224页。

黄花黎犁把（收藏：王明珍，摄影：魏希望，2012年12月16日）

黄花黎拉钻（收藏：王明珍，摄影：魏希望，2012年12月16日）
又称推拉钻、绳钻。

多来自于广州、潮州及泉州一带，对于土居之进化、经济之发展是有显著作用的。《正德琼台志》卷九述及"工作属"，也列举了银作（出郡城附郭，工首饰）、漆作（出郡城，朱红、玛瑙、剔红、剔黑、磨漆、藤漆皆精）、铜作（出琼山，铜鼓、黎瓶、炉，诸品皆佳）、铁作（出琼山大小挺。崖州制辘轳、刀亦精巧）、木作（亦出大小挺）、皮作（出郡城及大来、那梅）、雕作（出张吴、兴义）、藤作（出万州，穿织俱精致，擅名天下。今官司货贡无时，军民甚苦）、石作（出琼山那梅、丰好、大来、卢农）、泥水作（出琼山顿林）、窑作（出顿林、洒塘、托都）[①]。

清朝一代，海南岛移民数量达到217万，比明朝增加4倍。司徒尚纪教授在《海南岛历史上土地开发研究》中称："按清王朝在本岛统治时间计算，平均每年有近万人从大陆入岛，而岛上人口在清代多数时间也不过百余万，则移民占其中1%左右，可见这种移民规模对海南开发有很大意义。至本时期移民成分之复杂，地域之广泛，流动之频繁，主客矛盾之大，更是过去难以比拟的。"

---

① 明唐胄《正德琼台志》第215—216页。

第三节 海南的土贡及贸易

一、土贡

海南的地方志及其他文献中对于海南历代的土贡均有详细的记载："土贡之贡始于上古，海南土贡自汉有之。当时利其土地人民，不利得贡。宋元之时，皆有良姜、槟榔输贡。明末折征为银。近如翠毛、榆、黎胶、漆、茶、蜡等物并折征亩列在赋，在于贡之名戾甚矣！其他归于科则者，四司、六派姑不论，即如沉香一节，倒以均平集办银采买应解，香出黎峒，料价原高，然而数斤之费如可毕一斤之事，则何留此居奇之端以病人为也？"[①]

海南岛的土贡在明或明之前一直以实物相贡，如比较有代表性的贡物为：水晶、玳瑁、珊瑚、车渠、紫贝、沉香、伽楠香、花黎、乌木、黄杨、翠毛、黄蜡、藤及其制品、漆。至明末，由于黎族土居与官方或汉人的矛盾越来越尖锐，土居造反或对抗越来越频繁。而奇珍异宝往往出于深山，为黎人所控制，征集贡物也越来越困难，后来不得不强制性地将贡物分配到各州县或折成银两、田赋。有的县根本不出产所派贡物，也不得不折银上交。康熙年间，澄迈县应贡沉香7斤8两。而该县无香，每岁每斤派价银32两。康熙四十三年，澄迈又新添香3斤12两以贡朝廷。不仅澄迈如此，文昌也是一样。下苦上供，物为民厉。而产香之县琼山更是怨声载道。"琼之州县城郭安置海滨，土地平衍，黎岐中据，其腹五指黎婺峰

---

① 清胡端书总修，杨世锦、关鸣清纂《道光万州志》第405页，海南出版社，2004年。

海捞象牙 (标本: 魏希望, 2009年12月1日)

海捞乌木 (标本: 冯运天, 2006年8月22日)
二物同船, 为历代南洋诸蕃之首选贡物, 也是与中国贸易的重要商品。

巉岩，树木丛翠，沉香或间生焉，虽熟黎径者搜寻之，得亦不易。康熙八年，以琼地出香，奉文每年贡香百斤，琼山额派十斤，每斤价值三两，后复减价二两。巡抚李公知民疾苦，咨部请照前价，未获如议"[①]。

为完成所派土贡，除了折银外，还会在"存留粮内折解"。琼山县于明朝额贡麖皮、杂皮、翎毛、生漆、翠毛、槟榔及大腹子、大腹皮、黄蜡、芽茶、叶茶、鱼胶。翎毛，琼山县所派6767根，闰加495根，俱出于河泊所。"除鱼胶、翎毛折银征解，每两加派京司水解三钱，解官盘缠银二分，系赍民办纳、今照征外，余俱里甲派办。先正统丙寅以颜料数多，民力不堪，令户部分派出产州县存留粮内折解。弘治癸丑，尚书叶淇以司府存留粮来支用不敷，复加重敛"[②]。

《民国儋县志》述及清朝土贡称："榆梨木二十一斤二两；花梨木一十五斤十四两；锡斛四百六十七斤四两四钱八分三厘；白蜡六十一斤一十五两三钱；沉香。以上五项共价银七十九两六钱重四厘。"[③]花梨木作为贡物很明确地列出，而数量仅为"一十五斤十四两"，不知是计量有误还是另有计算方法，让人费解。

二、贸易

海南岛与中国大陆或海外的贸易起于何时，至今也没有比较权威的说法。《史记·货殖列传》："九疑、苍梧以南至儋耳者，与江南大同俗，而杨越多焉。番禺亦其一都会也，珠玑、犀、玳瑁、果、布之凑。"《汉书·车师后国传》："遭值文、景玄默，养民五世，天下殷富，财力有余，士马强盛。故能睹犀布、玳瑁则建珠崖七郡，感枸酱、竹杖则开牂柯、越巂，闻天马、蒲陶则通大宛、安息。自是之后，明珠、文甲、通犀、翠羽之珍盈于

---

① 清潘廷侯、佟世南修，吴南杰纂《康熙琼山县志》第102页，海南出版社，2006年。
② 清潘廷侯、佟世南修，吴南杰纂《康熙琼山县志》第100—101页。
③ 彭元藻、曾有文修，王国宪总纂《民国儋县志》第333页，海南出版社，2004年。

海南潭门港（摄影：魏希望，2008年3月21日）
潭门港自汉或更早便是中国南下西向的必经之地，也是淡水、食物的重要补给港。

后宫，蒲梢、龙文、鱼目、汗血之马充于黄门，巨象、师子、猛犬、大雀之群食于外囿。殊方异物，四面而至。"

　　从《史记》的记述可以看到，产于海南的珠玑、玳瑁、荔枝、葛布多集于番禺交易，早于西汉之前就已开始与大陆进行交易。而车师为西域古国，大致在今天的新疆奇台、吐鲁番、昌吉一带。不仅可以看到产于珠崖之犀布、玳瑁，而且"盈于后宫"。可见当时珠崖之物产早已深入西域腹地。

　　至于海外贸易，海南岛最早便是中国商船出使海外的必经之地、补给之地。汉武帝时便开通了中国至印度洋的航线。《汉书·地理志》："自日南障塞、徐闻、合浦船行可五月，有都元国；又船行可四月，有邑卢没国；又船行可二十余日，有谌离国；步行可十余日，有夫甘都卢国。自夫甘都卢国船行可二月余，有黄支国，民俗略与珠崖相类。其州广大，户

南海出水元青花八棱执壶（收藏：李怡　刘江　摄影：魏希望，2009年11月29日）

明青花瓷器残片（标本及摄影：魏希望，2009年11月30日）

近年从南海出水了不少汉代以来产自于中国的金银器、陶器、石器、瓷器、铁器及其他材质的手工艺品，也有来自南洋的各色琉璃、乌木、苏木、花梨、降香出水。

口多，多异物，自武帝以来皆献见。有译长，属黄门，与应募者俱入海市明珠、璧流离、奇石异物，赍黄金杂缯而往。所至国皆禀食为耦，蛮夷贾船，转送致之。亦利交易，剽杀人。又苦逢风波溺死，不者数年来还。大珠至围二寸以下。平帝元始中，王莽辅政，欲耀威德，厚遗黄支王，令遣使献生犀牛。自黄支船行可八月，到皮宗；船行可二月，到日南、象林界云。黄支之南，有已程不国，汉之译使自此还矣。"[1]据交通史学家张星烺先生考证，都元国距徐闻、合浦最近，应在今马来半岛沿岸。邑卢没国则为印度东海岸 Malamar 沿岸商港之一，为输出胡椒之要埠。谌离国、夫甘都卢国、黄支国都在印度之西南或东海岸。而已程不国则为今之非洲[2]。从徐闻经海南北或东岸之海口、文昌、潭门、三亚补给停靠，再经南海、马来半岛，出马六甲海峡，便可与印度洋北部各国、阿拉伯国家、非洲东部诸国进行交流与贸易。近年来的南海水下考古及渔民从西沙、东沙和其他海域均得到了不少远自唐代、宋代、元代的陶器、瓷器、铁器、石器、金银器、古币、块煤、木材。据海南收藏家魏希望先生及冯运天先生介绍，南海海底沉船船头向北者，多进口的木材与象牙，经检测木材主要有乌木、苏木。有木材与象牙的沉船肯定没有瓷器。

有瓷器的沉船中也肯定没有象牙和木材。因为木材与象牙均是中国从今东南亚、南亚各地所得，而瓷器均为出口至东南亚、南亚、中东、非洲各国的。魏希望先生于2003年11月提供了一节从东沙群岛海底打捞起来的，直径约3厘米的深褐红色木材，横截面坚硬致密，经海南的几位行家过目均认为是海南产黄花黎。我将标本寄给有关大学，经科学检测、比对，确认为黄檀属树种，在许多指标方面近似于降香黄檀。魏先生称，此节木材与出口的中国瓷器存于一船。我们从魏先生的发现与实物

---

① 《汉书·地理志》。
② 张星烺《中西交通史料汇编》第1853—1854页，中华书局，2003年。

东沙出水的黄檀属木材，疑为降真香。（摄于2010年3月24日）

标本可以窥见，海南岛在古代中国与海外的交流之中始终处于十分重要的地位。

　　海南地方志中也有多处记录古代海南与海外之交易，详细记录"番贡多经琼州"。《民国儋县志》称："暹罗国，洪武三十年、正统十年、天顺三年继贡象物；占城国，宣德四年贡方物，正统二年又贡，十二年贡象，十四年贡方物，天顺七年贡白黑象，成化七年贡象、虎，十六年又贡虎，弘治十七年贡象，正德十三年又贡满剌加，弘治十八年贡五色鹦鹉。各遣指挥、千百户、镇抚护送至今。西南有占城、真腊诸国，前明每岁通贡，真伪不可辨。海非稽查之地，又无市舶司。其所至者，皆其遭风而驻泊者也，如急则犯禁。"

　　海南本岛及环岛之海洋物产丰富，多奇异珍玮，是福建、广东及内地客商趋之若鹜的主因。

　　海南岛与外界的交易商品与方式主要有以下几种：

1.木材

　　史籍中记录海南岛所产珍贵木材有花黎木、紫檀、乌木、黄杨、铁力、坡櫑、胭脂木、鸡翅木等。其中紫檀并不产于海南岛，而是记录有误。《粤东笔记》称："紫檀、花梨、铁力诸木，广中用以制几匣、床架。《古今注》：紫栴木出扶南，色紫，亦谓之紫檀。《广州志》：花桐色紫红，微香，其文有若鬼面，亦类狸斑，又名花狸……《琼州志》云：花梨木产崖州、昌化、陵水。铁力木……黎山中人以为薪，至吴楚间则重价购之。"明人王士性《广志绎》论及广南及琼海"木则有铁力、花梨、紫檀、乌木，铁力，力坚质重，千百年不坏；花梨亚之，赤而有纹；紫檀力脆而色光润，纹理若犀，树身仅拱把，紫檀无香而白檀香。此三物皆出苍梧、鬱林山中，粤西人不知用而东人采之。乌木质脆而光理，堪小器具，出琼海"。

　　海南的珍稀木材除用金银或其他货币"重价购之"外，古代一般以物易物的方式进行。因为花黎等贵重木材"多出于黎峒"或苗人活动的山区，故"省民以盐、铁、鱼、米转博，与商贾贸易。泉舶以酒、米、面粉、纱绢、漆器、瓷器等为货，岁杪或正月发舟，五六月间回舶；若载鲜槟榔抢先，则四月至"。花黎木等树木的采伐一般也不能由购买者自行采伐或运输。明顾岕《海槎余录》："花梨木、鸡翅木、土苏木皆产于黎山中，取之

鹦哥岭干枯坚硬、筋骨未散的山荔枝（*Nephelium topengii* (merr.)（摄于2015年8月26日）又称毛荔枝、毛肖、海南韶子、H.S. Lo。

黄花黎根艺（摄影：魏希望，2012年12月16日）

必由黎人，外人不识路径，不能寻取，黎众亦不相容耳。"《琼志钩沉》亦称："熟黎近内地，所产惟槟榔、椰子、木棉；其沉香、老藤及花梨、楠梓、荔枝、凤眼、鸡心、波罗、桄榔等木，皆出生黎深峒，与外贩交易为利。生黎性颇狡黠，忿外贩之欺，渐靳其值，故近来利亦较薄矣。外遇采办时，外人不能深入，全藉黎力转运。自高山下至有水处，又自湍急处下及平川，因此役死者往往而有。"

另外，花黎木作为明、清时期的贡物，也有官方向州县额定派购或折银方式进行采买。

2. 沉香

古代海南很多人以贸香为业，不仅有省民，也裹进了不少熟黎或生黎，已形成一个完整的生意链。采香及贸香吸收了大量的青壮农民，对于农业生产特别是粮食供给产生了极大影响。苏东坡称："海南多荒田，俗以贸香为业，所产秔稌不足于食，乃以薯芋杂米作粥糜以取饱。予即哀之，乃和渊明《劝农诗》以告其有知者。"苏东坡特地作诗劝诫海南民众弃商而重农。

（1）采香

采香在古代可谓黎人的一个专门职业。采香最好的季节为七八月晴雨天，采香女子数什为群，耳带金环，首缠绵帕，腰佩利刃，遇窃香者即擒杀之。山中结香之树一般凋悴衰败，树中必有香凝结，乘夜月扬辉之际探视，则香透林而起，用草系记，返回时再小心取摘。另外也有专门从事采香的香仔，一般为熟黎且能辨香者，多受雇于外地采办沉香的香客，往往也是结伴而行，入山半月，有可能徒手而归，或采得沉香、伽南，则合伙平分。

（2）交易

沉香一般产于生黎所控制的险峻之山林，故泉州、广州、高州之香客想要得到沉香，必备妥生黎所需之礼品由熟黎作为中间人及向导与生黎订购。清檀萃《谈蛮》："黎产沉香，客因熟黎导至峒，但散与纸花、金

乐东云坡 (摄于2015年8月22日)
历史上是出产沉香、降香之宝地，珍稀野生动植物繁多。至今仍有黎族香仔长
期坚守云坡。

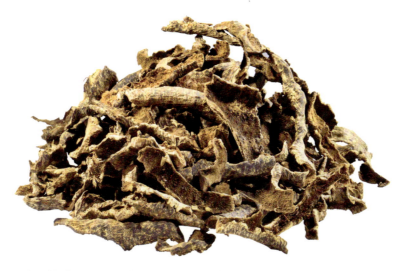

虫漏（收藏与摄影：魏希望，2013年7月18日）
沉香的一种，又有虫眼、蚁沉之谓。《香乘》："虫漏，因虫伤蠹而膏脉亦聚焉。"

胜、长锄、三角簇、绒线、针布即喜。每峒置酒肴以饷客人，各置一碗客前，满酌椒酒，能饮遍尝之，不则竟勿尝，尽与客沉香。"尝不尝椒酒，生黎十分看重，有时将沉香卖给香客后，生黎也会在山口或险要处将香客斩杀。

　　香客如果不是直接购买现货，而是采用圈山地，即包山的形式，则必由生黎采香后尽数交予香客。买香者须先祭山神，贿赂黎长，才能开山以藤圈地，并与生黎约定交易日期，一般为十天或一二月，以香仔开始进山采香之日计算。以藤圈山，黎人及香客均不知香之多寡，香客所得香多，黎人也不反悔，如初次成交，应以牛、酒及其他物资满足黎人之需。沉香，古人以沉水者为上，但十分难得，"省民以一牛于黎峒博香一担，归自差择，得沉水十不一二"。《琼志钩沉》也称："沉水香生深山古树之内，隐现灵异，似有主之者。而一种识香黎人，谓之香仔，什百为群，祷于神而后采。既获香树，其在根在干不一，以斧叩之，即知香结之处。然树必百年始结，结又必百年始成，虽天地不爱其宝，而取之无已，生必

青桂 (收藏与摄影: 魏希望, 2013年7月18日)
沉香之一种。据香学家魏希望介绍,"依树皮而结的香为青桂,也叫皮油"。

难继。且黠者或畏累不前，愚者又误取供爨，此香之所以难得也。"

沉香除了用金银或牛来交易外，也有用铜锣、铜鼓换香。其原因正如《黎歧纪闻》所述："俗好铜锣，小者为钲，亦锣类也，有余家购而藏之以为世珍；大抵旧藏者佳，新制不及，其值或抵一牛或数牛，或有抵数十牛者，则益宝贵之。藏铜锣多而佳者为大家，亦犹外间世家之有古玩也。"宋李昉《太平御览》引裴渊《广州记》曰："俚僚贵铜鼓，唯高大为贵，面阔丈余，方以为奇。初成，悬于庭，尅晨置酒，招致同类，来者盈门，其中豪富子女，以金银为大叉，执以扣鼓，竟，留遗主人，名为铜鼓钗。风俗好杀，多构仇怨，欲相攻击，鸣此鼓集众，到者如云，有是鼓者，极为豪强。"

宋赵汝适《诸蕃志》也记述了出于黎峒之土产沉香、蓬莱香、鹧鸪斑香、笺香、生香、丁香……"省民以盐、铁、鱼、米转博，与商贾贸易。泉舶以酒、米、面粉、纱绢、漆器、瓷器等为货……"

3.藤及藤器

从目前能收集到的海南岛的旧家具来看，也有200—300年前的家具，不管是床榻还是椅、方凳，几乎没有编藤屉的。究其原因皆为费工费时，且海南岛长年潮热湿闷，易生霉菌而导致藤屉腐朽，故一般制作家具时不用藤屉。而苏作家具、京作或宫廷家具，抑或山西家具之床榻、坐具几乎无一例外地使用藤屉。当然到了清末及民国，这一情况已大大改变，使用硬木板的比重越来越大。

如前所述藤在海南的种类很多，一般将其制作成多种实用的工艺品，不仅"流布海内"，而且可以充赋税，更是海南历代贡品不可或缺的。唐代段公路《北户录》中记海南有一种"五色藤"，可以做成盒子、书囊之类的器物，器物上织有花草、飞禽走兽，藤工极妙。细白藤也可作为茶器。李调元《粤东笔记》引《北户录》："琼州出红藤箪，其色殷红，莹而不垢。志称粤东多藤，产于海南者为最，琼州有赤、黄、白、青诸藤，又有苦藤、圭藤、土藤，皆堪为器用。按方言谓箪为笪，亦曰篷簇。红藤席

藤编书囊（收藏：陈健鹏，2015年8月22日 摄于海南尖峰岭天池）

较嘉纹诸席，更属经用。" 唐代刘恂《岭表录异》讲到一种"野鹿藤"：
"苗有大如鸡子白者，细于箸，采为山货流布海内。儋耳琼管百姓，皆制
藤线，编以为幕，其妙者亦能排纹为花药鱼鸟之状，业此纳官，以充赋
税。"海南的"黎幕"一般由源于内陆的锦丝与海南木棉挑织而成。宋人
范成大《桂海虞衡志》："黎幕出海南，黎峒人得吴越锦彩，拆取色丝，
间木棉挑织而成。每以四幅联成一幕。"柳藤为丝，织成藤幕可谓不易。
清人程秉钊《琼州杂事诗》引《府志》称：海南不仅有"野鹿藤"，还有
一种"都俅藤"，能解毒药；也有一种名"金藤"，"可以为箸，遇毒物则
烟气迸出，不易得也"。

　　藤为席是比较常见的，而海南也有被称为天下奇绝的椰叶席、槟榔
席、黄村席，是行销海内外的名品。《南越笔记》称："琼有藤席，有定安
席，有椰叶席、槟榔席，皆席之美者。槟榔，山槟榔也。叶如兰大，三指
许，长可数尺，淡白中微带红紫，绩为布，似葛而轻，亦可作席。人知粤多

奇布，不知有槟榔布、槟榔席也。又澄迈染茜草为饰，久而愈滑，曰黄村席。又琼有红竹篷篟，潮有流黄席。"

4.槟榔

在海南的经济发展史中，似乎没有一种商品像槟榔一样能如此影响海南的社会民生、人文与历史。宋人周去非在《岭外代答》中讲到"食槟榔"，其范围"自福建下四川与广东、西路"，如今的云南、湖南、湖北，国外的缅甸、老挝、泰国、越南均有不少的瘾君子，嗜食槟榔如命。

屈大均《广东新语》对槟榔的产地、贸易及各地不同的嗜好做了详细的分述：

第一，产地

"产琼州。以会同为上，乐会次之，儋、崖、万、文昌、澄迈、定安、临高、陵水又次之。若琼山则未熟而先采矣。会同田腴瘠相半，多种槟榔以资输纳。诸州县亦皆以槟榔为业"。

第二，贸易

"售于东西两粤者十之三，于交趾、扶南十之七"。

第三，习俗

琼人："杂扶留叶、椰片食之，亦醉人。实未熟者曰槟榔青。青，皮壳也。以槟榔肉兼食之，味厚而芳。"

廉、钦、新会及西粤、交趾人："熟者曰槟榔肉，亦曰玉子。"

高、雷、阳江、阳春人："熟而干焦连壳者曰枣子槟榔。"

广州、肇庆人："以盐渍者曰槟榔醢。"

惠、潮、东莞、顺德人："日暴既干，心小如香附者曰干槟榔。""当食时，醢者直削成瓣，干者横剪为钱。包以扶榴，结为方胜。或如芙蕖之并附，或效蛱蝶之交翾。内置乌爹、泥石灰或古贲粉，盛之巾盘，出入怀袖，以相酬献"。

槟榔，不仅为敬客之果，也是婚姻嫁娶必备之物。说媒时如女子接受媒人的槟榔，则"终身弗贰"。嫁娶"尤以槟榔之多寡为辞"。如有二

昌江县洪水村的槟榔树（摄于2013年4月5日）

人打架，一方向另一方献槟榔，则"怒立解"。在海南岛，槟榔可以敬鬼神，常用槟榔敬献于伏波将军路博德、马援之灵位前[1]。

宋人赵汝适《诸蕃志》列举海南土产之沉香、蓬莱香、鹧鸪斑香、笺香、生香、丁香、槟榔、椰子、吉贝、苎麻、楮皮、赤白藤、花缦、黎幕、青桂木、花梨木、海梅脂、琼枝菜、海漆、荜拨、高良姜、鱼鳔、黄蜡、石蟹等24种，省民一般以黎人所急需的盐、铁、鱼、米来交易。"泉舶以酒、米、面粉、纱绢、漆器、瓷器等为货，岁杪或正月发舟，五六月间回舶。若载鲜槟榔挽先，则四月至"。海南"漫山悉槟榔、椰子树，小马、翠羽、黄蜡之属。闽商值风飘荡，赀货陷没，多入黎地耕种之"。海南土产"惟槟榔、吉贝独盛，泉商兴贩，大率仰此"。可见海南与大陆，特别是槟榔消费区泉州的槟榔贸易规模之大、之频繁[2]。宋、明以后，海南的许多州县

---

① 宋赵汝适《诸蕃志》第216—221页，中华书局，2000年。

② 宋周去非《岭外代答》第293页，中华书局，1999年。

"竞种槟榔"，以此为业而维持地方的财政收入。槟榔由"海商贩之，琼管收其征，岁计居什之五"。而"广州税务收槟榔税，岁数万缗。推是，则诸处所收，与人之所取，不可胜计也"[①]。宋代的海南岛有一半的县种植槟榔，除了内销，还出口到东南亚诸国。槟榔税占海南岛税收总额的50%。《舆地纪胜》载，琼州槟榔贸易，"岁过闽、广者不知其几千万也"。

由于种植槟榔对于黎人、商贩、州县或中央政权都有利可图，贸易的兴旺刺激槟榔种植者，继而漫山遍野、毁林开荒，对于海南珍稀植物特别是稀有的花黎、鸡翅、格木及香树几乎造成了毁灭性的破坏。槟园的扩大、贸易的扩张，也就是原始森林的减缩、珍稀树木的消失。

以上所列举的木材、沉香、藤及藤器、槟榔是历史上海南岛有代表性的商品。其贸易组成无非是本岛内部贸易，与大陆特别是福建、广东的贸易，还有与海外的远洋贸易，主要还是以前两种为主。

《海槎余录》谓："黎村贸易处，近城则曰市场，在乡曰墟场，又曰集场。每三日早晚二次，会集物货，四境妇女担负接踵于路，男子则不出也。其地殷实之家，畜妾多至四五辈，每日与物本令出门贸易，俟回收息，或五分三分不等，获利多者为好妾，异待之，此黎风獠俗之难变也。"明罗曰褧《咸宾录》亦称："贸易会集场皆妇女负货出门，男子不与，故人皆多蓄妻。"由此看来，不仅黎人如此，苗人也是如此。"三冬之际，男子出猎，妇务女红，妇女亦知饲蚕，惟不能育种，春时俟内地蚕初眠，结伴负笼以土物易去，上簇缫成，抽丝染色，制为裙被诸物，作间道方胜等文，不甚工致"。苗人至墟市主要目的之一便是取得盐。清龚柴《苗民考》："得盐则其族类各一摄，置掌中舐之，以为美味。尔来到城市易盐者颇多，而僻远之苗，尚有不知其味者。入市交易，惟负土物，如

---

① 子月《岭南经济史话》上册第186页，广东人民出版社，2000年。

杂粮、布、绢之类，易盐种或器具，以通有无。"据清人张庆长《黎歧纪闻》：墟市交易的主角为妇女，男子则在家，"看婴儿养牲畜而已，遇有事妇人主之，男不敢预也"。而《岭外代答》则称：墟市上之"黎人半能汉语，十百为群，变服入州县墟市，人莫辨焉。日将晚，或吹牛角为声，则纷纷聚会，结队而归，始知其为黎也"。

与大陆的贸易已有不少论述，但黎人也极为重信守义。清代檀萃《谈蛮》谓："无文字借贷，结绳为券，虽百年皆可执绳而索，莫敢诱力，不能偿为之服役。"宋代范成大《桂海虞衡志》也有同样记录："与省地商人博易，甚有信而不受欺绐。商人有信，则相与如至亲，借货有所不吝。岁望其一来，不来则数数念之……"

海南岛与大陆的贸易不仅受到民族之间纷争、信用、气候或运输等各个方面的影响，亦受到诸如习俗或黎人、苗人对生活必需品渴求程度的影响。至于如何买香、买花梨木均有很多不成文的规矩与习俗，从如何进门，如何饮酒、布施钱财礼物均有很周致的礼数，不管省民还是外来的客商均不能轻慢或忽略。黎人或苗人一般盘踞于深山或险要之处，且物产丰富，特别是珍奇异物均为之所占，且其对生存所必需的物品并不如省民或外来客商所想象的那么迫切或多样，即使日常生活中最不可或缺的盐，也可以降至生存最低的要求，或事先备盐以防不测。"初皆闽商荡赀亡命为黎，亦有本省诸郡人利其土，乐其俗，而为黎者，深居山谷中，以盐为命，以铁为资，皆必仰给于外；盐乏不能一朝居，每欲思逞，必先储盐为负嵎计"。有盐便可生存，有铁便可守土。盐、铁是黎人与岛内或大陆客商交易的重要商品之一。

不仅盐、铁，其他日常生活用品也依靠泉州、广州的客商。从苏东坡贬居儋州时给其族孙苏元老的一封信中便可见端倪："……但近来多病瘦瘁，不复如往日，不知余年复得相见否？循、惠不得书久矣。旅况牢落，不言可知。又海南连岁不熟，饮食百物艰难，及泉、广海舶绝不至，药物鲊酱等皆无，厄穷至此，委命而已。老人与过子相对如两苦行僧尔。

然胸中亦超然自得，不改其度，知之免忧。"[1]从苏东坡的信中可以看出，住在沿海台地或城镇的非原住民，即从大陆移民过来或官吏贬谪而来琼居住的这部分人，也包括熟黎，与大陆原居住地的贸易往来是十分密切的。海南的移民多数源于福建、广东、广西，故泉州、广州的船舶来往频繁，这也是海南岛贸易的一个明显特征。

---

[1] 林冠群《东坡海外集（修订本）》第152页，银河出版社，2006年。

黄花黎树苑经潮化、虫蚀与沤烂后沿生长轮形成的弧形沟槽，颜色
深紫褐色，颜色一致，油性充足，为典型的油黎。

（收藏与摄影：魏希望，2012年12月16日）

第三章

海南黄花黎研究的几个问题

第一节　名称的来历与演变

一、学名

（一）学名的常识

有人认为黄花黎就是黄花黎，铁力就是铁力，哪里还有什么学名？我们叫了几百年或几十年的名称的确有很多合理的或习以为常的成分，但也有不少不科学的地方。比如铁力木家具，几乎国内所有的专家及收藏家都如此称呼，实际上均为格木家具。格木的原产地在越南北部及广西玉林地区，当地的农民及收藏家一直称之为"格木"，几乎没有人将其称为"铁力"的。铁力木隶山竹子科（*Guttiferae*）铁力木属（*Mesua*），而格木则为苏木科（*Caesalpiniaceae*）格木属（*Erythrophloeum*），二者是风马牛不相及的两个树种。铁力木原产地为南亚及东南亚，我国云南、广西引种铁力木的历史也仅一百多年，成片的树木在云南耿马县孟定镇的四方村。木材学家林仰三先生认为广东、广西根本不产铁力木，这一结论是正确的。铁力木的气干密度达1.122克/立方厘米，十分硬重，加工极为困难，很少用于家具的制作。这是使用俗称带来的混乱。

树木的科学命名经历了漫长的历史。经过国际上植物学界长期的探索、争论与统一，于1935年1月1日起，对新植物的命名必须以拉丁文描述特征，采用"二名法"命名。"二名法"规定一个植物种名是由属名加上种加词组成。也就是说，一般用属名、种名两个拉丁语词来表示每一种不同的植物，后面还另有命名人的名字或缩写。如本篇所要研究的黄花黎，中文名为"降香黄檀"，其拉丁名为*Dalbergia odorifera* T. Chen。

铁力繁茂密集的树冠（2014年8月4日摄于云南西双版纳热带植物园）

格木（树龄约600年，2014年7月4日摄于广西容县松山镇石扶村文增口）

Dalbergia 属名→黄檀属

odorifera 种名

T. Chen 人名（命名者：陈焕镛教授）

一般不是专门从事树木学或植物学研究的专业人员，不必了解植物基本分类等级（门、纲、目、科、属、种）的全部内容，但应了解种、属、科及相应知识。

1.种（Species）

分类学的基本单位，它是由一群形态类似的个体所组成，来自共同的祖先，并繁衍出类似的后代。种下等级单位还有亚种、变种和变型。

（1）亚种（Subspecies），其形态特征与种相差较大，占据一定的分布区域，在种加词后加ssp.或subsp.。如朴树的学名为*Celtis tetrandra subsp.sinensis* (Pers.) Y .C. Yang。

（2）变种（Variety），使用较广的种下等级，指某一树种在形态上有一定的变异，用var.表示，如产于非洲的变色紫檀，拉丁名为*Pterocarpus tinctoricus* var. Chrysothrix Hauman。

（3）变型（Forma），种内变异较小，但特征稳定的类群，用f.表示。如软荚红豆（*Ormosia semicastrata* Hance），还有一个便是软荚红豆之变型即苍叶红豆（*Ormosia semicastrata* Hance f. pallida How），"pallida"即为"苍白色的"。

（4）栽培变种（Cultivated Varietas），"栽培变种用以表示农、林、园艺上具有形态、生理、细胞和化学等排异特征的栽培个体群，此特征可通过有性和无性繁殖得以保持"，用cv.来表示或用单引号来表示，如千头柏*Platycladus orientalis* cv. Sieboldii或*Platycladus orientalis* 'Sieboldii'。

2.属（Genus）

种的形态相似，并且有密切亲缘关系的种的集合体为属。属的分类范围及名称一般相对稳定，很少变动。了解并掌握好属极为重要。如中国研究古典家具的著作中很多人将"黄花黎"与"花梨"混为一谈，认为花梨分为"黄花黎"（一般写成"梨"）、老花梨、新花梨、花梨。我们今天所讲的"黄花黎"实际上是豆科黄檀属（*Dalbergia*）的一个树种，而今天的"花梨"则为豆科紫檀属（*Pterocarpus*）的一个树种，既然不是一个属的树种，为什么要混为一谈呢？可见掌握"属"这个概念的重要性。只有掌握了"属"的概念与特征，再辨别种困难就少多了。

3.科（Familia）

形态相似、亲缘关系相近的各个属之集合为科。"科"这个概念不如"属"严密，界限不明确，其特征不易把握。如豆科（Leguminosae）有694属，17600余种，其特征几乎难以深入把握。我们所讲的"红木"多数源于该科的紫檀属和黄檀属。而有的科的特征就较易掌握，如樟科树种的木材一般微带绿色，有特殊气味（一般芳香），滋味微苦，属与属之间的区别较小。

（二）黄花黎的学名

黄花黎的中文名为"降香黄檀"，拉丁名则为"*Dalbergia odorifera* T. Chen"。说起这一名称的最终确定，不得不溯源至1950年开始编纂并由中国科学院华南植物研究所侯宽昭教授主编的《广州植物志》。该书第一次将海南岛特产的"花梨木"新拟中文名为"海南檀"，拉丁名则为"*Dalbergia hainanensis* Merr. Chun"。侯宽昭教授从植物学的方面详细描述了由陈少卿先生栽植于广州华南植物园内的"海南檀"之形态、树皮、树叶、花序、花冠、荚果、花期，并说明了来由及木材特征用途："本种原产我国之海南岛，1933年始由华南植物研究所带回广州栽植，至今生长良好，且介绍至白云山林场试行适林矣。该种原为森林植物，喜生于山谷阴湿之地，木材颇佳，边材色淡，质略疏松，心材色红褐，坚硬，纹理精致美丽，适于雕刻和家具之用；又可为行道树及庭园观赏树，惜生长迟缓，不合一般需求。本植物海南原称花梨木，但此名与广州

黄花黎树干与分枝（2015年8月23日摄于白沙县龙江农场三十一分队王好玉家后院）

木材商所称为花梨木的另一种植物混淆，故新拟此名以别之。"①

这里所说的"另一种植物"即为豆科紫檀属之花梨木，一般产于东南亚，特别以产于泰国及缅甸的"大果紫檀"（*Pterocarpus macrocarpus*）最为著名。

唐代就有对海南特有的这种木材之特征的描述，但至《广州植物志》出版，还没有一本著作或一位植物学家对其正式命名。当然，之前还有一些植物学家著作或论文也有*Dalbergia hainanensis* Merr.et Chun的记录，但并未像《广州植物志》那样详细描述。1943年12月，日本正宗严敬著《海南岛植物志》也收录了"*Dalbergia hainanensis* Merr. et Chun"，只有简单的产地介绍：产地，七指西南；分布，固有②。七指，即今海南省保亭县七指岭。侯宽昭教授主编的《广州植物志》的编辑均为民国及新中国成立后最

① 侯宽昭主编《广州植物志》第344—345页，科学出版社，1956年。
② 日本正宗严敬《海南岛植物志》第119页，井上书店，1943年。

图左: 黄花黎树叶、花蕊 (2012年5月31日摄于琼海市人民医院)
图右: 黄花黎果荚 (2015年8月23日摄于王好玉家门前)

著名的科学家, 每一位的名字均如雷贯耳: 陈焕镛、蒋英、贾良智、陈德昭、吴印禅等。对产于海南岛之花梨木的正式命名, 应该是我们认识这一树种及木材的一个崭新的开始, 其意义不能小视。

《广州植物志》出版后不久, 即1957年, 北京的一批木材学家也开始了艰苦卓绝的中国热带木材的研究, 中国林业科学研究院的成俊卿教授、李秾教授着手从木材解剖的方面来进一步地认识各种木材的内部世界, 1976年终于定稿, 迟至1980年仍由科学出版社出版, 定名为《中国热带及亚热带木材》。该书第一次明确否认了《广州植物志》中对于海南产花梨木学名的认定, 将其更正为中文名: "降香黄檀", 拉丁名: "*Dalbergia odorifera* T. Chen", 并说明原因: "本种原认为与海南黄檀同是一种, 后根据木材特性另定今名。"[①]而将海南岛老百姓称之为"花梨公"的一个树种定名为"海南黄檀", 拉丁名为"*Dalbergia hainanensis* Merr. et Chun"。这样正式科学地解决了这两个不同树种的命名问题, 也

---

① 成俊卿等《中国热带及亚热带木材》第260页, 科学出版社, 1980年。

第一次从植物学、木材学上将这两个树种分开。这两个命名一直沿用至今，已被国际植物学界所承认。后面将详细分析这两个树种的异同，对于我们进一步地认识"黄花黎"有极大的帮助。

另外，我们也不认为对于海南黄花黎的科学认识就此完成，海南当地人从树叶、树皮、花的不同，认为海南黄花黎不止一种，树叶有圆形和椭圆呈尖形。我们也注意到了这一点，并且海南黄花黎的颜色、纹理差别很大，是否还有其他树种？日本学者正宗严敬还提到了"*Dalbergia tonkinensis* Prain"即东京黄檀，产地为海南岛，分布于印度支那。从地理分布来看，东京黄檀主产于越南与老挝交界的长山山脉，正宗严敬指出东京黄檀的产地即海南岛。1964年，广州中山大学也从海南林科所采集到了东京黄檀的标本。故我们还不能肯定海南黄花黎只有"降香黄檀"一种，是否还有其他类似树种生长于海南岛，我们还要进行科学的野外调查和木材解剖。

二、俗称

一个人除了上学时用的名字或身份证上的名字（相当于植物学之"学名"）外，还有"小名"或绰号，亦即"俗称"，也有叫"别称"的。一种树或一种木材也是如此，除被植物学家所认定的学名外，还有很多习以为常、约定俗成的名字，即为"俗称"。中国如此，外国也如此。如我们称之为"花梨木"的木材其中文名为"大果紫檀"，而在缅甸称"Padauk"，泰国称"Pradoo"、"Pradu"或"Mai Pradoo"，老挝则称"May Dou"即"有花纹的木材"。中国所产大叶榉则有几十个俗称，在北方、南方名称不一，在云南、浙江、福建、江苏、河南、甘肃、湖北均有不同的叫法，收藏家则另有别称。如果没有统一的"学名"，所产生的混乱是显而易见的。但由于历史及地域的原因所造成的俗称，对于我们研究木材及家具的源流、含义、历史与文化是有极其重要的作用的。我们除了重视每种木材的学名外，更要重视对于俗称的认识

黄花黎树冠（2012年5月31日摄于海南琼海市人民医院）
直径约28米，植于1972年。

与研究，尤其对于中国历史上所产生的优秀家具、古代建筑及其他木质文物的研究意义重大。

降香黄檀（*Dalbergia odorifera* T. Chen）的俗称，据本人收集大致有如下几种：

（1）桐、花桐、桐木、花桐木

（2）花梨、花黎、花黎母、花梨木、花黎木

（3）花狸

（4）降香、降香檀、降真香、槟香（广州）

（5）黄花梨、黄花黎、黄花梨木、黄花黎木

（6）香枝木（广州一带）、香红木（上海、江浙一带）

（7）瓦腊（海南Wǎlà,海南五指山水满乡水满上村黎医王桂珍语）

（8）英文：Huanghuali Wood, Scented Wood

黄花黎睡枕（摄影：魏希望，2010年12月29日）

三、历史上各种文献记录名称之演变

1.榈、榈木

（1）唐陈藏器《本草拾遗·木部》："出安南及南海，用作床几，似紫檀而色赤。为枕令人头痛，为热故也。"

《海药本草》亦称："按《广志》云：生安南及南海山谷。胡人用为床坐，性坚好……"

（2）明李时珍《本草纲目》："本性坚，紫红色。亦有花纹者，谓之花榈木，可作器皿、扇管诸物。俗作花梨，误矣。""辛、温、无毒"[1]。

（3）清屈大均《广东新语》："海南文木，有曰花榈者，色紫红微香……"[2]

2.花梨

（1）宋赵汝适《诸蕃志》："土产沉香……花梨木……其货多出于黎峒。"[3]

---

① 明李时珍《本草纲目》第1375页，华夏出版社，2002年。

② 清屈大均《广东新语》第654页。

③ 宋赵汝适《诸蕃志》第216—217页。

生长于琼山的红褐色花黎（标本：北京梓庆山房。2015年1月27日）
褐黄相间、鬼眼相对，为高品质糠黎的代表。

  （2）明王士性《广志绎》："木则有铁力、花梨、紫檀、乌木……花梨，赤而有纹。"①

  （3）明张天复《皇舆考》："琼州，其产菠萝蜜（大如斗，甘如蜜，香满室）……乌木（万）、土苏木（各）、高良姜（崖、昌化）、花梨木（儋、万、崖）……"②

  （4）清张嶲等《崖州志》："花梨，紫红色，与降真香相似。气最辛香。质坚致，有油格、糠格两种。油格者，不可多得。"③

---

① 明王士性《广志绎》第99页，中华书局，1981年。
② 中国科学院民族研究所广东少数民族社会历史调查组、中国科学院广东民族研究所编《黎族古代历史资料》第65页，1964年。
③ 张嶲、邢定纶、赵以谦纂修，郭沫若点校《崖州志》第75页，广东人民出版社，1983年。

明清时期的广东或海南地方志及其他文献中关于"花梨"或"花梨木"之记载还有很多。

3.花黎

(1) 明黄省曾《西洋朝贡典录·占城国》:"其贡物:象牙、犀牛角、犀、孔雀、孔雀尾、橘皮抹身香、龙脑、薰衣香……花黎木、乌木、苏木……"[1]

(2) 明顾岕《海槎余录》:"花黎木、鸡翅木、土苏木皆产于黎山中,取之必由黎人……"[2]

海南历史上将很多特产或其他事物均加"黎"来命名,如黎母、黎母山、黎锦、黎幔、黎布、黎幕、黎单、黎雀、黎毯、黎被、黎锦、黎襜、黎兜鍪、黎弓等,故将"色紫而花细"而又产于黎人盘踞之地的木材称之为"花黎"也就理所当然了。

(3) 清张庆长《黎岐纪闻》:"花黎木,色红紫而花细,较别地产者为佳,然近日黎人狡狯。以年办贡木,恐致贻累,见花黎颇砍伐之,故老者渐少焉。"[3]

4.花狸

以动物命名植物、树木者有不少,比较有名的便是"鸂鶒木",海南还有一种木材叫"虎斑木","出海南,其纹理似虎斑"[4]。而"花狸"为"黄花黎"之别名,其名气没有"鸂鶒木"响亮。屈大均称:"其文有鬼面者可爱,以多如狸斑,又名花狸。老者文拳曲,嫩者文直。其节花圆晕如钱,大小相错,坚理密致。"

《本草纲目》:"按《俾雅》云:豸之在里者,故从里,穴居埋伏之

---

① 明黄省曾著,谢方校注《西洋朝贡典录校注》第12页,中华书局,2000年。
② 明顾岕《海槎余录》,转引自《黎族古代历史资料》第618页。
③ 同上,转引自《黎族古代历史资料》第81页。
④ 曹昭著,舒敏编,王佐增《新增格古要论》第163页,商务印书馆,1939年。

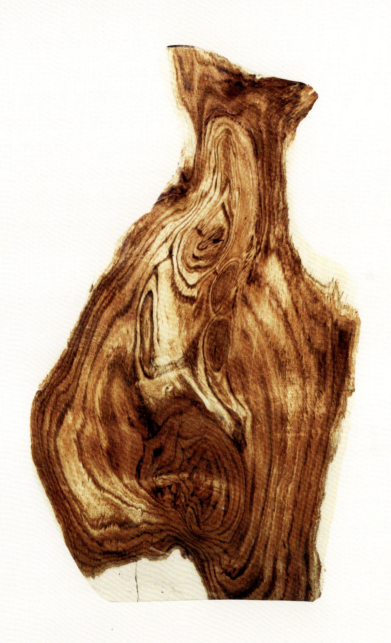

黄花黎根部弦切面（收藏：王力，摄影：魏希望，2014年7月7日）
本色金黄，间有紫红色条纹，如人面兽身之曼妙少女。这一画面在黄花黎
中极为罕见，除自然生成外，与主人的用心观察、下锯角度及方法有极大
的关系。明谢肇淛《五杂俎》称："木之有瘿，乃木之病也，而后人乃取其
瘿瘤砢礌者截以为器，盖有瘿而后有旋文，磨而光之亦自可观。"

兽也。"引宋人苏颂语:"狸,处处有之。其类甚多,以虎斑文者堪用,猫斑者不佳。"又引宋人寇宗奭《本草衍义》:"狸形类猫,其文有二:一如连钱,一如虎文……"李时珍称:"狸有数种:大小如狐,毛杂黄黑有斑,如猫而圆头大尾者为猫狸……有斑如虎,而尖头方口者为虎狸……似虎狸而尾有黑白钱文相间者,为九节狸,皮可供裘领。《宋史》安陆州贡野猫、花猫,即此二种也。有文如豹,而作麝香气者为香狸,即灵猫也。"[①]

无论苏颂、寇宗奭还是李时珍对于"狸"之分类,主要还是以其皮毛颜色、花纹特征。将"如连钱"、"如虎文"比之于黄花黎之表面特征亦是十分贴切的,并以"花狸"命名也再美妙不过了。

5.降香

历史上的文献特别是地方志从没有认为黄花黎就是降香,但今粤人蔡易安先生称:"'黄花梨'广州称为'降香'(一作檳香,粤音'降'同'檳')。"[②]

林仰三、苏中海先生认为:"黄花梨是降香檀(*Dalbergia odorifera*)的理由有二:一是对1980年黄花梨小标本的鉴定;二是因降香檀在海南很早以前就叫花梨,直到今天仍称为花梨。"[③]

《新增格古要论》:"花梨出南番、广东,紫红色,与降真香相似,亦有香。其花有鬼面者可爱;花粗而色淡者低。广人多以作茶酒盏。"[④]

《广东新语》亦称:"产文昌陵水者,与降真香相似。"

正是由于当今的木材学家的坚持及明清两朝文献中大量记述"与降真香相似",故无论是成俊卿教授还是《红木国家标准》均将原产于海南岛的"花梨"命名为"降香黄檀",并将其拉丁学名命名为

---

① 李时珍《本草纲目》第1882页。
② 蔡易安《清代广式家具》第86页,香港八龙书屋,1993年。
③ 林仰三、苏中海《明式家具所用珍贵硬木名实考》,《中国木材》1993年第2期。
④ 曹昭著,舒敏编,王佐增《新增格古要论》第164页。

"*Dalbergia odorifera* T. Chen",而最终没有完全采纳林仰三、苏中海先生的"降香檀"一说。

6.黄花梨

将我国明清家具中所用产于海南岛的"花梨"二字前面加上一个带有明显色彩的"黄"字,究竟谁所为,何时开始有此命名,一直到现在也没有比较清晰或权威的说法。但我国明清家具研究专家及收藏家已习惯于"黄花梨"这一称谓,已不关心其来历。

张德祥先生认为清末大量使用低档花梨,故在前面加了一个"黄"字①。

也有人认为,是20世纪30年代由著名建筑学家梁思成先生组建的中国营造学社,为了在明式家具研究中将新老花梨区别,便将老花梨改为"黄花梨"。这是两种比较有代表性的说法。我查阅了不少关于木材的史料、地方志,"黄花梨"一词最早出现于雍正末期或乾隆元年。据清宫造办处档案:"黄字十四号。镀金作。为十三年十二月二十九日奉旨:着做西洋黄花梨

① 春元、逸明编《张说木器》第69—70页,国际文化出版公司,1993年。

老挝沙耶武里(Xaignabouli)的花梨(Pterocarpus sp.)(摄于2014年12月26日)花梨活树树干砍削后,树皮伤口部分立即呈血红色,颜色会越来越浓。

缅甸花梨(P. macrocarpus)之包节部位锯开后的动物纹(标本:北京梓庆山房,摄于2014年4月23日)

木匣贰件，今镀饰件曲项锁钥贰份，用项头金叶壹钱叁分陆厘陆毛。初三日，花善领金叶一钱三分六厘六毛，德邻发。以上用本库材料照数发给交花善，乾隆元年四月初一日档子房普昌发。"②所谓"西洋黄花梨"已强调其来源于西洋，明朝一些文献也有关于西洋向中国进贡花梨的记录，根据花梨木及黄花黎的地理分布，西洋黄花梨应为产于南亚、东南亚的花梨木，即所谓的草花梨。

民国十九年十二月《中国营造学社汇刊》所刊美国劳福尔博士（Dr. Berthod Laufer）于1901年在北京购得手写本《建筑中国式宫殿之则例（1727至1750年）》，其中第十八卷内记述了圆明园所用各种木材的名称与价格：

表5　圆明园所用木材名称、价格一览表

木材名称	斤/立方英尺	每斤银两	每立方英尺银两	备注
紫檀	70	0.23	15.40	上等红木
花梨	59	0.18	2.62	次等红木
楠木	28	0.08	1.84	即柏香木
榆木			0.64	
樟脑木			0.625	
延寿木			0.64	
黄杨木	56	0.20	1.12	
南柏木			0.20	
北柏木			0.64	
檀木			0.20	香橡木或杨木
杉木			0.541	松木或枞木

从上表所列花梨的用途来看应为建筑用材，也即草花梨。

1935年10月出版的王荫槐著《北平市木业谭》第二章第八节也有关于黄花梨的记录："又如东西陵寝之工程，委实不凡，就以慈禧后之陵而言，当慈禧后生时，即已修竣，原估库银六百万两，因后寿永，经若干年未用，以致大殿之糙木材料，稍有糟杇，由执其事者，奏请重修，此项工程，除金井坑及砖石朝房未拆只加修葺外，其大殿东西两配殿，完全拆毁，旧有糙木弃而不用，另自外洋购买形似糙木而细之木料，美其名曰'黄花梨'，因似花梨而色黄也。"[1]这段文字已清楚表明慈禧陵所用之木材并非黄花黎，而是色似花梨之糙木。

1940年7月，由日本人统治的北京华北产业科学研究所编写的《调查资料第十二·北京木材业的沿革》一书基本照抄《北平市木业谭》，也有关于"黄花梨"之叙述。

上述之"黄花梨"源于国外，并非产于中国的海南岛。我与相关专家几次前往河北遵化市清东陵慈禧陵考察，其建筑所用木材并非花梨木或黄花黎。

《北平市木业谭》中还详细列出北京地区所用国内外木材（包括本土木材）的名称、产地、颜色、材质特征、用途及说明，木材一共有64种，奇怪的是并没有"黄花梨"，也可看出两个问题：

第一，当时"黄花梨"一词并非通行而普遍的称谓；

第二，"黄花梨"并不是家具或装饰用木材的最主要品种。印度的紫檀、铜糙、铁糙；美国的美国松；日本的桂木、朴木、枫木、白楸、桴木；印尼的坤甸木；南洋的柚木以及花梨、檀香木、楠木（分新、老）、鸡翅、红木、樟木均在其列，十分详细而周致。

生于1896年的德国学者古斯塔夫·艾克（1896—1971）是较早研究明式家具或黄花梨家具的开拓者之一，早于1931年在北京《辅仁大学学报》发表《未公开发表的郎世宁绘画中乾隆时期的中国家具及内檐装饰》，1940年在北京于*Colletanea Commissionalis Syrodalis*发表《关于中国细木工所用的几种木材之研究》。我未能找到这两篇论文之原文，可以推断后一篇是较早系统研究中国家具所用木材的论文。文中是

---

[1] 王荫槐《北平市木业谭》第24页，北平市木业同业公会发行，1935年。

图上：慈禧陵隆恩殿立柱，木质干涩、粗糙，与黄花黎或花梨木不为一物。
图左：慈禧陵隆恩殿。
　"重檐歇山顶，为陵寝祭祀的主要场所。每年四时大祭或帝后忌辰，均在此进行。重修后的隆恩殿与东西配殿一样，黄花黎的木构、贴金的彩画、雕砖扫金的墙壁、镀金的盘龙、精雕的栏杆，金碧辉煌，耀眼夺目，其精美豪华堪为清陵之冠"（摘引自"清东陵慈禧陵隆恩殿解说词"）。

否出现"黄花梨"一词有待查证。不过，1944年在北京出版的《中国花梨家具图考》原文为英文，但书中清晰地以中文"黄花梨"一词来描述花梨家具中一种极为美妙、赏心悦目的木材。《北平市木业谭》中所提"黄花梨"，特别说明源于国外且用于慈禧陵之建筑，而《中国花梨家具图考》中之"黄花梨"主要用于家具。

　　王世襄先生在其《明式家具研究》中称北京工匠将花梨分为两种：一为黄花梨；另一为花梨，或称新花梨，也有人美其名曰"老花梨"[①]。王先生是从当年活着的老工匠口中得知的，对于花梨的分类也源于老工匠

[①]　王世襄《明式家具研究》第289页，三联书店，2007年。

的实际操作。实际上,不管从树木分类学的角度,还是木材使用的经验来看,它们都是完全不同的两种木材。

"黄花梨"究竟从何时开始有此称谓,众口不一。但可以肯定的是,这一称谓肯定比目前所发现的文献记载要早,即早已流传于硬木行工匠之中,且最早也是从北京开始的。目前已有学者正在探究"黄花梨"一词的来历及其相关历史,这也并非没有任何意义。能发现比本书更早更详实的资料,是我所期待的。

7.黄花黎

近几年,出版的有关北京故宫、恭王府的明清家具的著作中,已将"黄花梨"改写为"黄花黎"。其他学术性杂志或论文中也将"黄花梨"改为"黄花黎"。

"黄花黎"一词应该是有关降香黄檀(*Dalbergia odorifera* T. Chen)的俗称中最晚产生的。首次出现于正式出版物中,应为2005年第9期的《收藏家》,由本人撰写的《明清家具的材质研究之二——黄花黎》,第10期、第11期也有连载。理由有三:

第一,史籍中多处有"花黎"之称,如《诸蕃志》、《海槎余录》、《黎岐纪闻》及海南、广东的地方志,前面已有所记录。

第二,"花黎木……皆产于黎山中,取之必由黎人"。花黎木为中国之特产,也是中国硬木家具中唯一完全生长于中国本土的木材(鸡翅木、格木在东南亚、南亚均有分布),主产于海南岛黎母山及其周围林区。海南岛的原住民一般习惯性地将地名、土产或其他物品均贯以"黎"字,黎母、黎母山、黎寨、黎语、黎锦、黎布……均具有鲜明的海南黎族地方特色,让人一看便知这些地名或物产源于海南岛之黎人或由黎人控制及活动的特定地区。另外,花黎木也是海南岛黎族赖以生存的主要贸易商品,也是与岛外商人或统治者争夺生存权的有力武器。

第三,区别于进口的豆科紫檀属(*Pterocarpus*)花梨木类的树种。王世襄先生称北京工匠将花梨分为黄花梨和花梨两种。花梨"或称新花

缅甸花梨（即大果紫檀）水眼积存的雨水，浸液呈蓝机油色。
（2014年3月2日摄于缅甸仰光中林集团货场）

梨，也有人美其名曰'老花梨'。承石惠、李建元师傅见告，这是1949年
前北京家具商为哄骗外国买主而编造出来的名称，好像它比黄花梨次一
些，但又比新花梨好一些。实际上，所谓老花梨就是新花梨，二者乃是
一物。清代家具多用新花梨，我国自产，也大量从缅甸、泰国等地进口。
木色黄赤，比黄花梨木质粗，而纹理呆滞无变化，无悦人香味。锯末浸水
呈绿色，手伤沾湿易感染，有微毒。它和黄花梨差别显著，绝非同一树
种"①。

　　王先生所指的花梨实际上是不同于海南岛所产之降香黄檀即黄花
黎的，花梨木隶豆科紫檀属，而降香黄檀为黄檀属（*Dalbergia*）的木
材，二者同科而不同属，但其木材心材的表面特征确有其相似之处，如
颜色金黄或红褐色，开锯时有清香味，陈年老木加工后光泽耀眼，纹理

---

① 　王世襄《明式家具研究》第289页。

清晰，其缺点正如王先生所言也是十分明显的，故北方工匠特意在花梨之前加一个"草"字，称为"草花梨"，可见其蔑视与憎恶的程度。我国是不产这种所谓的"草花梨"的。一般原产于东南亚及南亚，以泰国、缅甸出产的花梨木为上。清代确实大量使用紫檀而很少使用产于海南岛的黄花黎。史料中所记载的花梨究竟为何种木材不得而知，故宫、颐和园现存的建筑内檐装饰，特别是栏杆罩、槅扇等多处大量使用进口的花梨木。故用"黄花黎"以区别进口的"花梨"或"草花梨"，让人一目了然，不至于产生误解。

故本书不采用"黄花梨"而采用"黄花黎"也是基于以上理由。

四、黄花黎名称之演变

在目前所能找到的资料中，唐代开元年间（713—741年）陈藏器《本草拾遗》中首次对"榈木"的名称、功效、产地、颜色做了具体的描述。明李时珍的《本草纲目》及屈大均《广东新语》均称"花榈"。李宗山先生的《中国家具史图说》也认为花梨木亦称花榈木（*Ormosia henryi* Prain）。将海南产降香黄檀称之为"花榈"或"榈木"，近二三百年应该是极少的，海南本地人一直称之为"花黎"或"花黎母"。根据前面所引材料，简要归纳一下黄花黎名称演变的脉络：

序号	名称	时期	主要代表著作
1	榈（榈木、花榈）	唐至今	① 唐陈藏器《本草拾遗》
			② 明李时珍《本草纲目》
			③ 清屈大均《广东新语》
			④ 李宗山《中国家具史图说》
2	花梨（花黎）	宋至今	① 宋赵汝适《诸蕃志》
			② 明黄省曾《西洋朝贡典录》
			③ 明清广东、海南地方志
			④ 清及民国海关关志
3	老花梨、新花梨	清末—20世纪90年代初	① 艾克《中国花梨家具图考》
			② 濮安国《明清苏式家具》
4	黄花梨	民国（或更早?）至今	① 王槐荫《北平市木业谭》
			② 华北产业科学研究所《北京木材业的沿革》
			③ 艾克《中国花梨家具图考》
			④ 王世襄《明式家具研究》
5	海南檀	1956—1980年	① 侯宽昭《广州植物志》
			② 陈焕镛《海南岛植物志》第二卷
6	降香黄檀	1980年至今	① 成俊卿《中国热带及亚热带木材》
			② 傅立国《中国植物红皮书》
			③ 吴中伦《中国森林》
			④ GB/T16734-1997《中国主要木材名称》
			⑤ GB/T18107-2000《红木》
7	黄花黎	2005年至今	① 周默《明清家具的材质研究之二——黄花黎》，《收藏家》2005年第9期
			② 鲁宁《恭王府明清家具集萃》
			③ 胡德生《故宫博物院藏明清宫廷家具大观》
			④ 周默《木鉴——中国古典家具用材鉴赏》

表6　黄花黎名称变化一览表

第二节　黄花黎研究的主要学术观点

一、历史典籍中有关黄花黎的相关记载

　　李宗山先生在《中国家具史图说》中认为："晋葛洪《西京杂记》曾载西汉中山王为鲁恭王所得'文木'而作《文木赋》。从其中对'文木'色泽、纹理的描述看，此木很像花梨木……"台湾洪光明先生在《黄花梨家具之美》中认为："根据史料记载，大约早自西元第五世纪，中国人已经知道此一木材……"[①]根据确切资料，明确记载"花榈"或"花梨"应该是从唐朝开始，宋朝、明朝及清朝的有关典籍中对其描述也极为简略，主要是从形状及心材特征、产地、用途进行记述。

　　1.唐陈藏器《本草拾遗》

　　"榈木，出安南及南海，用作床几，似紫檀而色赤"。

　　2.宋赵汝适《诸蕃志·志物·海南》

　　"土产沉香、蓬莱香、鹧鸪斑香、笺香、生香、丁香……花梨木……其货多出于黎峒"。

　　3.明黄省曾《西洋朝贡典录》

　　《卷上·占城国》

　　"其朝贡以三载。其传位受皇帝之封。……其贡物：象牙、犀牛角、犀、孔雀……奇南香、土降香、檀香、柏木、烧辟香、花黎木、乌木、苏木……"

　　《卷中·暹罗国》

---

　　① 洪光明《黄花梨家具之美》第一页，台湾南天书局有限公司，1997年。

三亚羊栏镇穆斯林使用的黄花黎水杯

（收藏：符集玉，摄影：杜金星，2012年5月20日）

"多花黎木、黄蜡……"

《卷中·溜山国》

"凡为杯，以椰子为腹，花梨为跗"。

4.明初王佐增订的《新增格古要论》

"花梨出南番、广东，紫红色，与降真香相似，亦有香。其花有鬼面者可爱；花粗而色淡者低。广人多以作茶酒盏"。

5.清谷应泰《博物要览》

"花梨产于交广黎峒，一名花榈树，叶如梨而花无实，木色红紫，而肌理细腻，可做器具、桌椅、文房诸具"。

6.清张嶲、邢定纶、赵以谦纂修，郭沫若点校《崖州志·舆地志·木类》

"花梨，紫红色，与降真香相似。气最辛香。质坚致，有油格、糠格两种。油格者，不可多得"。

7.清屈大均《广东新语·木语·海南文木》

"海南文木，有曰花榈者，色紫红微香。其文有鬼面者可爱，以多如

明黄花黎提盒

（收藏与摄影：北京邢继柱，2011年1月26日）

狸斑，又名花狸。老者文拳曲，嫩者文直。其节花圆晕如钱，大小相错，坚理密致，价尤重。往往寄生树上，黎人方能识取。产文昌陵水者，与降真香相似"。

从上述资料对"花梨"的记载中，我们可以分析出以下几个典型问题（在后面加以论述）。

1.形状："叶如梨而花无实"（《博物要览》）

2.心材特征：

(1)"似紫檀而色赤"（《本草拾遗》）

(2)"木色红紫"（《博物要览》）

(3)"紫红色"（《新增格古要论》）

(4)"紫红色，与降真香相似"（《崖州志》）

(5)"色紫红微香"（《广东新语》）

3.纹理特征：

(1)"其花有鬼面者可爱；花粗而色淡者低"（《新增格古要论》）

(2)"其文有鬼面者可爱，以多如狸斑，又名花狸。老者文拳曲，嫩者文直。其节花圆晕如钱，大小相错，坚理密致……"（《广东新语》）

4.气味：

(1)"与降真香相似，亦有香"（《新增格古要论》）

(2)"气最辛香"（《崖州志》）

(3)"色紫红微香"（《广东新语》）

5.用途：

(1)"用作床几"（《本草拾遗》）

(2)"可做器具、桌椅、文房诸具"（《博物要览》）

(3)"广人多以作茶酒盏"（《新增格古要论》）

6.产地：

(1) 安南及南海（包括南番）（《本草拾遗》）

(2) 交趾（《博物要览》）

(3) 占城国、暹罗国、溜山国（《西洋朝贡典录》）

(4) 海南（《诸蕃志》、《崖州志》、《广东新语》）

7.分类：

(1) 按花纹粗细分（《新增格古要论》）

(2) 按油格、糠格分（《崖州志》）

(3) 按老嫩及纹理曲直分（《广东新语》）

以上除产地比较混乱外，其余基本上将黄花黎的相关问题叙述清楚了。

二、近现代对黄花黎研究的主要学术观点及争论

古代文献中的花梨或花黎究竟有多少种？与黄花黎即降香黄檀是同一种木材吗？黄花黎究竟是哪一个树种？这些问题在历史上并未有太多的争论，但近三十年来歧义增加，争论激烈，故将几种主要的争论归纳分析如下：

（一）"多种"说

持此观点的人比较多，认为中国古代家具，特别是所谓的花梨木家具并不止一种木材，应该是有几种木材。比较有代表性的便是德国人古斯塔夫·艾克及苏州的濮安国先生。

1.古斯塔夫·艾克

艾克先生在其名著《中国花梨家具图考》中共收录122件明清家具，其中绝大多数为黄花黎，而只有少数几件为紫檀、鸡翅木或红木。

(1) 原文

"从宋朝或甚至更早以来，直到清朝初期，高级花梨木一直是制造日用家具的常用原料。由于同一商业名称内包含了多种不同的种类，这种木材的植物学鉴别问题更为复杂。它包括优美的明代和清初家具的黄花梨；在较晚期，特别是19世纪初叶的简朴家具中常用的、幽暗的褐

南太平洋瓦鲁阿图桑托岛沙滩盐碱地伐后腐烂的花梨（印度紫檀）树桩
（摄于2010年5月17日）

泰国东北部民居所用花梨立柱（直径约60厘米）（摄于2014年12月25日）
据云南西双版纳聂广军多次观察，花梨木分为砖红、浅黄两种，用于建筑
立柱直接触地，久则成一色，即金红色。

黄色老花梨；以及实际属于红木群的新花梨。现在在仿制老式家具时采用最后这个名称。各种国产的和进口的花梨看来自明代以来就被不加明显区别地使用着。以此名称出售的中国木材已被鉴定为红豆属的花榈木（*Ormosia henryi*），产于浙江、江西、湖北、云南和广东。唐燿博士称之为'中国最重要的制材树木之一'，并描述其木材为'心木，深红褐色；边材……粉褐色；纹理致密，质地细腻，很硬和很重；风干后只有很少的径向裂缝'（XXXVI）。赵汝适在他关于12和13世纪中国和阿拉伯通商的文献中（IV）提到一种进口的木材。按照花梨木后来较广义的名称，这种木材显然属于花梨群。'麝香木来自安南和柬埔寨……此木材由于香味略似麝香而得名……泉州（福建）人民大量使用这种木材制造类似花梨木制家具。'这样，一位13世纪的专家仍然把国产的真花梨同一种仅仅与中国真品相似，但是从南方进口的、带香味的木材加以区别……

"经鉴定，从早期花梨木家具上取下的试样属于安达曼红木（*Pterocarpus indicus*，广东称青龙木）的亚种，都不是红豆属的花榈木（*Ormosia henryi*）。因此可以有理由假定大多数花梨木都是进口的。国产的相应品种可能只为当地的制柜业使用，但后来，它所提供的商业名称就被应用于整个这群花梨木。

"老的花梨木家具的木料，无论其颜色深浅，通常都指明是'黄的'，以形容所有真品共有的色泽。这种色调带有如同从金箔反射出来的那种闪闪金光，在木材的光滑表面上洒上一片奇妙的光辉。

"版1的马蹄足所表示的可能曾是明代的最优质花梨木例子。其木料作琥珀色，纹理致密并带有结疤；它有深色的条纹和一种清楚而有时奇特的线性花纹。有时可看到木质呈斑驳状和云雾状，表明此木材属于青龙木（Amboyna）品种"[1]。

---

① 古斯塔夫·艾克著，薛吟泽，陈增弼校审《中国花梨家具图考》第28—29页。

黄花黎沤山格 (收藏：魏希望，2015年8月26日)
沤山格为数年前东方市南浪村村民伐后扔在溪水边，边材未受虫蚀，反复潮化后剩下的格光泽明亮，状如野鹿回望，形象生动逼真。

（2）分析

①作为明清或民国制作家具所用花梨木的分类

从引文可以看到，艾克先生认为高级花梨木（High grade Huali Wood），"由于同一商业名称内包含了多种不同的种类"，主要有：

A.黄花梨（明代和清初家具所使用）；

B.褐黄色老花梨（19世纪初叶所使用）；

C.新花梨（属于红木群）；

D.红豆属的花榈木（*Ormosia henryi*）；

E.麝香木（Musk-wood，12－13世纪从安南、柬埔寨进口）；

F.安达曼红木（*Pterocarpus indicus*）。

从艾克先生的分类中我们可以得出以下结论：

第一，明及清初的黄花黎家具应该是颜色金黄的海南岛东部、东北部所产黄花黎，而19世纪初叶的简朴家具所使用的"老花梨"为幽暗的褐黄色，实际上这种木材应该是清中晚期后由于海南东部易于开采、运

黄花黎夹头榫平头案面心
（收藏：北京私人，2006年12月25日）

海南文昌草花梨（印度紫檀）拆房料刨花（摄于2015年1月25日）

输的黄花黎近于枯竭后转向西部、西南部或南部开采的褐红色黄花黎，也是黄花黎的一种，只不过产地与颜色不同而已。

第二，新花梨。经过对于所谓"新花梨"家具的拆开、检测与比较，几乎全部为豆科紫檀属的、产于东南亚的大果紫檀（*Pterocarpus macrocarpus*）或印度紫檀（*Pterocarpus indicus*），而海南文昌等地近二百年历史的老房料及家具以印度紫檀为多，当地所引种的印度紫檀胸径大者也有近60厘米。

第三，花榈木即红豆木，匠人也将其划入鸡翅木之列，其纹理与同一区域的铁刀木，即鸡翅木纹理十分相似。将其归于花梨之范畴则是明显错误的。

第四，安达曼红木英文原文为："Samples taken from early huali pieces were indentified as sub-species of *Pterocarpus indicus*, none, so far, as *Ormosia henryi*。"翻译成中文应该为："从早期花

梨家具中所取样品经检测应为印度紫檀的亚种，至今尚未见到花榈木。"

薛吟先生将"*Pterocarpus indicus*"译为"安达曼红木"是不正确的。我在2006年第2期《收藏家》发表了"《中国花梨家具图考》误译举隅"一文，专门谈到了这一问题。故此处之"安达曼红木"应改为"印度紫檀"，也即上述"新花梨"之一种。

②花梨木的使用

艾克先生提出的"各种国产的和进口的花梨看来自明代以来就被不加明显区别地使用着"的结论引起了中国学者及收藏家的警觉，王世襄先生也谈到了这一点。从历史文献及艾克先生所述对所谓"花梨家具"样品的检测，我们亲眼所见之花梨家具也证明这一看法是极其正确的、科学的。我们看到的一些黄花黎家具中确实有一些草花梨夹杂其间，如花几的面板、太师椅的座板。这类古旧家具在广东、海南较多，不知是故意掺假，还是分辨不出木材的真伪。

③关于黄花黎家具或硬木家具的起源、发展脉络

A."建筑艺术在明初达到自8世纪以来的第一次新高潮，而家具直到此时才完美成熟"。

B."中国家具的黄金时代可能与青花瓷器的全盛时期相一致；但在公元1500年之后不久似乎开始逐渐衰落。到17世纪末叶，尚存的古典明式传统已一项一项地失去其特色。早期式样中的大胆豪放，此时已被一种规矩的但常很漂亮的精致所代替。在其他情况下……华丽的雕琢遮盖了木材的自然美，并开始干扰优美的线性组合"。

C.红木的应用"也可能是由于较贵重花梨木来源逐渐枯竭。苏州和扬州木器店几个世纪以来几乎专一地使用各种黄花梨的做法此时已经终止。在明朝，并很可能包括其前两个朝代，黄花梨木料曾经是高级日用家具的专门特色。后来在18世纪末叶，当出现对浅色木料的新需求时，人们就用较粗糙的老花梨来满足这些需求。这种木料促使简朴的古

清早期黄花黎圆包圆方桌 (收藏: 海南王力, 摄影: 魏希望, 2012年12月18日)
造型已无明式家具之风骨, 矮佬、罗锅枨已完全变形, 结构拖沓、繁余。

代风格得到微弱的复兴"①。

艾克先生关于黄花黎家具的起源已推测到宋朝，其实海南历史上大量地使用黄花黎制造各种生产工具、日用器具，甚至用来盖房子。艾克先生的推测也是基于他对中国历史的深刻认识与了解。中国家具的黄金时代应该始于北宋，经过元及明前期、中期的琢磨已渐渐成型，明末应是中国古典家具的优秀代表——明式家具登峰造极达到辉煌的阶段。从残存的家具实物、绘画及史料看，到17世纪末也即康熙朝，雅致优美的明式家具开始向庸俗繁复滑落，特别是雍正朝即是明式家具的终点站，也是清式家具的起始点，忽视或彻底放弃了注重木材的自然色泽、纹理与流畅饱满的线条语言。这一悲剧是与中国政治、社会及当时流行的审美趋向之风俗相吻合的。

2.濮安国

（1）原文

"明代制造家具的花梨木，明人黄省曾在《西洋朝贡典录》中记述得非常清楚，他说花梨木有两种，一为花榈木、乔木，产于我国南方各地；一为海南檀，落叶乔木，产于南海诸地，二者均可作高级家具。这位博闻多才的学人，不会故弄玄虚，对他记述的花梨木应该是可信的。花榈木与海南檀都被时人统称为花梨木，并都用作高级家具的材料，应该是毋庸置疑的。然而，今人却认为，明代家具使用的花梨木都是海南檀，由此，花梨木即海南檀，即降真香，今人称之为黄花梨。并认为只有它才是明及清前期考究家具的主要材料；除黄花梨之外，明或清前期就没有其他花梨木的家具。甚至还错误地说成凡黄花梨家具都是明或清前期的家具，将人们对明式家具的认识，引入了一个以用材为唯一标准的误区。

"诚然，明人所记载的花榈木之花梨木，或'花粗而色淡者'的花梨木，既然也用来制造高级家具，当然会有明代的花梨木家具，即与海

①　古斯塔夫·艾克《中国花梨家具图考》第33—34页。

105

花梨公(海南黄檀)（标本：魏希望，2014年6月11日）
易受虫，花梨公易受虫害，空心朽烂者多，鲜有成器者。

花梨公局部（摄于2015年1月26日）

南檀树种不同的、非今人所说的黄花梨的花梨木家具。故而，明或清前期的花梨木家具不能全是采用海南檀制作的所谓黄花梨家具。近来在对黄花梨的识别上，有人似乎发现了黄花梨不相同的材质，便又作出了一种新的解释，认为黄花梨又有两种，一种是色淡的，一种是色黄的。这种说法如果是指明代的花梨木，应该说得过去，若仅指海南檀，那就仍让人感到疑惑和不可思议。

"事实十分清楚，明代的花梨木有海南檀，即被今人称之为黄花梨的，也有花榈木及花梨木，它们都是明代制造家具的用材，亦都是苏式家具的主要用材。在江南地区，传统的称呼都叫老花梨，不称黄花梨。

"只是北京工匠说，老花梨'是1949年前北京家具商为哄骗……编造出来的名称，好像它比黄花梨次一些，但又比新花梨好一些。实际上，所谓老花梨就是新花梨，二者乃是一物。清代家具多用新花梨'。再加上又有所谓'新花梨'家具'多为清式或晚清、民国时期带有殖民地色彩的家具。倘作明式……为近代仿制'的结论，明代包括清初时期采用不是海南檀制造的花梨木明式家具，于是全成了新花梨家具，是'仿明'家具，其制作年代都在近代。这是对历史文物不分青红皂白的极不负责的错误观点"。①

（2）分析

濮先生原文中有几个引人关注的地方：

①明人黄省曾关于花梨木之分类

濮先生认为花榈木与海南檀均为花梨木，而且不赞同"凡黄花梨家具都是明或清前期的家具"，黄花梨并不是明及清唯一的"考究家具的主要材料"。

②明代的花梨木有三种

即黄花梨、花榈木、花梨木，"在江南地区传统的称呼都叫老花梨，

---

① 濮安国《明清苏式家具》第129－131页，浙江摄影出版社，1999年。

不称黄花梨"。

③严厉批评王世襄先生关于"老花梨"与"新花梨"的看法

"新花梨"确实为产于东南亚,特别是泰国、缅甸或越南、柬埔寨之豆科紫檀属的大果紫檀、印度紫檀,艾克先生、王世襄先生的论断或推测并无不妥,也可以说与当时及现代的科学检测结论几乎一致。

至于"老花梨"一说,民国时期确有如此称谓,但今天几乎不再提及。"老花梨"究竟是黄花黎的一种还是"新花梨"抑或草花梨,因地域或因人而异,并没有一个统一而科学的说法。很有意思的是,《明清苏式家具》中所列的"老花梨"家具,几乎清一色为"黄花黎"家具,故可以认定濮先生之"老花梨"就是"黄花黎",即学名为"降香黄檀"。

花梨公活立木主干(摄于2013年4月4日)
空洞上下贯通,无一实处,这也是其主要特征。

"海南檀"的来历在前面已讲得很清楚,海南檀在海南是很难成材的,极易遭白蚁侵蚀和遇潮腐朽,很少有人用于家具的制作,故应排除在"花梨"或"黄花黎"之列。

明人黄省曾的《西洋朝贡典录》有关"花梨"的原文与今人之注释也是本文所必谈的,已引起许多人的疑虑与非议。我国有几位学者在近几年的专著或论文中均引用黄省曾的这一段话,实际上是一个不应有的失误。

（二）"花榈"说

1.李宗山

"花梨即花榈"，持这一说法的除了濮安国先生外，还有一位就是中国社会科学院历史研究所的李宗山教授。李教授在《中国家具史图说》第八章《家具专题漫谈》中有关"花梨木"的主要观点为：

（1）原文

"花梨木亦称花榈木（*Ormosia henryi* Prain），是主产于我国华南（两广、海南）至东南亚一带的喜热常绿乔木。向北可延及浙江南部、湖南、江西和云南南部。

"花梨木在品种上有黄花梨和新花梨之分（二者在制作时间上也大致可分为清初以前及清中期以后）。因现在的花梨家具多以黄花梨泛称，故家具界又常称黄花梨为'老黄花梨'。另外，花梨家具中还有不少系仿制品，如没有花纹而只有粗大椭圆形棕眼的所谓'老花梨'（多出于哄骗炒卖需要）；棕眼粗大、木质松而无光的'草花梨'以及用新红木或红豆木（亦称相思木）仿做的'红花梨'等。所谓的'老花梨'木料多呈黄红色，无油性，近代多以此仿清宫家具，质量不高，材质也不如真的老黄花梨；'草花梨'则为低劣制品，材质差，一般不难区别；新红木和红豆木材质皆属上乘，新红木仿真花梨家具常不易看出，尤其更接近黄檀属的花梨木；而红豆木的材色和纹理则与同属的黄花梨相似，其中川南红豆木、浙南红豆木和台湾红豆木向被视为名贵品种，木工性质和硬重程度等皆不次于黄花梨，所制作的家具则常被混称为黄花梨家具。

"由于明代中期以后花梨家具的流行，国内的花梨木用材已供不应求，于是皇家贵族和官商豪富便利用海关和私营商贩等大量搜求进口原料，产于东南亚及南洋地区的热带名贵木材开始源源流入内地。正是因为如此，花梨木、类花梨木及其他硬木品种陆续被发掘出来，家具材色日趋繁多。如明人黄省曾在《西洋朝贡典录》中便提到'花梨木有两种，一为花榈木，乔木，产于我国南方各地。一为海南檀，落叶乔木，产于南海诸地。二者均可做高级家具'。这里的海南檀也称花梨木，黄檀属。而黄檀属的'花梨木'与紫檀属的'花梨木'（红木）皆以两广以南至南洋各国为主要产地，这就说明中国的花梨家具多数是由进口木材制作的。有关早期花梨家具的取样实验也同样证明了这一点。

"从明清时期花梨家具的选材用料来看，标准的花梨家具主要是指以老黄花梨为代表的早期制品，其中又可分为两种：一种是以海南檀为代表的黄檀型花梨家具（黄檀属）；另一种是以红豆属花梨木为代表的华南型花梨家具（有人又称之为降香型）。至于清中期以后的新花梨家具实际上已多是类红木系列，并非纯正的花梨木，可视为花梨家具的变种或清式花梨家具。而其他仿花梨品种多系晚清以后制品，在花梨家具中并不占重要地位。它们的具体归属问题还有待详细鉴定，暂时可列入广义的花梨家具类。总之，所谓的花梨家具并不纯指红豆属的花梨木；那种按新、老或黄、红标准来划分花梨家具品种的方法其实也是靠不住的；因为早在清代初期，花梨家具就已不再是单纯的家具品种，就连不同地区的木工匠人们，对花梨家具与类花梨家具也各自有着不同的选材加工方式和识别标准。至于现代家具界、收藏界和研究界等对各种花梨木料的认定和描述方式就更复杂了。因此，在借助于传统手段和经验积累来识别、研究花梨家具的同时，还必须采用木材学的分类方法和现代科学手段，否则便容易产生分类不清的问题"①。

（2）分析

李宗山先生的论述有以下四点错误：

第一，"花梨木亦称花榈木（*Ormosia henryi* Prain）"。

第二，"花梨木在品种上有黄花梨和新花梨之分（二者在制作时间上也大致可分为清初以前及清中期以后）。黄花梨又称为'老黄花梨'。

① 李宗山《中国家具史图说》（文字）第531—533页，湖北美术出版社，2001年。

‘新花梨’是清代中期以后大量从东南亚进口的类似黄花梨的木材，不少应属于红木或黄檀类”。

第三，明人黄省曾在《西洋朝贡典录》中将花梨木分为“花榈木”及“海南檀”。

第四，“从明清时期花梨家具的选材用料来看，标准的花梨家具主要是指以老黄花梨为代表的早期制品，其中又可分为两种：一种是以海南檀为代表的黄檀型花梨家具（黄檀属）；另一种是以红豆属花梨木为代表的华南型花梨家具（有人又称之为降香型）”。

①关于花榈木

李宗山先生有关花梨木即花榈木的观点直接源于陈嵘1937年出版的《中国树木分类学》：“花榈木（本草纲目），别称花梨木（浙江平阳）；亨氏红豆（陈焕镛）。学名（*Ormosia henryi* Prain.O. mollis,Dunn.）。”“产浙江以及福建、广东、云南均有之，闽省泉漳尤多野生，亦有用人工栽培者。木材坚重美丽，为上等家具用材，其价值仅亚于紫檀（*Pterocarpus santalinus*，Linn.f.）。近来有将其木材削为薄片，制成镶板（Veneer），以为家具美术用材，其价可高数倍云”①。

1936年著名木材学家唐燿著的《中国木材学》讲到红豆树属（Ormosia）的“红豆木类（Hung Tao Mu）或花梨木（Hwa Li Mu）”之“亨利红豆树（浙南称为花梨木）（*O. henryi* Prain），分布最广，其木材有商用价值”②。

陈嵘、唐燿、胡先骕先生在中国乃至国际木材学界、树木分类学上的造诣是公认的，其学术成就一直为世人所景仰。陈嵘先生所称花榈木之别称花梨木，并不等于花榈木就是花梨木。这一问题在前面关于学名与俗称的常识中已讲清楚，花榈木为豆科红豆属树种，而花梨木为豆科

---

① 陈嵘《中国树木分类学》第532−533页，上海科学技术出版社，1959年。
② 唐燿著，胡先骕校《中国木材学》，第319页，商务印书馆，中华民国二十五年。

四川省什邡市师古镇红豆村之花榈木（摄于2011年5月25日）
（又称相思树、红豆树，亦即古代瀼鹅木，*Ormosia hosiei*），
此树植于唐代，至今已有1200余年。唐代大诗人王维"红豆生南
国，春来发几枝，劝君多采撷，此物最相思"诗中的"红豆"树即
指此树。

花榈木的果荚（摄于2011年5月25日）

紫檀属树种，二者天壤之别，故不是一物。另外，花梨木源于豆科紫檀属，黄檀属的木材多数为红酸枝与黑酸枝，黄花黎即隶黄檀属。从清代档案及其他途径所得到的资料，花梨的价值确实仅次于紫檀，近五百年来均是如此，但不是指花榈木（*O. henryi*）而是指黄花黎。黄花黎2012年的最高价为500克2万人民币，紫檀最高价约1000元，黄花黎的价格已远远超出了紫檀。花榈木原木至今的价格每立方米也不过5000—8000元人民币，由于其气干密度仅为0.588克/立方厘米，与金丝楠木的气干密度近似，故存世的古旧家具极难一见，也很少有博物馆或收藏家的手中藏有花榈木的家具或其他器具。

红豆属的木材按心材材色的区别与心边材有无区别，可分为红豆木、红心红豆、南方红豆、万年青四类。花榈木即属于南方红豆类木材。南方红豆类"木材的心材是红褐色，比小叶红豆色浅，不鲜艳，木材也较后者轻软。分类上所叫的花榈（花梨）木，其拉丁学名为*O. henryi* Prain，华东区有些林业单位则把小叶红豆误作花榈木；四川的又把红豆树错叫作花榈木，把名称、木材都搞混了"[①]。

郑万钧《中国树木志》对于花榈木（*O. henryi* Prain）的别名、生态环境及特征、产地、木材特征、用途均作了详细描述。花榈木之别名有花梨木、臭木、臭桐紫、烂锅柴（浙江）、硬皮黄檗（江西）、乌心红豆、毛叶红豆、鸭芝青、猫树、双丝、白樟丝、乌樟丝。产地：浙江、安徽、江西、福建、湖南、湖北、四川、贵州、云南、广西、广东；"生于海拔600—1200米以下山谷、山坡和溪边杂木林内；天然林生长慢，100年生，树高12.7米，胸径37.5厘米，材积0.76立方米。越南也有分布"。"边材淡红褐色，心材新鲜时黄色，后为桔红色，经久为深栗褐色，坚重，结构细，花纹美观，为优良家具材。枝叶药用，能祛风解毒，用根皮捣烂，可治跌

[①] 成俊卿、杨家驹、刘鹏《中国木材志》第500、505页，中国林业出版社，1992年。

打损伤及腰酸。可栽培观赏"①。

还有几种红豆属木材经常被一些研究中国古代家具的专家广泛引用并被误认为是花梨木或紫檀、红木的树种如表7。

表7 红豆属木材名称、气干密度资料②		
树种名称	学名	气干密度（g/cm³）
长眉红豆	O.balansae	0.50
海南红豆	O.pinnata	0.65
红豆树	O.hosiei	0.706（四川江津） 0.758（浙江龙泉）
缘毛红豆	O.howii	——
荔枝叶红豆	O.semicastrara	0.772（海南岛尖峰岭） 0.750（海南岛）
木荚红豆	O.xylocarpa	0.669（福建） 0.603（福建永安）
小叶红豆	O.microphylla	0.823

其中小叶红豆，在广西有"紫檀"之称，除了比重大外，材色紫褐色，与紫檀极近似；其次是红豆树，产于浙江龙泉的气干密度已达0.758，仅次于小叶红豆，也是当地百姓比较珍爱的家具用材。

而我国历史上的花梨家具，如果不按树种分类的方法来分类，"花梨"这一木材名称确实包罗万象，但主要还是两类：一类是产于海南岛的降香黄檀即黄花黎；一类是进口的豆科紫檀属花梨木类（Pterocarpus spp.）的木材，主要为产于缅甸及东南亚的大果紫檀、印度紫檀。这里并不包括比重较轻的国产花榈木（0.588）。

---

① 郑万钧《中国树木志》第2卷第1322页，中国林业出版社，1985年。
② 成俊卿等《中国热带及亚热带木材》第250—255页。

黄花黎架子床绦环板

（摄影：杜金星，2009年11月21日）

　　无论是艾克的《中国花梨家具图考》、王世襄的《明式家具研究》，还是我国其他学者所编写的关于中国古典家具研究的著作中很少有花梨木类（Pterocarpus spp.）的家具，花梨进入中国并不晚，或已错过了中国家具如青花瓷般灿烂的高峰期，古典家具的阵营中很难找到其踪影。即使花梨家具泛滥于明清，也不是我们所要追踪的对象。并不是其材质或身份低下，而是花梨并没有产生值得我们欣赏或顾盼的优秀家具，也并不代表中国古典家具。在故宫抑或海南，也多用

清中期鹨鶒木架子床局部

（收藏：北京李春平，2013年1月23日）

于宫廷内檐装饰或民房建筑用材，但并没有几件真正的花梨家具。到了民国及近三十年才是花梨家具兴盛的时期，但大多与中国传统的优秀家具之形渐行渐远，找不到中国传统的元素。

故"花梨木即花榈木"的观点在研究明清家具的学术领域里是没有价值的，也是不值一驳的伪命题。

②黄省曾有关"花梨"的记述与分析

黄省曾，字勉之，吴县（今苏州市）人，兴趣甚广，著述较多，但比较有名的也就《西洋朝贡典录》。而此书也是"摭拾译人之言，若《星槎》、《瀛涯》、《针位》诸编，一约之典要，文之法言，征之父老，稽之宝训"。"举乡试，从王守仁、湛若水游。又学诗于李梦阳。所著有《五岳山人集》"。但《诗话》称其诗"诗品太庸，沙砾盈前，无金可拣"。《西洋朝贡典录》约成书于1520年，而《西洋朝贡典录校注》是由当今学者谢方先生（中华书局编审，现居上海）1981年校注完成的，2000年4月才出第1版。《西洋朝贡典录》一书有三处出现"花黎"或"花梨"：

《占城国》："其朝贡以三载。其传位受皇帝之封。（洪武二年，其主阿搭阿者首遣其臣虎都蛮来朝贡。诏遣中书省管勾甘恒等封为占城国王。四年，遣使奉金叶表来朝贡。十六年，复遣子来贺圣节，乃遣使赍与勘合文册。四十二年，复来朝贡。以其臣弑立，命绝之。永乐后，其国与诸国皆来朝贡，始定每三年一来。正统后，其国袭封，遣使行礼。）其贡物：象牙、犀牛角、犀、孔雀、孔雀尾、橘皮抹身香、龙脑、薰衣香、金银香、奇南香、土降香、檀香、柏木、烧辟香、花黎木、乌木、苏木、花藤香、芜蔓香纱、红印花布、油红绵布、白绵布、乌绵布、圆壁花布、花红边缦、杂色缦、番花手巾、番花手帕、兜罗绵被、洗白布泥。"[①]

《暹罗国》："国之西北可二百里，有市曰上水，居者五百馀户，百货咸集，可通云南之后。其交易以金银、以钱、以海贝。其利珍宝、羽毛、

---

① 明黄省曾著，谢方校注《西洋朝贡典录校注》第12—13页。

齿、草。其谷宜稻。其畜宜六扰。有石焉，明净如榴子，其品如红雅姑，其名曰红马厮肯的石。善香四等：一曰降真，二曰沉香，三曰黄速，四曰罗斛。多花锡、象牙、翠羽、犀角。多花梨木、黄蜡，多白象、白鼠、狮子猫。有木焉，其叶如樱桃，其脂液流滴如饴，久而坚凝，紫色如胶，其名曰麒麟竭，食之已折损。"[①]

《溜山国第》："其交易以银钱（重官秤二分三厘）。其利鱼、贝。其谷宜稻、麦。其畜宜牛、羊、鸡、鸭。凡为杯，以椰子为腹，花梨为跗。凡为舟，不以锻铁，以椰缠绳之而贯之而楔之，以龙涎镕之而涂之。"[②]

今人谢方先生注释"花梨"全文如下："花梨即花梨木。花梨木有两种，一为花榈木（学名*Ormosia henryi*），乔木，产于我国南方各地。一为海南檀（学名*Dalbergia hainanensis*），落叶乔木，产于海南诸地。二者均可做高级家俱。本书此处指海南檀，木质比花榈木尤坚细，可为雕刻。"[③]

上述之占城国又称占婆（Champa），今越南中南部地区；暹罗国即今泰国；溜山国即今印度洋之马尔代夫（Maldives）。越南、泰国产花梨木（豆科紫檀属花梨木类）是肯定的，从今天得到的树种分类资料来看，主要有印度紫檀（*Pterocarpus indicus*）、大果紫檀（*P.macrocarpus*）和安达曼紫檀（*P.dalbergoides*）。《西洋朝贡典录》中的许多文字或条目几乎多源于马欢的《瀛涯胜览》、费信的《星槎胜览》。《瀛涯胜览》"溜山国"条称："土产降香不广，椰子甚多，各处来收买往别国货卖。有等小样椰子壳，彼人镟做酒盅，以花梨木为足，用番漆漆其口足，标致可用。其椰子外包之穰打成粗细绳索，堆积成屋，别处番船亦来收买贩往

---

① 明黄省曾著，谢方校注《西洋朝贡典录校注》第59页。
② 明黄省曾著，谢方校注《西洋朝贡典录校注》第76页。
③ 明黄省曾著，谢方校注《西洋朝贡典录校注》第76页。

海南昌江王下乡洪水村房前屋后的黄花黎（摄于2015年8月23日）
多与槟榔、椰子树及其他植物混生。黄花黎树主干用鹅卵石、水泥砌成圆柱状以防日益猖獗的盗伐。

别国，卖与造船等用。其造番船不用一钉，其锁孔皆以锁缚，加以木楔，然后以番沥青涂之。"[1]

为几位学者所引用的所谓黄省曾关于"花梨木分两类"的渊源也就如此。如果我们还能记得前述之"海南檀"、"花榈木"及"植物分类学"的发展简述，就可以很容易地推翻这一观点。

《西洋朝贡典录》成书于1520年，当时世界上还没有产生植物分类学。植物的科学命名方法是瑞典科学家卡尔·林奈（Carolus Linnaeus）于1753年（相当于乾隆年间）在其名著《植物种志》（*Species Plantanrum*）中最早提出来的，直至1912年世界各国植物学家开会制定了统一的《国际植物命名法规》。所以明朝的黄省曾也就不可能对花梨木进行分类，并以拉丁文命名。而海南檀的中文名及拉丁名最早于1956年出现于侯宽昭教授主编的《广州植物志》中，怎么会跑到明朝由黄省曾发现和命名呢？何况谢先生的注释是完全错误的。花榈木原产于中国南方及越南北部；海南檀原产于海南，其他地方有少量人工引种，如广州植物园。花梨木为豆科紫檀属的树种，而花榈木是红豆属的树种，海南檀则是黄檀属的树种。一个树种怎么可能

① 明马欢原著，万明校注明钞本《瀛涯胜览校注》第74页，海洋出版社，2005年。

跨三个属呢? 故李宗山、濮安国两位先生引用当今学者谢方先生的不正确的注释，并得出花梨木有两种，即花梨和花榈，花梨家具由多种花梨木组成的结论是毫无根据的、不科学的。

（三）"降香"说

1.蔡易安

（1）原文

"花梨又称花榈，玫瑰木属，西方国家称为玫瑰木（rosewood)，为世界名贵木材之一。花梨是一种阔叶高干乔木，高达三十米以上，直径也可达一米左右，泰国、缅甸、越南和南洋群岛均有出产。该属遍布于世界热带及亚热带，约有一百五十个品种，其中以大红和青筋为最佳。……清代中叶以后，海运更为畅通，通过海外贸易，大量的花梨木材源源输入广州等沿海城市，由于花梨木的产量较多，树材也较大，进口的多为重达数吨的巨材（有的重达八吨)，大材可以大用，这些巨大的高级木材受到广大家具生产者和消费者的欢迎，从而它也和酸枝一样，成为广东硬木家具最常用木材之一。

"'黄花梨'广州称为'降香'（一作橄香，粤音'降'同'橄')，是现代较为稀少的木材，家具行业已很少见到。明初王佐增订的《新增格古要论》中谈到：'花梨出南番、广东，紫红色，与降真香相似，亦有香……'又《琼州府志》 物产条，也有：'花梨木，紫红色，与降真香相似，有微香……'记载中都有花梨木与降真香相似的记载。降真香即降香，是黄檀属近百种中之一种，心材颜色较深，呈红褐色，边材颜色较浅，偏淡黄，内外颜色层次明显而肌理细腻，并有深褐色美丽的漪涟状斑纹。据宋代《诸蕃志》记载：'降真香出三佛齐（苏门答腊)、阇婆（爪哇)、蓬丰，广东、（广）西诸郡亦有之……'说明降香在我国和东南亚均有出产，在古代已是商贸木材之一。据家具行业的老艺人称，降香生长于海南岛山谷中，树干延伸盘屈而少有宽阔的家具板材，人们常利用其美

文昌草花梨（即印度紫檀）（标本：北京梓庆山房，2015年1月25日）
房料新切面（房屋约有260年历史），未刨光，毛孔粗糙，颜色浅黄透紫褐，卷
起的牛毛纹如波浪起伏。

丽的斑纹制作一些精美的装饰用品。另据《东南亚木材》一书记载：这
类木材'边材淡黄褐色，心材深紫褐，带有黑紫色条纹，木材纹理交错，
有光泽，新鲜木材切面有蔷薇香气……是高极家具、乐器、特种工艺品
及装饰用材'。可见，国内外的'黄花梨'还有多种。

　　"明代硬木家具中有不少是这种'黄花梨'木做成的，清代中叶以
后由于新花梨的取代，而黄花梨又材小源缺，人们就很少采用。所以审
定家具的制作年代，除以家具的做工和形式作为对比外，'黄花梨'也成
为鉴别明代家具标志之一"①。

　　（2）分析

　　首先纠正蔡易安先生三个概念：

─────────────

① 蔡易安《清代广式家具》第86—87页。

生长于海南鹦哥岭的降香（摄于2015年8月24日）
直径约40—50厘米的古藤，结香部分直径约5—8厘米。

降真香之珍品"黄金甲"（收藏：冯运天，2015年9月19日）
所谓"黄金甲"，即降真香心材之表面，呈金黄色，油质丰富，手感滑腻。

第一，"花梨"和"花榈"并不是玫瑰木属，花梨为豆科紫檀属（*Pterocarpus*），花榈为红豆属（*Ormosia*），与蔷薇科（Rosaceae，英文Rose Family）没有任何关系。"Rosewood"是一泛指，凡木材心材呈玫瑰色或浅褐色、褐色之木材均可称之为"Rosewood"，基本上源于豆科。

第二，《东南亚木材》一书中记载的木材为"印度紫檀"，北京称之为"草花梨"或"新花梨"，木材心材材色分为红、黄两种。故与我们所关注的"黄花黎"是完全不同的两种木材，千万不能混淆。

第三，"黄花梨"就是"降香"或"降真香"一说是没有依据的，二者也是完全不同的两个树种。后面将有详述。

（四）"降香黄檀"说

降香黄檀（*Dalbergia odorifera*）这一学名的来历面前已经讲得很清楚，明清家具研究界及木材学界认为"降香黄檀"就是明清两朝所使用的"黄花梨"，主要代表人物及观点如下：

1.林仰三、苏中海

（1）原文

"花梨分为黄花梨和新花梨两类。黄花梨原叫花梨或花榈。为了区别于清代中期以来大量进口的另一类花梨，故根据原花梨材色多数带黄而冠以黄字；另一类则称为新花梨，甚至喧宾夺主地被称为花梨木。"

"黄花梨是降香檀（*Dalbergia odorifera*）的理由有二：一是对1980年黄花梨小标本的鉴定；二是因降香檀在海南很早以前就叫花梨，直到今天仍称为花梨。早在1225年的《诸蕃志·海南》和1511年的《正德琼台志》就有花梨的载录。明《新增格古要论》也说：'花梨出南番、广东，紫红色，与降真香相似，亦有香。其花有鬼面者可爱；花粗而色淡者低。广人多以作茶酒盏'。《广东新语》的描述尤详：'……花榈者，色紫红微香。其文有鬼面者可爱，以多如狸斑，又名花狸。老者文拳曲，嫩者

缅甸伐木工使用大象帮助牵引，运输花梨树，之前须挖土、斩根，用铁链固定树根，大象用力上拉，伐木工用橇杠辅助。(摄影：李忠恕，2012年4月3日)

文直。其节花圆晕如钱，大小相错，坚理密致，价尤重。……产文昌陵水者，与降真香相似。'1908年的《崖州志》说：'花梨，紫红色，与降真香相似。气最辛香。质坚致，有油格、糠格两种。油格者，不可多得。'其说明更为中肯。"

"《格古》按花纹分粗细，《新语》按纹理分曲直，《崖州志》按心材分油糠。可见古人已知同一树种能够产出不同性状的木材。其心材黄褐带红色为糠格；呈深紫褐至栗黑色的是油格。至于降真香（降香、番降），则为明清两代南洋诸国的贡物或商品，主要由印度檀（*D. sissoo*）、小花檀（*D. parviflora*）的心材而来，常用为降神和医药，也可能用于制造器物；如果是这样，那么黄花梨就不仅仅是海南的降香檀了。"

"新花梨不是国产的花榈木即亨利红豆（*Ormosia henryi*），而应为紫檀属（Pterocarpus）的浮水者。因为：1.广东所见花梨，气清香而浮

源于越南、埋入泥土的降真香，此结香方式也称死结或土埋。（摄于2015年8月26日）

于水；木屑水浸液现荧光；2.1980年花梨木小标本，是浮水的紫檀属心材；3.《南洋材》称Pterocarpus为花梨、花榈；4.新花梨径级大，决非国产的亨利红豆这种小乔木所能提供。"

"笔者还认为：《本草纲目》的榈木（花榈木、花梨），应为降香檀而非紫檀属的浮水者（新花梨）；更不是亨利红豆。李时珍乃湖北人氏，如果花榈木是指主产于长江流域的亨利红豆，就不必袭用唐代陈藏器的说法'榈木出安南及南海'了。至于李氏把花榈木画成棕榈状，是因他见到的是去掉边材的木段，剩下的当然是无枝无叶的光杆"[①]。

（2）分析

两位先生为广东木材学界的知名学者，理论涵养与实践经验均十分丰富。上文主要分析了四个问题：

①"黄花梨"的学名及历史文献的比照

将历史上的"黄花梨"确定为降香檀（应为"降香黄檀"），主要基于科学检测及历史文献的对照。

②降真香

认为古代所谓的降真香为印度檀、小花檀。

③新花梨

---

① 林仲三、苏中海《明式家具所用珍贵硬木名实考》，载《中国木材》1993年第2期。

新花梨不是花榈木，而是紫檀属之花梨木。这也同时科学地回答了李宗山、濮安国先生的疑惑。

④《本草纲目》之榈木

《本草纲目》之榈木即今产于海南岛之降香黄檀。

2.王世襄

（1）原文

"花梨，古人多写作花榈，或称榈木。李时珍特意指出，'榈'书作'梨'是错误的。查《本草纲目》有花榈木图，画的完全是棕榈的形状。这却是李时珍搞错了，因为花梨属豆科，与棕榈科相去甚远。可能正是由于上述的误解，所以他才坚持梨必须写作榈。自清代以来，花梨的写法日益普遍，为了通俗起见，现在似无改回去写作'花榈'的必要。

"北京工匠将花梨分为两种：

"一为黄花梨，颜色从浅黄到紫赤，木质坚实，花纹美好，有香味，锯解时，芬芳四溢。材料很大，有的大案长丈二三尺，宽二尺余，面心可独板不拼。它是明及清前期考究家具的主要材料，至清中期很少使用，可见当时木料来源已匮乏。1960年前后，龙顺成家具厂去海南岛采购、调查，当地仍产黄花梨，名曰'降香木'，径粗仅数寸者居多。据闻，深山尚有大树，惟采伐及运输均有困难。近年又有大量被砍伐。

另一为花梨，或称新花梨，也有人美其名曰'老花梨'。承石惠、李建元师傅见告，这是1949年前北京家具商为哄骗外国买主而编造出来的名称，好像它比黄花梨次一些，但又比新花梨好一些。实际上，所谓老花梨就是新花梨，二者乃是一物。清代家具多用新花梨，我国自产，也大量从缅甸、泰国等地进口。木色黄赤，比黄花梨木质粗，而纹理呆滞无变化，无悦人香味。锯末浸水呈绿色，手伤沾湿易感染，有微毒。它和黄花梨差别显著，绝非同一树种。

"我们不妨查一下古代文献，看所讲的是哪一种花梨。前人著录花梨较早的为陈藏器与李珣，在所编的本草中都写作'榈'，而不作'梨'，称其出安南及南海，人作床几，性坚好。宋赵汝适《诸蕃志·海南》条，把花梨列为该岛黎族的主要贸易商品之一。《格古要论》称它和降真香相似，亦有香，其花有鬼面者可爱。《广东新语·海南文木》条将花梨列在诸木之首，并谓产文昌、陵水，与降真香相似。《琼州府志》的《物产·木类》第一项即是花梨木，亦称其与降真香相似，产黎山中。历代文献一致讲到花梨木的主要产地在海南岛，有香味。证以实物及近年的调查，可知古籍所讲的花榈或花梨均为黄花梨。

"据陈氏《分类学》：花榈木别称花梨木，红豆树属，学名*Ormosia henryi*，'乔木，高可达一丈八尺至三丈。……产浙江及福建，广东、云南均有之。闽省泉、漳尤多野生，亦有人工栽培者。木材坚重美丽，为上等家具用材，其价值仅亚于紫檀，近来有将其木材削为薄片，制成镶板，以为家具美术用材，而价可高数倍云'。据其树高仅三丈及分布地区来看，它不是黄花梨，而是新花梨。

"查侯宽昭主编的《广州植物志》，在檀属（Dalbergia）中收了一种在海南岛被称为花梨木的檀木，为新拟学名曰'海南檀'（*D. hainanensis*）。书中对此树的描述是：'海南岛特产……为森林植物，喜生于山谷阴湿之地，木材颇佳，边材色淡，质略疏松，心材色红褐，坚硬，纹理精致美丽，适于雕刻和家具之用。……惜生长迟缓，不合一般需求。本植物海南原称花梨木，但此名与广州木材商所称为花梨木的另一种植物混淆，故新拟此名以别之。'据此可知黄花梨到了近年才有它的学名叫'海南檀'。1980年出版由成俊卿主编的《中国热带及亚热带木材》一书，对侯宽昭的定名又有所修正，建议把该树种与海南黄檀（按即海南檀）区分开来，另定名为'降香黄檀'（*Dalbergia oderifera*）。其理由是：'本种为国产黄檀属中已知惟一心材明显的树种'。其'心材红褐至深红褐或紫红褐色，深浅不均匀，常杂有黑褐色条纹'。而'边材灰黄褐或浅黄褐色，心边材区别明显'。他原认为与心材和边材颜色无区别的海南黄檀同是一种，'今据木材特性另定今名'。

"在传世的黄花梨家具上，我们可以看到心材和边材在颜色上深浅上的差异。把黄花梨的学名定为'降香黄檀'要比'海南檀'更为准确"①。

（2）分析

①花梨的分类

将历史上之花梨分为两种不同的木材是正确的，一类是产于海南岛的降香黄檀，另一类是所谓的新花梨，即紫檀属之花梨木类木材，俗称"草花梨"。根据历史文献的记述来厘清相关概念，也具有重要的科学性。

②花榈木即新花梨

王先生有关"新花梨"的特征、产地的分析是正确的，但又根据陈嵘《中国树木分类学》有关红豆树属花榈木误认为新花梨，这一观点则明显错误，这两种木材并不同属，更不同种，其产地及心材特征也完全不同。花榈木应归入古代所称"鸂鶒木"的范畴。

③心材与边材

王先生并未理解木材心材与边材的概念。黄花黎的边材即浅色部分（灰黄褐、浅黄褐色），心材为深色部分（红褐、深红褐、紫红褐色）。传世的家具及今天的家具，是不用边材为料的，一般予以剔净。

黄花黎心边材示意图

（收藏与摄影：魏希望，2014年6月10日）浅黄色部分为边材，深紫褐色部分为心材。心边材比例为4：10（厘米）。标本取自琼山十字路地区，原为民居之房梁。一般建筑、家具用材极少利用边材，房梁之边材并未受虫蛀，也未腐朽。地处白蚁横行、潮湿多雨的海南，实属奇迹与特例。

127

① 王世襄《明式家具研究》第289—291页。

3.洪光明

洪光明先生是台湾比较资深的黄花黎家具收藏、鉴定与研究的专家，在大陆、香港地区也是闻名遐迩。他在其图文并茂的《黄花梨家具之美》一书中认为：

第一，现在，一般已经共同认定黄花梨在植物学上的名称应该是"降香黄檀"（*Dalbergia odorifera*）。

第二，在从前，它曾经被称为花榈或花梨木，而从本世纪（注：20世纪）开始，则将它称为黄花梨，以区别于老花梨。

洪先生依据成俊卿教授及王世襄先生的研究成果，得出的结论简明而直接、科学。

第三节　黄花黎与相关木材的比较研究

一、黄花黎与花榈木、花梨之比较

1.三者之科属

我们一直在纠缠花榈、花梨、黄花黎,三者究竟有什么区别呢? 首先我们从下面的表格开始:

表8　黄花黎、花榈、花梨科属、学名、密度资料

名　称	科、属	拉丁名	气干密度（g/cm³）
花榈	豆科、红豆属	*Ormosia henryi*	0.558
花梨	豆科、紫檀属	*Pterocarpus spp.*	>0.760
黄花黎（降香黄檀）	豆科、黄檀属	*Dalbergia odorifera*	0.82—0.94

从上表可以清楚地看到,三种木材虽然同属豆科(豆科植物约17000种),但分属三个不同的属,且其心材特征、纹理、颜色,特别是气干密度差异十分明显。《红木国家标准》规定花梨木含水率为12%时,其气干密度不能小于0.760克/立方厘米。而花榈木仅0.558克/立方厘米。

古斯塔夫·艾克的《中国花梨家具图考》认为:"经鉴定,从早期花梨木家具上取下的试样属于安达曼红木(*Pterocarpus indicus*,广东称青龙木)的亚种……因此可以有理由假定大多数花梨木都是进口的。"

明、清两代从海外进口的花梨木(Pterocarpus spp.),史籍及海关志中亦有记载,艾克先生一点也没有说错,*Pterocarpus indicus*,其学名为"印度紫檀",是产于印度及南亚地区、安达曼群岛、东南亚、巴布亚新几内亚、所罗门群岛的一种花梨木,其气干密度为0.53—0.94克/立方

黄花黎树叶、果荚（2015年8月22日摄于海南乐东利国镇秦标村
关光义庭院内）

缅甸花梨（大果紫檀）树叶、果荚（2009年6月29日摄于缅甸曼德勒）

花榈树叶（2011年5月25日摄于四川什邡市师古镇红豆村）

厘米，木材比重变化大，材质变化也比较大，与产于我国海南岛黄檀属的降香黄檀（黄花黎）从原木特征、心材特征、比重均有很大差异。郑永利先生多年潜心于黄花黎的识别，笔者与郑先生在文昌县发现有近二百年历史的民居房梁、房柱全部为进口花梨木即"印度紫檀"，也就是艾克所述"安达曼红木"。长年的烟熏、潮浸，未加工的花梨木之纹理、色泽和海南黄花黎十分接近。

2.进口花梨木的品种

（1）历史上进口的（包括近年）豆科紫檀属花梨木类树种（已列于GB/T18107-2000《红木标准》的）主要有：

表9　《红木标准》中的花梨木资料

| 树种名称 | | 商品名 | 心材材色 | 产地 | 气干密度（g/cm³） |
中文名	拉丁文名				
花梨木（类）	*Pterocarpus spp.*	花梨木	红褐、浅红褐至紫红褐色	热带地区	>0.760
越柬紫檀	*Pterocarpus Cambodianus*	Vietnam Padauk,Thonong	红褐至紫红褐色，常带黑色条纹	中南半岛	0.94—1.01
安达曼紫檀	*Pterocarpus dalbergioides*	Andaman Padauk		安达曼群岛	0.69—0.87
刺猬紫檀	*Pterocarpus erinaceus*	Ambila	紫红褐或红褐色，常带黑色条纹	热带非洲	0.85
印度紫檀	*Pterocarpus indicus*	Amboyna	红褐、深红褐或金黄，常带深浅相间的深色条纹	印度、东南亚、广东、云南、台湾地区	0.53—0.94
大果紫檀	*Pterocarpus macrocarpus*	Burma paduauk	桔红、砖红或紫红色，常带深色条纹	中南半岛	0.80—0.86
囊状紫檀	*Pterocarpus marsupium*	Bijasal	金黄褐或浅黄紫红色，常带深色条纹	印度、斯里兰卡	0.75—0.86
鸟足紫檀	*Pterocarpus pedatus*	Maidu	红褐至紫红褐色，常带深色条纹	中南半岛	0.96—1.01

产于非洲的刺猬紫檀（*P. erinaceus*）（摄于2014年7月3日）
市场上又有"非洲黄花梨"之称。空洞、腐朽明显，材色浑浊发乌，浅黄与咖啡
色纹理相交，是非洲产紫檀属木材唯一进入《红木国家标准》的。

　　我们从清朝及民国时期的建筑、家具之花梨木残件检测，花梨木的树种主要为大果紫檀、印度紫檀。

　　（2）未列入GB/T18107-2000《红木标准》的新近大量进口的紫檀属花梨木有（大多数气干密度<0.76克/立方厘米）：

表10　未列入《红木标准》的亚花梨资料

中文名称	拉丁名	产　地
安哥拉紫檀	*Pterocarpus angolensis*	非洲中部
安氏紫檀	*P. antunesii*	热带非洲
刺紫檀	*P. echinatus*	菲律宾
药用紫檀	*P. officinalis*	南美洲圭亚那高原
罗氏紫檀	*P. rhorii*	南美洲圭亚那高原
非洲紫檀	*P. soyauxii*	非洲西部、东部
变色紫檀	*P. tinctorius var.Chrysothrix*	刚果盆地及坦桑尼亚
堇色紫檀	*P. violaceus*	巴西

产于非洲的古夷苏木（*Guibourita* sp.）（标本：北京梓庆山房，2014年7月8日）
又有"巴花"、"巴西花梨"、"非洲花梨"之称，颜色、纹理类似非洲产花梨木类木材，多用于冒充花梨木。部分古夷苏木色泽金黄透褐、纹理奇美，是家具、装饰的上等材料。

　　以上花梨木中非洲紫檀的进口量最大，其次为安哥拉紫檀。这两种花梨木被大量地用以冒充东南亚产花梨木，并通过染色、做旧冒充黄花黎或缅甸花梨木在家具成品市场上销售。

　　3.黄花黎与花梨木的比较：

　　现将黄花黎与花梨木的基本特征进行比较：

表11　黄花黎与花梨木基本特征对比资料		
因子	黄花黎	花梨木
气干密度	0.82—0.94g/cm³，油性重者多沉于水	多数0.45—0.95g/cm³，浮于水
心材	材色不均匀，深色条纹明显	材色均匀，常带深色条纹
气味	辛香较浓	清香
荧光现象	无	刨花水浸有荧光现象
导管	色深，与其本色反差大	导管线色泽近其本色

缅甸花梨佛头瘿（标本：北京梓庆山房，2014年11月24日）
纹理如葡萄成串连片，常与紫檀、黄花黎相配，如案面心、柜门心、桌面心
等，也用于食盒、书箱、官皮箱的制作，一般将其误认为黄花黎瘿。

    2012年缅甸花梨即大果紫檀每吨价格约1.5万人民币，而黄花黎每市斤（500克）约2万人民币。花梨的产地多为南亚、东南亚，黄花黎仅产于我国海南岛。

    我们通过对花榈、花梨、黄花黎三种木材的科学比较，结论应该十分清晰：

    第一，三种木材完全不同属、不同种，故当今有关中国古代家具的学者不应将三者混淆，三者是毫无关联、各自不同而特征鲜明的三种木材。自唐以来有关花榈、花梨或花黎的记述，主要根据其特征的描述来确定是哪一种木材。

    第二，历史上花梨木的进口地为南亚、东南亚，树种多为豆科紫檀属之印度紫檀与大果紫檀，其余的树种极少发现。

    第三，花榈即红豆木，多归入鸂鶒木类，与花梨、黄花黎的特征完全不同。而花梨与黄花黎除了同科不同属、不同种外，其气干密度、心材特征、气味、导管等多项因子均不具相同特征，故不应将各种不同的花梨与黄花黎相混，二者在产地、价格方面也有很大差别。

二、黄花黎与降香（降真香）之比较

降香，又称降真、降真香，有番降、土降之别。很多历史文献及今天研究中国古代家具的学者均提及降香，甚至认为降香就是黄花黎。降香究竟为何物？

1.本草及相关文献

（1）晋·嵇含《南方草木状》

"紫藤，叶细长，茎如竹根，极坚实，重重有皮，花白子黑。置酒中，历二三十年亦不腐败。其茎截置烟炱中，经时成紫香，可以降神"。

（2）唐李珣《海草本药》

"生南海山中及大秦国，其香似苏方木，烧之初不甚香，得诸香和之则特美，入药以番降紫而润者为良"。

（3）宋赵汝适《诸蕃志》

"降真香出三佛齐、阇婆、蓬丰，广东、西诸郡亦有之。气劲而远，能辟邪气。泉人发除，家无贫富，皆爇之如燔柴然，其直甚廉，以三佛齐者为上，以其气味清远也。一名曰紫藤香"。

（4）宋朱辅《溪蛮丛笑》

"鸡骨香即降真，本出海南。今溪峒山僻处亦有，似是而非，劲瘦不甚香"。

（5）元周达观《真腊风土记》

"山多异木，无木处乃犀、象屯聚养育之地。珍禽奇兽，不计其数。细色有翠玉、象牙、犀角、黄腊，粗色有降真、豆蔻、画黄、紫梗、大风子油。……降真生丛林中，番人颇费砍斫之劳，盖此乃树之心耳。其外白，木可厚八九寸，小者亦不下四五寸"。

（6）明李时珍《本草纲目》

"紫藤香、鸡骨香。[珣曰]仙传：拌和诸香，烧烟直上，感引鹤降。醮星晨，烧此香为第一，度箓功力极验。降真之命以此。[时珍曰]俗呼舶上来者为番降，亦名鸡骨，与沉香同名"。"[慎微曰]降真香出黔南。……[时珍曰]：今广东、广西、云南、安南、汉中、施州、永顺、保靖，及占城、暹罗、渤泥、琉球诸番皆有之"。

2.19世纪以来对降香的植物学考察

降香的拉丁名、中文名的确立，中外植物学家、药物学家意见分歧很大，主要观点有：

白沙鹦哥岭的降真香（摄于2015年8月24日）
最大直径已达26厘米，经香仔多次于不同部位的砍削，仍未结香，蜿转攀缘达几公里，其分枝呈网状蔓延。

（1）山油柑

①1888年，英国人亨利（A.Henry）《中国植物名录》认为降真香即芸香科山油柑属之山油柑（*Acronychia pedunculata* (L.) Miq.A.laurifolia Blume）。

②《辞海》（1979年版）"降真香（*Acronychia pedunculata*），亦称'降香'。芸香科。小乔木"。

③罗天诰《森林药物资源学》认为降真香即山油柑（*A. pedunculata*）[①]。山油柑，又名降真香、沙塘木，

---

① 罗天诰《森林药物资源学》第340页，国际文化出版公司，1994年。

图左：四月的紫藤（2007年4月26日摄于北京大学哲学系，摄影：易文英）
图右：海南的黄藤（摄于2012年5月18日）

"以叶、果、根及心材入药。有的地区将心材作中药降香入药"。乔木，高达10米，全株有香气。主要分布于广东、海南、广西、云南，常生于海拔500－1600米的常绿阔叶林中。"心材降香，为削成扁圆的长条状，表面暗红紫色，较光滑，并有纵直细槽纹及小凹点。质坚硬而重。微有香气，点燃时香气浓烈并有油流出"。"此资源开发入药是以降真香之名始载于《证类本草》，周达观真腊记云：'降香生丛林中，番人颇费砍斫之力，乃树心也，其外白皮厚八九寸或五六寸，焚之气劲而远。'考之系指此种。本品心材是降香代用品……"[①]

（2）紫藤

中科院华南植物研究所吴德邻将《南方草木状》之紫藤订为豆科紫藤属之紫藤（*Wisteria sinensis*）。紫藤一般开紫花，仅供观赏用。《南方草木状》之紫藤开白花，吴德邻仍进一步将其错误地订为紫藤白花变种（*W. sinensis* var.alba Bailey）。

---

① 罗天诰《森林药物资源学》第353页。

（3）黄藤

1915年日本的松村任三将《南方草木状》的紫藤误认为是棕榈科黄藤属的黄藤（*Calamus margaritae* Hance）。1937年陈嵘的《中国树木分类学》也同样入此歧途。

（4）印度黄檀

《森林药物资源学》、《中国药典》（1977、1985）将印度黄檀（*Dalbergia sisso*）作为降香的替代品。也有学者认为所谓番降即印度黄檀。1965年出版的陈焕镛《海南植物志》也有记载。

（5）降香黄檀

《中国药典》（1977、1985、1990）将产于海南的降香黄檀（*D. odorifera*）作为降香收入。《中药志》则十分明确地指出降香就是"*Dalbergia odorifera*"[①]。

（6）海南黄檀

《森林药物资源学》认为海南黄檀即花梨公（*D. hainanensis*），也是降香的替代品。

（7）小花黄檀

夏鼐校注《真腊风土记》"降真"时称："李约瑟（J.Needham）以为降真香即一种紫藤，学名为*Dalbergia parviflora*者之香（《中国科技史》第5卷2分册141页脚h），不知孰是。"[②]

植物学家李惠林（1911－2002年）将《南方草木状》之紫藤鉴定为降（真）香，"原植物非芸香科山油柑，似为豆科小花黄檀*Dalbergia junghuhnii* Benth.D.parviflora Roxb."[③]。

---

① 中国医学科学院药用植物资源开发研究所、药物研究所编《中药志》第五册第649页，人民卫生出版社，1994年。

② 元周达观原著，夏鼐校注《真腊风土记校注》第144页，中华书局，2000年。

③ 中国科学院昆明植物研究所编《南方草木状考补》第257页，云南民族出版社，1991年。

降香黄檀、印度黄檀均为高大乔木，"似非又称紫藤香的那种降香，而前述李约瑟所说降真香的小花黄檀*Dalbergia parviflora* Roxb.在小虎克（J. D. Hooker, 1879）《印度植物志》疑即*Dalbergia junghuhnii* Benth.，其枝纤弱常缠绕；羽状复叶，长5－7.5厘米，具9－15小叶，小叶长椭圆形，长1.2－3.7厘米（*Flora of British India*, Vol.II, 233）。这和李时珍降真香条引《草木状》'长条细叶'并有藤之名的紫藤［香］相合；其花与种子颜色未详，但黄檀属花多黄白色，种子棕色或黑色。这种'番降'的心材可能是'紫而油润'（李珣语）的，今黄檀属植物心材也多呈紫褐色。此心材在中国古代如《草木状》所说作薰香被认为可降神，故紫藤香后来称为降真香"①。

广东著名木材学家林仰三、苏中海亦认为降真香（降香）"为明清两代南洋诸国的贡物或商品，主要由印度檀、小花檀（*D.parviflora*）的心材而来，常用为降神和医药，也可能用于制造器物……"。②

3.小花黄檀的资料整理

从李约瑟、李惠林及林仰三、苏中海等学者的研究，降真香或降香，即为小花黄檀，隶豆科黄檀属。

（1）中文名：小花黄檀。

（2）俗称：番降、降香、降真、降真香、莲花降香、紫藤香、鸡骨香、紫降香。

（3）拉丁名：*Dalbergia parviflora* Roxb。

（4）土名或英文：Kayu laka（马来语音译），Junghuhn Rosewood, Parviflower Rosewood。

（5）产地：苏门答腊、婆罗洲北部、马来半岛、柬埔寨、泰国。

（6）科属：豆科黄檀属。

---

① 《南方草木状考补》第260页。

② 林仰三、苏中海《明式家具所用珍贵硬木名实考》，载《中国木材》1993年第2期。

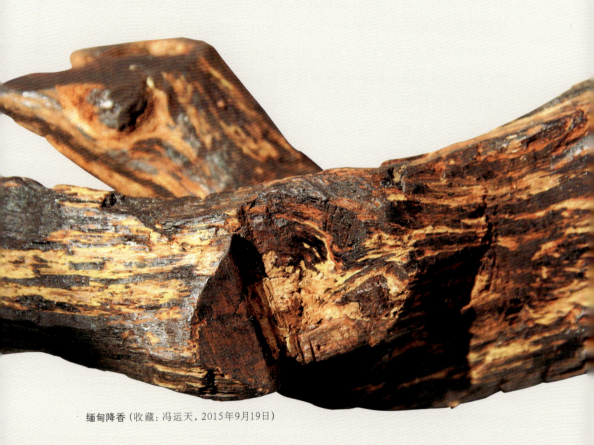

缅甸降香 (收藏：冯运天，2015年9月19日)

（7）心材特征：颜色呈深红褐红，带黑色条纹状；边材淡黄色或灰白色。

（8）香味：未燃烧时香味如淡草香、花香。

（9）光泽与油性：品质上佳者油光外显，油质饱满，有湿、软、糯之特征，故也有商人将其冒充沉香。

（10）用途

①薰香，或用于合香的原料。

②药用：《本草纲目》："烧之，辟天行时气，宅舍怪异。小儿带之，辟邪恶气。[李珣] 疗折伤金疮,止血定痛,消肿生肌。"

③宗教或迷信。

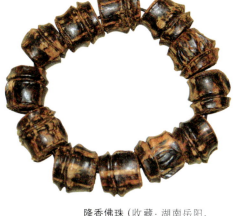

降香佛珠（收藏：湖南岳阳，赵顺容，摄于2015年9月19日）

④器物：因降真香为藤本，心材细小，很少用于器物制作。雍正六年三月二十七日做得紫降香牌龛一件，净高一尺六寸，宽八寸五分，入深四寸。同年十一月二十二日紫降香龛一座，前面安玻璃门。整个雍正时期再也没有降香制器的记录。

文献中所提的鸡骨香应有两种理解：第一，沉香的一种，"中间空虚，长于树枝，形如鸡骨的香（海南魏希望）"；第二，海南地方志及其他文献将其归入不入品的杂香。清《光绪定安县志·舆地志》："鸡骨香，藤生，亦名藤香，每条手胫大，中心朽烂者良。"《黎岐纪闻》："鸡骨香，亦沉水，而色异。香客以作沉香售之，颇难辨，然用火烧之，则味辣而多烟气。识者须细认，不然鲜有不受其欺者矣。"《崖州志》："至若鸡

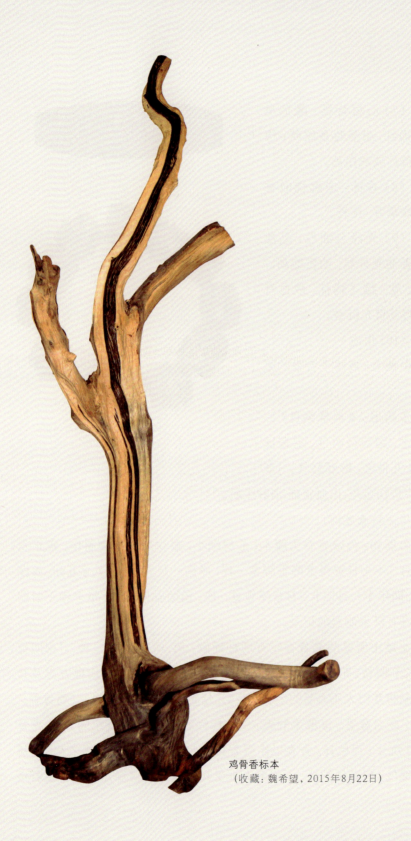

鸡骨香标本

（收藏：魏希望，2015年8月22日）

乐东秦标村关万侯先生于灌木丛中辨识鸡骨香（摄于2015年8月22日）
其父关光义称，上世纪七八十年代，为完成上级布置的沉香收购任务，曾将鸡骨香掺入其中，鲜有识者。古文献也有类似的记录，以鸡骨香冒充沉香，十有八者不辨妍媸。

骨香，乃杂树之坚结，形色似香，纯是木气。《本草纲目》以为沉香之中品，误也"。

鸡骨香 (*Croton crassifolius* Geisel)，大戟科 (Euphorbiaceae) 巴豆属 (Croton L.)，"半落叶灌木或小乔木；叶、根芳香"[1]。鸡骨香主要分布在云南南部及海南岛，多为灌木，大者稀见，其心材部分"劲瘦"纤细，色泽近于沉香而多以沉香之名出售。

无论从植物分类学，还是心材特征来看，降真香与鸡骨香不为一物，薰莸异器。

4.海南降真香

如果"番降"为小花黄檀 (*D. parviflora*)，产于海南岛的"土降"又

————————————

[1]　程必强、喻学俭、丁靖垲、孙汉董《云南香料植物资源及其利用》第94页，云南科技出版社，2001年。

是什么呢？我们还是从海南岛土生的黄檀属植物入手。

1943年供职于台北帝国大学的日本植物学家正宗严敬出版了《海南岛植物志》，记录海南岛黄檀属植物8种：

表12　《海南岛植物志》黄檀属植物（日本正宗严敬）①

拉丁名	土　名	产　地	分　布
Dalbergia balansae Prain		同甲—Munfa shi	印度支那、南支
D. benthami Prain		崖县、毛祥岭、同甲	广西、广东
D. hainanensis Merr.et Chun		七指西南	固有
D. hancei Benth	皂角、油藤香	大环、番打	福建、香港
D. hupeana Hance	Yan Keung t'ang	San uk ch'ung	中南支
D. pinnata (Lour.)Prain		南丰、嘉积	印度支那、比岛
D. tonkinensis Prain		海南岛	印度支那
D. tsoi Merr.et Chun		同甲—Munfa shi	固有

其中，南岭黄檀（*D. balansae*）、海南黄檀（*D. hainanensis*）、黄檀（*D. hupeana*）、东京黄檀（*D. tonkinensis*）为乔木，或大乔木，其心材均可为降香替代品。两粤黄檀（*D. benthami*）、藤黄檀（*D. hancei*）、斜叶黄檀（*D. pinnata*）、红果黄檀（*D. tsoi*），均为藤本，攀缘于巨石缝隙或其他坚硬的树木之上，或沿地行走遇树即上，缠绕树干，长可达几十米、几百米或数千米。乐东有一斜叶黄檀居然滋意蔓延两座山头，其延绵长度无可计算。

我国著名植物学家陈焕镛于1965年出版的《海南植物志》第二卷详细记录了海南岛的9种黄檀属植物，比日本正宗严敬更加详实。

① 正宗严敬《海南岛植物志》第119页。

表13　《海南植物志》黄檀属植物（陈焕镛）[①]

中文名	土 名	拉丁名	产地	分布	备注
藤檀	藤黄檀	D. hancei	定安、陵水	浙江、安徽、江西、福建、广东、广西、贵州	木质藤本
斜叶檀	罗望子叶黄檀	D. pinnata	白沙、昌江、东方、琼海、保亭、崖县	云南南部、马来亚、印度尼西亚（爪哇、加里曼丹）、菲律宾	乔木，高5－13米，或为藤状灌木
红果檀		D. tsoi	海南特产，见于定安、儋县、昌江、东方、乐东、保亭、琼中、陵水、崖县。生于山谷疏林或密林中		攀缘灌木
白沙檀		D. peishaensis	海南特产，见于白沙和乐东		攀缘灌木
两粤檀	藤春（澄迈）、两粤黄檀	D. benthami	定安、澄迈、儋县、白沙、东方、乐东、保亭、崖县。多生山谷疏林或灌木丛中，攀缘在树上，稍常见	广东、广西	木质藤本
印度檀		D. sisso	海口市栽培	伊朗东部至印度，现热带各地区都有栽培	乔木
海南檀	花梨公	D. hainanensis	海南特产，见于白沙、东方、保亭、陵水、崖县		乔木
降香檀	花梨母、降香（崖县、东方）	D. odorifera	海南特产，见于白沙、东方、乐东和崖县		乔木
南岭檀	水相思（广州）、黄类树（澄迈）	D. balansae	澄迈、白沙、乐东和陵水。生长于丛林或灌木丛中	我国西南部、越南	乔木

①　陈焕镛主编《海南植物志》第二卷第286－290页。

图左: 乐东的"大叶降真香"树叶
图右: 乐东的"小叶降真香"树干及树叶 (摄影: 魏希望, 2014年6月13日)

藤檀、斜叶檀、红果檀、白沙檀、两粤檀均为藤本攀缘植物。据中国热带农业科学院热带生物技术研究所戴好富教授介绍,海南的降真香应为斜叶黄檀 (*D. pinnata*),海南香客及收藏家又称之为"小叶降真香";另有一种为大叶降真香,即南岭黄檀 (*D. balansae*),今之拉丁文名为*D. assamica*。经查郑万钧《中国树木志》第二卷及陈嵘《中国树木分类学》,*D. assamica*的中文名为"西南黄檀"、"紫花黄檀","产于云南麻栗坡、西双版纳、贵州安顺海拔700–1500米的山地。印度也有分布"[1]。

所谓"大叶降真香"即南岭黄檀,叶如海南黄檀 (花梨公),心材红褐色如黄花黎,粗丝顺直,闻木无香,削木为屑,入炉蓺之则有淡酸香味。心材硬度不大,偏轻软,气干密度0.594克/立方厘米,广布于福建、江西、湖南、湖北、贵州、广东、海南、广西、云南、四川等地,乔木,树高15米,胸径大者可达1米左右,而海南香客之谓"大叶降真香"多为藤本,古代是否将其作为降真香的一种或替代品,并没有可信的文献记录或药物学方面的试验数据作参考。故南岭黄檀为"大叶降真香"一说存疑。

---

[1] 郑万钧《中国树木志》第二卷第1417–1418页。

　　所谓"小叶降真香"，即斜叶黄檀（*D. pinnata*），与藤黄檀、红果黄檀、白沙黄檀、两粤黄檀在野外分辨困难，其心材特征几无区别，故我们看到的成品降真香是否不止一个树种？

　　《黎歧纪闻》、《崖州志》及《咸丰文昌县志》有"总管木"、"蛇总管"、"山总管"的记载："总管木，红紫色，中间有黑斑，可避恶兽诸毒，故名总管。黎人每于身间带之，遇中兽毒，研末敷之，即消，亦可消疮肿毒，近来颇多贵之者。""蛇总管，色紫红，能辟蛇。治蛇咬，疗瘰症。土人制为手环，时珍带之。贾胡争相购买"。"山总管，树不高，叶可解诸毒，土医谓之'药母'。其□年久结格黑如沉香者，味苦辛，磨水服，治心腹诸痛"。总管木、蛇总管疑为一物，黎

南岭黄檀（2015年9月14日摄于海南海口市火山口）

南岭黄檀树叶与果荚

人至今呼降真香为"总管藤"；苗裔则称"血藤"或"红藤"，新切汁液殷红如血之故；汉民又谓"紫藤"，地方志又有"紫金藤"一说。山总管，似与降真香有异，究竟为何物，目前还没有明确的结论。据海南学者魏希望、收藏家王好玉介绍，降真香在黎医中作为药引子，"疗折伤金疮，止

乐东县极乐村的大叶降真香（非南岭黄檀心材）（摄于2015年9月19日）

血定痛，消肿生肌"。《本草纲目》用讲故事的形式生动介绍了降真香的药用功效："今折伤金疮家多用其节，云可代没药、血竭。按《名医录》云：周密班被海寇刃伤，血出不止，筋如断，骨如折，用花蕊石散不效。军士李高用紫金散掩之，血止痛定。明日结痂如铁，遂愈，且无瘢痕。叩其方，则用紫藤香瓷瓦刮下研末尔。云即降真最佳者，曾救万人。"

降真香的形成或结香原理，至今无人探究，古今文献也无记载。根据乐东、儋州、白沙热带林区考察的资料及海南黎医、学者与收藏家的经验观察，降真香的结香原理与沉香近似，主要有几种原因：

（1）虫害，造成虫眼、虫道伤害干茎；

（2）真菌感染，易致黄檀属植物如斜叶黄檀干茎空腐，朽烂；

（3）地质运动，如泥石流或山洪造成的干茎扭伤开裂、断裂，或将干茎掩埋于泥土；

（4）其他自然因素，如台风、雷电致使干茎受伤、撕裂、烧灼；攀缘树木的枯死、折断所引起的损伤；

（5）外力作用：①人为因素，如刀砍斧斫或打洞；②牛羊或其他动物擦、咬、踢及鸟类啄伤。

以上诸种因素都会致使干茎心材如沉香结香一样产生降真香，颜色紫褐色或近黑色，软、硬、干涩、湿、糯等各种特征都有，香味也因结油的程度、方式不同而迥异，极易与沉香、棋楠相混。

5.黎医名家关于降真香的认识

（1）海南省东方市东河镇符进京

符进京先生为中国民族医药学会副会长，几代为医，当地名家。他认为降真香最大的作用为避邪，家备或身佩降真香，鬼怪妖魔、病虫均不能近；其次，降真香又名"宗关"，即祖宗关怀、关注之意，一个黎峒，只有地位最高的黎头可以佩戴，是地位、权力与宗族信仰的标志；其三，即药用。入药的降真香一定要从粗约40厘米以上的古藤中采制，径级太小或年份不够，则药性不足、不纯，不可入药，也不足以驱鬼避邪。符先

图左：鹦哥岭攀缘行走于树木之中的降真香（摄于2015年8月24日）
图右：鹦哥岭被香仔砍断的降香藤，黑色鼓钉即为降香油外溢的结果。（摄于2015年8月24日）

埋入泥土中的降真香（收藏：冯运天，2015年9月19日）

降真香的虫眼、虫道 (收藏：冯运天，2015年9月19日)

树干结香，虫道如悬崖古栈道。（收藏：冯运天，2015年9月19日）

海南名医符进京先生祖传上百年的降真香，坚重似铁，叩击如磬。
（摄于2015年8月24日）

小叶降真香（收藏与摄影：魏希望，2014年6月30日）

生已多年不用降真香入药，主要是真正好的降真香已极少见。

(2)五指山市水满乡水满上村王桂珍

王桂珍先生也是祖传几代的名医，在五指山有"神医"之称。她能准确地分辨大叶降真香与小叶降真香，大叶降真香黎语为"唠瓜"(音译)，五指山黎人也叫"凉冬瓜"(音译)，又有豆赶、总赶、都管、总管藤之称，意即将人身所有的病魔都可以管起来、赶出来。几乎所有的药方均以"唠瓜"为药引子，排毒、消炎，极为灵验。

小叶降真香，黎语为"凉萝卜穗"(音译)，药用功能为止血、消炎、生肌，五指山本地稀见，很少用其入药。

6.小结

(1)黄花黎与降香同为豆科黄檀属，不同种；二者不能等同。

(2)黄花黎为大乔木，能生降香的同属植物多为藤本或小乔木。

(3)真正的降香(降真香)源于豆科黄檀属，本属的其他树种如海南黄檀(花梨公)、降香黄檀(花梨母)、南岭黄檀、印度黄檀的心材或树根可入药，也可作为降香的替代品。

(4)山油柑并非降真香。1888年由从事海关税务的英国人首度提出，至今仍有植物学家、药学家或《药典》、《辞海》沿用，应予以纠正、澄清。

(5)鸡骨香(*C. crassifolius*)也非降香，除科属不同外，药用功效不清，多用于冒充沉香之一种。

(6)所谓番降应为黄檀属小花黄檀(*D. parviflora*)，土降则为斜叶黄檀(*D. pinnata*)或黄檀属藤本植物、小乔木。

(7)降真香并非沉香，也不是沉香的一种。沉香隶沉香科沉香属，降真香隶豆科黄檀属，二者不同科不同属，化学成分与药理作用也完全不同，不能将两种不同的植物等同、混淆。《光绪定安县志》论及香属，便将降真香与龙骨香、白木香、青木香、鸡骨香、枫香、橄榄香、槟榔苔列入杂香类，有别于沉香。

花梨公树干多空洞腐朽（摄于2013年4月4日）

花梨母树干多实心（2012年5月19日摄于海南东方市八所港务中学）

三、花梨母与花梨公之比较

古籍所录"花梨"包含产于东南亚、南亚的紫檀属（Pterocarpus）花梨木类的花梨（草花梨），也有产于海南岛的黄檀属（Dalbergia）之降香黄檀（黄花黎），两类树种同科不同属，并非同类同一物。

海南岛原住民（生黎、熟黎）将花梨分为花梨母、花梨公，植物分类学家迟至20世纪60年代中期才确定二者的科学名称，将"花梨"清楚地分家为降香檀（花梨母）与海南檀（花梨公）。

上世纪上半叶植物学类文献只有"海南檀（*Dalbergia hainanensis* Merr.et Chun）"的记录。1956年《广州植物志》仍无变化，9年后出版的陈焕镛《海南植物志》明确"花梨公"即海南檀（*D. hainanensis*），"花梨母"即降香檀（*D. odorifera*）。《中国树木志》：海南黄檀"乔木，高达20米，胸径40厘米；树皮暗灰色。嫩枝被柔毛。小叶7-11，卵形或椭圆形，长3.5-5.5厘米，先端钝尖，基部宽锲形，幼时两面被平伏黄色柔毛，后渐脱落，近无毛，小叶柄长3-4毫米，与叶轴、叶柄均被柔毛。圆锥花

图左：花梨公树叶（摄于2013年4月4日）
图右：花梨母树叶（摄于2012年5月19日）

序腋生，长4—8厘米，花序轴、花梗及萼均被褐色柔毛；花冠粉红色，长1—1.5厘米，花瓣具爪；雄蕊两体（5+5）。果长椭圆形或带形，长5—9厘米，宽约1.5厘米，被柔毛或脱落。种子1（2）。花期6月，果期11月"[①]。花梨公（海南黄檀）虽为乔木，多数活立木树干每隔30—50厘米呈圈形状空腐，树干中空腐烂成渣，自动脱落化为泥土，外壳紫黑油亮坚硬如铁。空腐的主要原因为家天牛、鳞毛粉蠹虫的蛀蚀，使花梨公鲜有实心材，难以为器。花梨公作为药用的记录也仅见于1994年出版的罗天诰《森林药物资源学》，称其"为进口降香的代用品"，没有化学成分、药理作用的分析。《黎族药志》对海南黄檀的化学成分有很详细的分析，并称海南民间多用其"根、叶煮水洗治疗疮痈"[②]。王桂珍认为，五指山不产花梨公，她也不用其入药，其原因如符进京先生所言，花梨公如花梨母一样，黎人认为是不祥之物，招鬼引邪，故从不采集，也不入黎药。符集玉认为，降真香应分为两类：一类为藤本如斜叶黄檀等；另一类为乔

① 郑万钧主编《中国树木志》第二卷第1408页。
② 戴好富、郑希龙、邢福武、梅文莉主编《黎族药志》第三册第94页，中国科学技术出版社，2014年。

花梨公（海南黄檀）（收藏：魏希望，2015年8月26日）
心材，油质丰厚、光亮。实心者极为稀有。

木如花梨公、花梨母。这种分类方法与古今文献有契合之处，也是较新、较易的分类方法，值得关注与探讨。

表14　花梨公与花梨母异同比较

项目	花梨母（降香黄檀）	花梨公（海南黄檀）
科属	豆科黄檀属	豆科黄檀属
原产地	海南岛	海南岛（白沙、东方、崖县、陵水、保亭）
木材特征	①紫红褐色、金黄色者多； ②辛香浓郁； ③实心者多，少空腐、虫蛀； ④比重>0.78，大者近1或>1。	①新材浅黄褐色偏多，老者多紫褐色或近黑色； ②初闻并无香味，木屑入炉有淡花香味； ③实心者少，空腐朽烂者多； ④比重轻，多为0.72左右，极少数油格比重接近1或>1。
药用	降香替代品	降香替代品
器用	建筑、家具及其他器物	难以为器，且不见实物遗存、记录。

除表中所列异同外，《海南植物志》认为，降香檀（花梨母）"和海南檀在外形上颇相似，区别点除海南檀的花较大，雄蕊10枚，成为5与5的2组，子房密被短柔毛以及荚果基部渐狭下延，具不明显的子房柄之外，二者也易区别"。

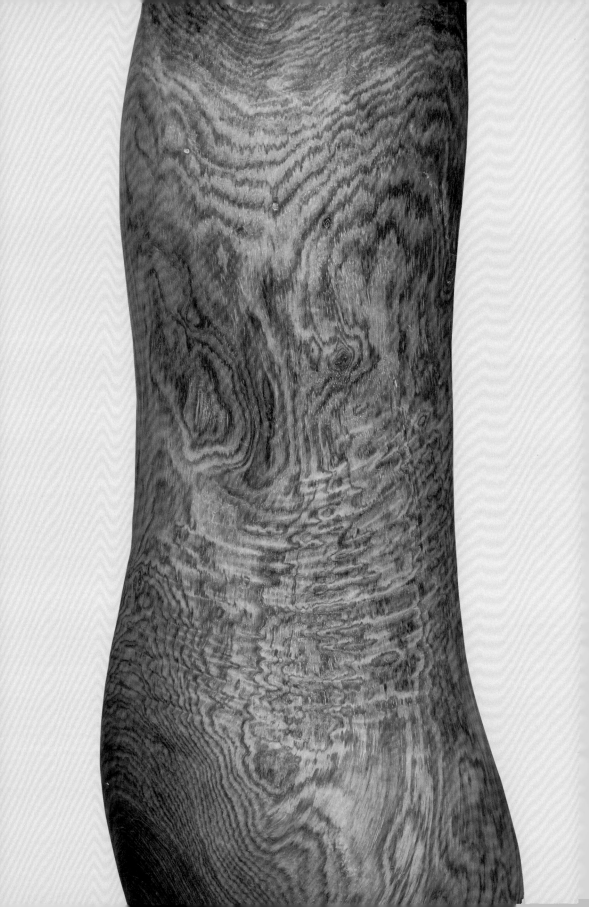

第四章

黄花黎的生长、分布与基本特征

第一节　海南的气候及土壤

一、地理位置及气候特征

1.地理位置

海南岛突兀于浩瀚无垠的南海之中，与广东雷州半岛隔琼州海峡而相望。海南岛处于北纬18°10′—20°10′，东经108°37′—111°03′。岛屿两头椭圆，中间隆起，长轴为东北—西南走向，直线距离三百余公里，面积33,920平方公里[①]。

由于处于低纬度热带地区，阳光充足，雨量丰沛，故多数原产于我国的热带森林植物几乎均可以在海南岛找到。最珍稀的沉香、降香黄檀就产于这里，而其他热带地区的珍稀植物也被引种到这里而生长良好，如檀香紫檀、印度紫檀、古巴紫檀、檀香木、见血封喉等。

尖峰岭位于海南岛西南部，跨东方市、乐东县，主峰海拔1412米。热带雨林树种有三百多种，著名的有海南粗榧、降香黄檀、坡垒、子京、油丹、沉香、肖桧、高山蒲葵、陆均松及与恐龙同时代的活化石杪椤、见血封喉等珍稀濒危树种。尖峰岭的地质风貌有"岭岭成峰"之说，独特的地质地貌及气候特征，为动植物的分布、生长提供了不可多得的自然条件。尖峰岭也是海南油黎的主要产地。

2.气候特征

唐朝诗人许浑诗云："江云带日秋偏热，海雨随风夏亦寒。"这是对海南气候特征的精确描述。

---

① 许士杰主编《海南省——自然、历史、现状与未来》第3页。

海南尖峰岭（摄影：海南石怀逊）

尖峰岭位于海南岛西南部，跨东方市、乐东县，主峰海拔1412米。热带雨林树种有三百多种，著名的有海南粗榧、降香黄檀、坡垒、子京、油丹、沉香、肖桧、高山蒲葵、陆均松及与恐龙同时代的活化石桫椤、见血封喉等珍稀濒危树种。尖峰岭的地质风貌有"岭岭成峰"之说，独特的地质地貌及气候特征，为动植物的分布、生长提供了不可多得的自然条件。尖峰岭也是海南油黎的主要产地。

"海南岛的气候深受季风影响。冬半年受极地冷高脊控制，较为干冷；夏半年则为季风低压、热带气旋所影响，高温多雨，属季风热带气候。气候特征表现为全年高温，冬偶有阵寒；年总雨量充沛，冬春有干旱；夏季多台风暴雨。热季和雨季同期，有利于作物的旺盛生长；干季和冷季结合，又较适宜作物越冬"①。

周铁烽教授在谈到"雨热同季"对林业生长的影响时认为："随着温度的升高降水逐渐增多，林业生产中使热量和水分能够比较充分地发挥作用，是非常有利的。冬半年是少雨季节，但因受北方变性冷气团的影响，本区地形多高山，水平降水和垂直降水仍有少量雨水补充地面和增高空气温度，因热量冬季可满足林木生长需要的水分，所以热带林木一年四季不落叶，处于生长状态，只是有节律交替进行换叶。"②

二、地形特征与土壤

1.地形特征

海南岛为穹形山体，中间高四周低。山地占25.4%，丘陵占13.3%，台地占32.6%，平原占28.7%。整个地形是从中部山体向外逐级递降延展，山地、丘陵、平原次序分明。姚清尹对海南岛的地形地貌特征的描述比较准确具体："海南岛形状如椭圆体，作东北—西南向伸展，四周低平，中间高耸，呈穹形山地，构成放射状水系。河流短促，比降大，水力丰富。较大的河流有南渡江、昌化江、万泉河等。全岛以五指山（1，867.1米）、鹦哥岭（1，811.6米）为核心，向外围逐级下降，由山地、丘陵、台地、阶地、平原顺序组成环形层状地貌。山体受北东向断裂作用，造成

---

① 何大章、廖兴栻等《海南岛热带气候资源特征》，广州地理研究所编《海南岛热带农业自然资源与区划（论文集）》第22页，科学出版社，1985年。
② 周铁烽主编《中国热带主要经济树木栽培技术》第2页，中国林业出版社，2001年。

白沙县峨剑岭（摄于2015年8月23日）
峨剑岭以陨石坑著名，由距今70万年前一颗小行星坠落爆炸形成，直径3.7公里，坑唇墙形成完好，坑形地貌及撞击形成岩石变质与震裂构造十分明显。此地也是著名的白沙绿茶产地。据林业工作者介绍，峨剑岭及周围林区所产黄花黎有颜色金黄、深紫褐色两种，半沉半浮或沉于水者比例较大，花纹清晰多变，常带成串鬼脸纹。

红毛—番阳谷地。谷地之北为黎母岭（1，411.7米）—鹦哥岭—猕猴岭（1，654.8米）诸山，谷地南西为五指山—青春岭（1，445米）—马咀岭（1，317.1米）诸山。这两列山岭余斗盘全岛，中间谷地成为琼北通往琼西南的天然通道。基岩多为花岗岩类的岩石及古老变质岩系和白垩纪至老第三纪的红层，构成山地、丘陵与台地。在琼北为大片的玄武岩构成的台地及星散的火山丘，沿海沿河地带为第四系松散层，构成阶地和平原。"[①]

[①] 姚清尹《海南岛地貌条件》，广州地理研究所编《海南岛热带农业自然资源与区划（论文集）》第27—28页。

霸王岭（摄于2009年11月19日）

又有"八王岭"之称："……中有八峒，极险固，旧有生黎分踞其峒，不相统属，故称八王岭。"（《儋州志》卷一）霸王岭山体相连，嶙峋险峻，石山石沟多见，山涧溪水不断，珍稀树种特别是黄花黎生长于石山、石坡、风化岩或砖红色砂粒土壤之上，其比重之大、油性之足、光泽透明度之高是其他地区的黄花黎难以比肩的，如王下料、七差料。

海南岛的地形特征对于黄花黎的分布与生长、材质的变化均有极为明显的影响，如黄花黎生长在海拔600米以下的地区，且环岛分布；在不同地形生长的黄花黎，其心材特征也有明显的不同。

2.土壤

土壤的性质或分类与树木生长关系十分密切。余显芳先生将海南岛天然林群落分布的土壤归类为山地赤红壤、山地黄壤、褐色砖红壤、灌丛草地黄壤等几大类型，每种不同性质的土壤均有不同的天然林群落分布。如沟谷雨林分布于海拔400—750米的山地，土壤性质多为山地赤红壤，主要群落有鸡毛松、蝴蝶树群落。而丘陵山地落叶季雨林则主要分布于海拔500米以上的褐色砖红壤地区，著名的黄花黎就生长于600米以下的半落叶季雨林及稀树灌木带。林下土壤为花岗岩风化物上发育的褐色砖红壤。

砖红壤应是海南岛土壤最明显的特征之一，其原生植被多为热带雨林及季雨林，多数珍稀热带木材均生长于砖红壤分布的地带。

第二节　黄花黎的生长与分布

一、一般条件与生长条件

1.气候

（1）干湿季十分明显的热带气候，年均气温23—25℃，极端低温6.6℃，温度过低则难以存活，人工引种黄花黎，纬度过高则不易成功。

（2）雨热同期、旱凉同季

每年4月初雨季来到，黄花黎开始发芽，进入雨季后土壤湿润、肥沃，黄花黎开始加速生长；当11月旱季来临，雨水减少，黄花黎以落叶自闭而养生度过最不利于自己生长的痛苦季节。黄花黎分布区雨量丰沛但季节分配不均，11月至4月降雨量极少，约100—200毫米，而雨季（5—10月）暴雨集中，降水量为1,500毫米左右。

2.土壤

黄花黎"林下土壤为花岗岩风化物上发育的褐色砖红壤，平原区为浅薄的红壤，风化壳及土层厚薄差异很大，低山丘陵区土层薄，甚至呈AC层剖面，土地多石质粗沙，表面呈红褐色，表土层腐殖质含量及养分含量丰富，核粒状结构松散，呈微酸性反应，代换性低，盐基饱和度70%—90%。土壤水分随降雨季节不同而有很大差异，3—4月份最干旱月份，生态习性相应，不仅影响花梨的分布，也影响了花梨生长发育"①。土壤多为褐色砖红壤和赤红壤。砖红壤主要分布在北纬22°以南的海南岛、雷州半岛、云南西双版纳等地。云南西双版纳上个世纪50年代引种

---

① 吴中伦《中国森林》第3卷第1732—1733页。

图左：海口羊山地区，地貌特征为典型的火山岩分布或火山灰堆积深厚。明清时期许多直纹金黄的黄花黎大料及纹理奇美，特别是具鬼脸纹者均源于此地。（摄于2015年9月14日）

图右：羊山地区火山石地貌（摄于2009年11月20日）

的黄花黎长势旺盛，活立木外表特征与海南岛生长的几乎无异。

3.海拔

黄花黎一般生长在海拔600米以下，但对立地条件要求不高，在平原地带、沙壤、火山岩缝隙、干旱瘦瘠地及陡坡、山脊、岩石裸露的地区均可生长。

4.阳性树种

黄花黎为阳，喜光恶阴，故在阴坡、沟谷阴地、迎风口或过分荫蔽的密林中生长困难。

二、分布

1.王德祯先生的调查与研究

王德祯先生的考察与研究认为：黄花黎分布于海南西南部海拔600米以下的低山丘陵及部分台地，位于北纬18°68′—19°40′，东经108°76′—109°30′。成片次生林集中在海南东方的广坝、江边、热水，昌江的七差和乐东县境，包括三亚西南部，乐东盆地、昌江至白沙盆地一线以西，直至部分海滨三级台地平原。

图左：东方市江边乡白茶村山头裸露的灰色石山。江边、大广坝所生长的黄花黎以色深、油重为主。（摄于2015年1月26日）

图右：海南1月份的黄花黎树叶早已光脱，由于白茶村地处海南岛西南部的崇山峻岭之中，较少受到台风及海洋气候的干扰，气候干燥，同时期温度较其他地区稍高，致使黄花黎树叶脱落较晚。这一特征对于材质的影响程度，还未做出科学评判。这也是黄花黎研究中一个有意义的课题。（摄于2015年1月26日）。

分布区属华夏陆台南部。中生代陆台复活时，由花岗岩侵入形成东北—西南走向呈穹窿断裂构造的块状山体，地势由中山、低山、丘陵逐渐降至滨海。区内山岭有猕猴岭、尖峰岭，岭前为500—600米的低山，丘陵向台地平原过渡区有一些小山间盆地（如白沙、东方、乐东）。花岗岩地层和由内向外逐渐降低的地势，构成了海南黄花黎分布区地貌的主要特征。

2.地方志或近期文献的记述

海南黄花黎的分布从海南地方志的记录来看，全岛适宜生长黄花黎的地方均有分布。长期生活在海南，从事黄花黎收购、加工几十年的老师傅向我们介绍，文昌、万宁、陵水及吊罗山没有黄花黎。从史料及现有资料来看，这一说法并不全面，只不过由于这些地区便于采伐与运输，资源很早就遭到破坏，野生成材的树几乎看不到才形成这一看法。

表15 古今文献对黄花黎分布情况的记述

地 区	资 料 来 源	备 注
陵水县	① 《康熙陵水县志》第19页，海南出版社 ② 《海南岛自然资源》第182页	① 清潘廷侯 ② 海南区地方志编纂委员会办公室编
感恩县	《民国感恩县志》第83页，海南出版社	周文海重修，卢宗棠、唐之莹纂修
澄迈县	《澄迈县志·舆地志·土产》	转引自《黎族古代历史资料》第81页
定安县	《定安县志·舆地志.物产》	转引自《黎族古代历史资料》第81页
儋 县	《民国儋县志》第172页	民国彭元藻、曾有文修，王国宪总纂
琼州府	《道光琼州府志》第1册第234页，海南出版社	清明谊修，张岳崧纂
崖 州	《崖州志》第75页，广东人民出版社	清张嶲、邢定纶、赵以谦纂修，郭沫若点校
琼山县	① 《民国琼山县志》第1册第145页，海南出版社 ② 《琼山县林业志》第8页、第34页，三环出版社	① 朱为潮、徐淦等主修，李熙、王国宪总纂 ② 琼山县林业局编
白 沙	《中国树木志》第二卷第1409页，中国林业出版社	郑万钧主编
东 方	《中国树木志》第二卷第1409页，中国林业出版社	郑万钧主编
昌 江	《中国植物红皮书》第1册第376页，科学出版社	傅立国主编
乐 东	《中国植物红皮书》第1册第376页，科学出版社	傅立国主编
崖 县	《中国植物红皮书》第1册第376页，科学出版社	傅立国主编
吊罗山	《海南吊罗山生物多样性及其保护》第53页，广东科技出版社	江海声等著
文 昌	《中国热带主要经济树木栽培技术》第197页，中国林业出版社	周铁烽主编

表16 陈铭枢《海南岛志》海南森林分布一览表

序号	以江河水系分布的区域名称	重点林区	主要木材
1	昌江流域沿岸森林（发源于五指山，跨崖县、感恩、昌江三县，江长400余里）	（1）崖县：打蕴岭、打练岭 （2）感恩县：莪查、莪业、莪近、报恩 （3）昌江县：三柴岭、鹅鸠岭、西方岭、东方岭、保平岭、九峰岭	花梨、石积、坡垒、荔枝、红罗、香楠、高根、油丹、香果、青梅、鸡簪、格木
2	宁远河流域沿岸森林（发源于陵水西部，长200余里，属崖县）	（1）崖县宁远河沿河林区：大旗岭、嘉禾岭、抱龙岭、打练岭、打蕴岭、乳岭、黑石岭、立才岭、仰斗岭、只扫、黎峒 （2）属于藤桥溪流域：番什岭、番松岭、芒丛岭、高马岭、重排岭、南林岭、大本岭	花梨、石积、坡垒、荔枝、红罗、香楠、岭生、猪尖、高根、龙里、香丝、黄沙、青梅、竹叶松
3	陵水溪流域沿岸森林（源于五指山，上流分支偏北者流经乐会、万宁，偏南者流经崖县，其面积跨崖、陵、万、乐四县）	（1）沿溪林区：五指山、大旗峒、七指山、八村、界村、乌牙峒、毛盖山、应茎山、志婆山、极白山、保亭营 （2）东北部：青藤山、牛岭、黎万、岭门	指经、天料、胭脂、波罗、石积、苦枳、青皮、加冬、青梅、铁罗、红绸、油楠、黄丹、香果、马尾松、果槁、香椿、红椰、赤椰
4	太阳河流域沿岸森林（万宁境内，源于鹧鸪岭）	上流沿岸：鹧鸪岭、巴屯岭、马尖岭、大钓罗山、小钓罗山	因交通不便，樵采罕至而几为无人踏足之原始林，故无具体树木之名称可列
5	龙滚河流域沿岸森林	沿河林区：北峒、牛岭、高山岭、六连岭	苦枳、天料、黄丹、荔枝、柳槁、青线
6	嘉积河流域沿岸森林（源于五指山，经定安、琼东、乐会，东经博鳌港入海，长约500余里）	（1）定安：五指山、毛立锥、铁砧岭、黎母岭、何思岭、鹦哥岭、双灶岭、金鼓岭、马岭 （2）乐会：上峒、中峒、下峒、南牛岭、纵横岭、芒岭、学山岭、南阳山	胭脂、油丹、天料、苦枳、香楠、坡垒、荔枝、香桂、红砖、加卜

| 7 | 南渡江流域沿岸森林（源于儋县分水岭，经临高、澄迈、定安、琼山，经海口入海，长约700里左右） | 上流：辅龙岭、牙旺岭、母科岭、黑岭、冯峒岭、番豹岭、那盘岭、背腰岭、南龙岭、银瓶岭、红茂岭 | 花梨、胭脂、波罗、荔枝、龙眼、三角枫、黄豆格、母生 |
| 8 | 北门江流域沿岸森林（属儋县） | 上流：龙头岭、九峰岭、纱帽岭 | |

3.次生林及人工林的分布

（1）次生林

次生林是指树木在自然或人为因素干扰破坏后的次生裸地上自然演替形成的森林。一般多为阳性、速生、萌芽和萌蘖能力很强的树种。黄花黎次生幼林在上个世纪主要集中于东方的广坝、马垅，昌江的七差。次生林能成片的除了广坝、七差外，东方的江边、热水及乐东县境，包括三亚西南部，乐东盆地、东方盆地、昌江至白沙盆地一线以西，直至部分海滨三级台地平原[①]。

据笔者20世纪90年代的考察，次生林在海南岛的东北部琼山、定安山区均有分布。进入21世纪，特别是2003年以后，次生林或赖以萌芽之树蔸（树根）都遭到彻底的毁灭性破坏，连根拔起用于获利交易，现在几乎难以找到次生林。

（2）人工林

1949年前后，人们对于黄花黎只是一个模糊的记忆。一直将黄花黎作为中药"降香"出售，作为"降香"的黄花黎主要是小树干或树根的心材部分。

黄花黎人工林有记录的有：1933年华南植物研究所从海南岛带回树苗开始栽植，后介绍至白云山林场试种。20世纪50年代中国科学院西

---

① 吴中伦《中国森林》第3卷，第1732—1733页。

图1 "绞杀死"（收藏：海口苏雄弟）
海口石山地区，榕树在与黄花黎的伴生过程中逐渐将须根包围黄花黎，在黄花黎外形成铁桶状，逐渐将黄花黎包裹在中央，断其水分、营养供给，直至完全死亡（摄于2015年9月13日）。
图2 黄花黎树根部分右侧三角形木材为榕树须根插入黄花黎根部生长后所形成的心材，从根本上斩断黄花黎生命延续的希望。（摄于2015年9月13日）
图3 绞杀死的过程（摄于2013年3月7日）

双版纳热带植物园也有小片约十几棵黄花黎。

广西林科院在南宁郊区山丘上也有引种，福建厦门、漳州及广东的江门、深圳、肇庆均有人工引种，上世纪除海南岛有部分成片种植外，很少成规模的。大规模的人工种植应该始于2005年，海南岛从东至西，从北至南，小块或大片种植已很有规模。也有人试图打破黄花黎生长纬度的极限，尽量北移。福建的漳州、四川、湖南或广西北部、贵州罗甸县均有种植。

4.黄花黎的地理分布、生长环境与材质的关系

我们从历史典籍中看到了零星的对黄花黎的地理分布、生长环境及心材特征的表象描述，海南岛各县包括今天的三亚、陵水、万宁、文昌、琼海、琼山、定安、澄迈、临高、儋州及西部、西南部地区的黎峒中均有分布与生长。至于溜山

中国林科院凭祥热带林业研究中心于1980年在山坡石头堆上种植的降香黄檀（下图）。2013年8月末，广西大学的老师测量，最大的一棵胸径34.7厘米，心材24.6厘米，至第一个分杈处约高12米左右（上图）。（摄于2014年7月7日）

从西沙出水的草花梨木（Pterocarpus sp.）标本（标本：魏希望，2015年9月18日）

木材表面有残留贝壳及海洋生物侵蚀的虫道、虫眼。

国、暹罗、真腊、占城、交趾、安南、南洋或南海诸蕃的"花梨"或"花黎木"，多为今天的紫檀属花梨木类之木材，也不排除产于安南、交趾、占城之"越南黄花梨"。几百年前，植物分类学还未建立，而将花纹、颜色类似于黄花黎的木材称为花梨也是情有可原的。

黄花黎地理分布的特点及特有的生长环境对其心材的颜色、纹理、花纹、光泽、油性的影响十分明显。据周铁烽教授介绍，黄花黎树与其他木本植物一样，即使同时同地种植同一种植物，由于异花生粉互相作用，造成每一种植物的形态特征均有差异。故也不可能有两棵黄花黎树木材的颜色、纹理是一致的。另外，由于受到伴生植物生长的影响，土壤、气候等因素的作用，其木材特征也是千变万化的。

（1）形态特征与"可爱的鬼脸"。

黄花黎为落叶乔木，树高10—25米，最大胸径超过60厘米，树冠广伞形，分权较低，枝丫较多，侧枝粗壮，树皮浅灰黄色。奇数羽状复叶，长15—26厘米，卵形或椭圆形；花淡黄色或乳白色，花期4—6月；荚果舌

黄花黎三心树横切面（摄影与收藏：魏希望，2012年8月22日）

从横截面看，应为黄花黎伐后树蔸上萌生新芽所致，三个新芽从同一树蔸上生长，中间浅白色部分为夹皮带边材，进一步说明三树生长过程中逐渐靠拢，三树合一。

状，长椭圆形，扁平，10月—翌年1月为种子成熟期。

现代中国古典家具研究专家及收藏家，均将"鬼脸"作为黄花黎的识别特征之一，洪光明先生《黄花梨家具之美》中将其称之为鬼面纹（Ghost face），明代学者曹昭称之为"可爱鬼面"（lovable demon face）[①]。也有人称之为狸斑。这是由黄花黎的生态特征所决定的。

海南岛山势陡峭、险峻，我们所见到的黄花黎多源于天然林，没有人工修枝培育，任其自然生长，即使人工林也极少有修长笔直的。直径在30厘米左右的天然林伐后活的枝丫较多，枝丫与主干连接的地方产生活节，削去皮及边材后，疤节在心材上留下的痕迹就是"可爱的鬼脸"了。鬼脸实际上就是活节所形成的纹理。由于黄花黎本身材质细腻致密，油性重，色素分布在活节部分显得极不均匀，颜色且深，形成深浅不一的圆圈或不规则的弧形图案。另外，黄花黎树在自然生长过程中，由于外力的冲击或虫害造成树干上有大小不一的疤节，也会形成美丽图案和鬼脸。黄花黎分枝较低，枝丫较多，就是造成"其文有鬼面者可爱，以多如狸斑……其节花圆晕如钱，大小相错"的主要原因。

海口符集玉先生于琼山大样村人工种植的三树同根。这一现象在以前自然生长环境中并不少见，但满眼人工林的当今，这一现象已成稀罕。（摄于2007年9月5日）

---

① 见洪光明《黄花梨家具之美》第7—8页。

黄花黎径级越大产生鬼脸的可能性就越少，主要是自然界"适者生存"的生态环境所致，越大其主干只能往上蹿，多年后早年所生的枝丫就会自然脱落，其活节也会随着时间的久远而长成有规则的、和缓的、像移动的山坡一样的局部纹理，所以我们见到的明清黄花黎重器很少有鬼脸，整个图案为深浅不一的褐色直纹夹带着像金光闪烁而跳跃流动的溪流。

清代屈大均认为黄花黎"老者文拳曲，嫩者文直"则刚好将两者的纹理特征颠倒了。至于屈氏认为黄花黎树"往往寄生树上，黎人方能识取"更是张冠李戴。黄花黎树可自身进行光合作用，吸收水分与营养，并不依赖于其他树木而生长。但很少有成片生长（除现代人工林以外），一般与荔枝林、香合欢、鸡尖、厚皮树，或麻楝、垂叶榕、幌伞枫、白茶等多种植物混生成群。檀香木（Santalum album）是寄生性植物，没有适合于它寄生的植物，檀香木是不能单独生长的。屈氏可能是将檀香木的生长习性错用在黄花黎上了。

黄花黎鬼脸纹的产生并不神秘，也并非黄花黎所独有，近似于黄花黎鬼脸纹的有花梨木类（Pterocarpus spp.）的印度紫檀、大果紫檀、鸟足紫檀、安达曼紫檀、越柬紫檀，黄檀属的印度黄檀，产于越南的东京黄檀及产于老挝的缅茄木（A. xylocarpa，俗称老挝红木、红花梨）。这些树木的鬼脸与海南黄花黎的鬼脸很难分辨，但其最明显的不同是，海南黄花黎鬼脸纹纹理勾画清晰，特别活泼生动，有些动物图案达到了逼真的地步。花梨木、黄檀属的其他树木及缅茄木鬼脸纹纹理模糊而不清晰，图案重复呆板者多。

生长于东部及东北部的黄花黎，特别是海口羊山火山岩地区的黄花黎（一般胸径30厘米以下者）鬼脸纹特征各异，即使同一棵树也无一雷同而异彩纷呈。形成鬼脸纹的主要原因除了特殊的生长环境及黄花黎固有特征所致外，树木生长时受台风（东部）及其他外力的作用，是东部黄花黎多生鬼脸纹的重要原因。而黄花黎的心材降香油富集，比重大，且

黄花黎案面局部不规则的圈形纹与小鬼脸组成狂而不乱的画面，成因多为活枝在生长过程中不断被主干吸纳所致，这种颜色的黄花黎多产于崖城、乐东及海南岛西南部。（标本：冯天运 2010年1月12日）

黄花黎颜色金黄，而呈典型的凤尾纹，其产生的原因为活立木在生长过程中将活的小树枝残部包裹其中，与周围木质部分溶合为一体所产生的纹理。（标本：北京梓庆山房，2012年5月20日）

颜色干净明亮，纹理清晰，心材形成缓慢，也是鬼脸纹生动、活泼、可爱的原因。

（2）地理分布与黄花黎迷人的色泽

古斯塔夫·艾克在《中国花梨家具图考》中赞美黄花黎迷人的色泽时写下了如下优美的文字："这种色调带有如同从金箔反射出来的那种闪闪金光，在木材的光滑表面上洒下一片奇妙的光辉。"

王世襄先生的《明式家具珍赏》及上海博物馆的黄花黎家具，北京故宫、颐和园及近年拍卖会上的黄花黎家具其材色多呈浅黄色或金黄色，红褐色或深栗色近似咖啡色的很少，这究竟是为什么呢？

林学家王德祯先生对黄花黎的研究极为精深。作为林学家，他目前（注：指20世纪70年代）能成片或较多地看到的黄花黎"分布于海南西南部海拔600米以下的低山丘陵及部分台地，位于北纬18°68′—19°40′，东经108°76′—109°30′成片次生林集中在海南东方的广坝、江边、热水、昌江的七差和乐东县境，包括三亚西南部，东方盆地、昌江至白沙盆地一线以西，直至部分海滨3级台地平原"[①]。

黄花黎的分布区地势由中山、低山、丘陵，逐渐降至滨海；地层为花岗岩地层；黄花黎林下土壤为花岗岩风化物上发育的褐色砖红壤，平原区为浅薄的红壤，石质粗沙，腐殖质含量丰富。这独特的地形、地质土壤均为黄花黎提供了适宜的生长环境。另外，西部的昌江有高品位的铁矿，东方之俄贤岭有大型金矿，其他地方的高品位稀有金属储量丰富。世界上的珍稀树种往往生长于高品位的铁矿之上，如印度南部、东南部的富铁矿带就有著名的檀香紫檀、乌木、檀香木。富铁矿上的土壤一般呈砖红色或铁锈色，这些因素是否会直接或间接影响树木心材的颜色变化？我们还没有科学而明确的结论。

海南西南部的黄花黎由于其特殊的生长条件，心材一般呈浅褐

---

① 吴中伦《中国森林》第3卷第1732页。

红、深褐红及深栗色，近似于咖啡色，宽窄不一、颜色深浅不一的褐色条纹十分明显。也有由于黑色素分布不均匀而产生的许多不规则的近墨黑色的条纹和斑块，这是西部、西南部黄花黎在色泽上尤为迷人的地方。

而海南岛东部、东北部阳光充足，雨水丰沛，全为五指山和缓的坡地及平原地带，其土壤多为火山喷发后留下的厚厚的火山石及火山灰，土壤肥沃，营养丰富。在东部、东北部生长的黄花黎的色泽多呈浅黄或金黄色，且径级大者为多，纹理直，少有或没有鬼脸。但这一地区径级较小的黄花黎则色泽金黄，纹理丰富而多变，鬼脸纹连串延绵，各具特色。这种现象在其他地区是很难看到的。我们看到的明清家具的原料多源于此的另一原因为：东部及东北部地区山坡和缓，平原面积大，特别适宜黄花黎的采伐与运输，而西部则山坡陡峭，运输极为不便。

根据我所掌握的资料，现将海南从东北至西、至南的黄花黎心材颜色变化列表总结：

表17　海南岛黄花黎色变过渡带（由东北向西、向南）	
地区名称	**心材颜色主要特征**
琼山（海口）	羊山地区（火山岩）。色黄、金黄，花纹变化多样。
澄迈	福山镇（红土壤），浅黄发白。
临高	和舍、多文镇（红土壤），浅黄发白。
儋州	浅黄泛红或发白者多，少数发红。
白沙	颜色急变带。靠儋州，颜色偏黄；靠昌江，颜色偏深（黑、红）；沙地生长的黄花黎虫眼较多，心材尚未形成时开始虫蚀。
昌江	高品位铁矿带。紫褐色近黑。
东方	金矿。紫褐色近黑。
乐东	红色多（带紫色条纹）。
崖城（三亚）	深红色多。

海南黄花黎色变过渡带分布示意图（拼图及绘制：苏琢，2012年9月19日）

黄花黎一木对开后之花纹对拼，使整个板面意想不到地形成狸面纹。（收藏：何云强，摄影：魏希望，2010年3月19日）

（3）独特的气候与黄花黎致密多变的纹理

黄花黎的适生条件除了海南岛独特的地形、地貌及地质条件外，其独特的干湿季十分明显的热带季风岛屿气候也是影响黄花黎分布与生长的最关键因素。

黄花黎分布区年平均气温23—25℃，年降水量1200—1600毫米，而蒸发量高于降水量，蒸发量为1600—2300毫米，降水集中在5—10月，月雨量213.3毫米以上，占年降水量的80%，在3—11月平均气温高于22℃，高温多雨的季节正是黄花黎发芽开花的生长季节。而从11月至翌年4月则进入少雨干旱的旱季，月雨量仅16—29毫米，长达半年，干湿季交替明显。这样雨热同期，花叶同时抽出，有利于黄花黎的生长；旱凉同季，黄花黎则脱花落叶，停止生长，度过不利的生长环境。

上述独特的热带季风岛屿气候为黄花黎提供了适宜的生长环境。从黄花黎的横截面看，年轮宽窄不一但细密清晰；材色深浅相异。这是其独有的气候影响黄花黎生长所造成的必然结果。炎热多雨的生长季节，其材质部分较宽，颜色稍浅，旱凉少雨的时期黄花黎停止生长，其木质部分材色稍深或很深。从纵切面上看，黄花黎的纹理似跳跃的溪流、移动的沙丘、和缓的山坡，弦切面更是尽现狸斑、鬼脸、伞形纹等多姿多彩的花纹。

第三节 黄花黎的基本特征

一、形态特征

对于黄花黎即降香黄檀的形态特征第一次进行细致科学描述的应该是1956年6月侯宽昭教授主编的《广州植物志》。1980年中国林科院成俊卿教授等的《中国热带及亚热带木材》中有关降香黄檀的材性和利用是从木材解剖方面来记录的。1985年郑万钧教授主编的《中国树木志》对于降香黄檀的形态特征也做了简要描述。而近年来长期工作于海南岛尖峰岭的周铁烽教授主编的《中国热带主要经济树木栽培技术》一书对于降香黄檀形态特征的研究与描述则已十分细致、具体。

1.侯宽昭《广州植物志》

"落叶中等大乔木,高可达10米;树皮暗灰色,有槽纹;新枝圆柱形,略被短柔毛,老时秃净。叶长15厘米或过之;小叶7—11枚,纸质,卵形至椭圆形,长3.5—5.5厘米;宽1.5—2.5厘米。先端短渐尖而钝,基部阔楔尖或浑圆,上面秃净或两面均被黄色小柔毛。圆锥花序腋生,连花序柄长4—8厘米,宽3.5—5厘米,被褐色小柔毛;花多数,密集于分枝之顶成一假头状花序,近无柄;萼长约2毫米,略被毛,有钝齿,其下有近圆形的小苞片2枚;花冠白色,长约为萼之2倍。荚果短圆形或倒披针形,长5—7厘米,宽约1.5厘米,直或稍弯,有柄,有种子一棵,少有2棵的,果瓣对种子之部有明显的网纹。花期:6月"[①]。

[①] 侯宽昭主编《广州植物志》第344—345页。

琼山十字路的黄花黎新生树叶，树龄约5年。（摄于2007年9月5日）

黄花黎花蕊，花期为4—5月。（摄于2013年4月5日）

8月的黄花黎果荚（2015年8月22日摄于乐东县利国镇秦标村）

2. 周铁烽主编《中国热带主要经济树木栽培技术》

"落叶乔木, 树高15—20米, 最大胸径超过60厘米。树冠广伞形, 树皮黄灰色, 粗糙; 小枝近平滑, 有微小苍白色、密集的皮孔, 较老的枝粗糙, 有近球形的侧芽。羽状复叶, 除子房略被短柔毛外其余无毛。叶长15—25厘米, 有小叶9—13片; 稀有7片; 叶柄长1.5—3厘米; 托叶极早落; 小叶近草质, 卵形或椭圆形; 基部的小叶常较小而为阔卵形, 长4—7厘米, 宽2—3厘米, 顶端急尖、钝头, 基部圆或阔楔形, 侧脉每边10—12条。圆锥花序腋生, 长8—10厘米, 宽6—7厘米; 花期4—6月, 花黄色。种子成熟期为10—翌年1月, 荚果带状, 长椭圆形, 果瓣草质, 有种子的部分明显隆起, 原可达5毫米, 通常有种子1—3粒。熟时不开裂, 不脱落。

黄花黎活立木主干局部特征 (摄影: 杜金星, 东方市八所港务中学, 2012年5月20日)
因台风或其他因素的影响, 树干在生长的过程中发生倾斜, 之后经过人工整理, 转折部分的纹理会成90度皱褶纹。

种子肾形，长约1厘米，宽5—7厘米，种皮薄，褐色"①。

侯宽昭教授与周铁烽教授在形态特征如种子、花期等诸方面都有不同的描述，二者都是在近距离长期观察降香黄檀形态特征之后才得出结论，均是科学、真实的。只不过前者观察的是人工引种的，且生长地点从海南岛移到了广州，气候、土壤、降水及其他环境（如伴生植物）均发生了变化。而后者长期工作生活于降香黄檀自然分布的尖峰岭，当然对于降香黄檀的野生林、人工林的观察与研究同广州是完全不一样的。周铁烽教授的研究结果应该更接近于我们所想知道的真实，而侯宽昭先生的观察便于我们了解最早期的文献是如何第一次科学地记录降香黄檀之形态特征的。

二、原木特征

1.原木

原木是指已除掉树梢、树枝及树蔸，按照不同用途且按不同长度进行锯切的木材。珍稀的木材如黄花黎、楠木、榉木、柏木等有时不仅利用其主干，其余可用的分枝也一并制材用于家具的制作。有时一根楠木的主干及分枝可以加工成数节原木，大的榉木也是如此。不过，由分枝加工而成的原木在材色、纹理或硬度、油性等诸方面与主干或主干下部接近土壤的部位差别十分明显，同一根原木之主干上下两部分在材质方面的变化也是十分明显的，故在木材的加工、配料方面应严格甄别、挑选。

历史上的黄花黎原木主要取材于树的主干，其分枝很少加以利用。主要原因是资源比较丰富，另一原因作为"降香"之替代品所取为根部或主干之心材，药效较其他部位要好。到了近十几年，凡有格（海南土称，即心材部分）的分枝均制成原木进行出售，更有甚者，连还未形成明

---

① 周铁烽主编《中国热带主要经济树木栽培技术》第197页。

黄花黎原木（新伐材）(摄于2013年7月7日)

显心材的人工林也被采伐，通过化学方法变色后加以利用。

　　黄花黎的资源已近枯竭，不管主干还是分枝均应珍爱，不过主干及分枝在各个方面是存在明显差别的。特别是近几年新采伐的木材，一般是整棵出售，很少将其分开，故在开锯前及锯解后应一一选择、比较，以合乎明式家具的基本审美原则来进行利用，绝不可忽视这一问题。

　　2.黄花黎原木之干形

　　我们所看到的海南黄花黎房梁、柱及老的木材干形基本通直、饱满，但黄花黎的活立木并非如此。海南收藏家符集玉先生近年来一直关注黄花黎的自然生长状态，其家乡十字路是黄花黎木材、家具有名的集散地，也是东部黄花黎分布比较集中的地区。符先生在海口郊区大样村火山岩及火山岩分化后的山坡上种植了约四亩黄花黎，从小苗一直长到今天，其干形的变化很有特征。据符先生介绍，黄花黎树的主干在幼小时几乎每年都在发生意想不到的剧变。主要原因是每年海南岛的台风在8—10月频繁发生，风向多变，风力强劲，黄花黎在幼龄阶段不具备与可以改变自己生长命运的风暴抗衡之能力，雨季也正是黄花黎快速生长的良好季节，故在风雨飘摇的环境中生长的黄花黎主干经常会扭曲、变形，也会导致分枝较低或多发，特别是残留树桩上萌发的黄花黎会形成两个以上的主干。黄花黎树之主干随台风、暴雨的打击往往会向下自然弯曲，有时会匍匐至地。从弯折处长成的子芽变成第二主干，以前的主干变成枝丫，形成自然的分杈，阳光、水分、营养往往集中于主干。同一过程每遇疾风骤雨而反复多次，这种现象差不多持续十年左右，直到主干能经受台风暴雨的袭扰而不再出现交替现象为止。主干胸径在10厘米左右也不会再出现交替现象。故一棵成材的黄花黎树主干往往不一定是幼龄阶段的主干，主干与旁枝交替生长，互为主仆。这种现象对黄花黎的纹理会产生十分明显的影响，如斜纹、扭曲纹、鬼脸或蛇形水波纹。郑永利先生久居昌江，他也同意符先生的看法。昌江密林中或避风的坡地所生黄花黎干形直、饱满，花纹顺直而变化较少。稀疏林中或当风坡地之黄花黎因风吹而摇摆不止，故花纹变化较大且丰富多彩，十分迷人。

主干分枝过低、过多，易形成回旋、扭曲、有规律的纹理，分枝与主干之结合处所形成的无数生动可爱的"鬼脸"，也正是识别黄花黎的主要特征。

如果黄花黎杂生于其他多个树种相互竞争生长的山林中，或受到风暴侵袭机会较小的西部或沟谷之中，黄花黎天然干形明显会通直、高挑，能形成直纹无节（无"鬼脸"）的栋梁之材。

如果在其幼龄阶段或中龄阶段所形成的分枝受到自然力量或人为破坏而断弃、脱落，又适逢黄花黎本身受到其他树木生长竞争的威胁而加速生长，也有可能将分枝腐朽、脱落、断弃后的疤结吸收，形成活的或腐朽的、死的节，所产生的纹理、颜色或其他缺陷也是多变的，也许诗意盎然、意想不到，也许满目疮痍、断然无用。

黄花黎树之根部极少或不能形成板根，特别是在土壤深厚的地方，根部很少裸露，而在火山石或在其他岩石上生长的黄花黎，多数根部外露，也不形成板根，但呈不规则状的椭圆、三角形或呈正态分布状、腰形之根部也不少见。这就十分考验设计师或大锯手的智力，如何下第一锯，如何巧妙利用其天然根部之纹理、颜色是最要紧的。

黄花黎原木之干形的另一特点为大小头尺寸差别明显，当然经过人工修饰的除外。一般长度为1米左右的原木两端区别不大，再长一些则差别明显。黄花黎家具十分忌讳斜拼，拒绝两端宽窄不一的板材。

综上所述，黄花黎原木干形的特点为：生长过程中主干与分枝枝芽交替变换，互为主仆，且分权较低，分枝较多；修长通直者少，原木大小径差异明显。形成这两大特征的原因主要有：频繁的台风及其他外力作用，特殊的地形地貌、伴生植物

符集玉先生于琼山大样村讲解黄花黎主干与分枝主仆交替过程。（摄于2007年9月5日）

黄花黎横截面，中间深色部分为心材，其余浅色部分为边材。（标本：北京梓庆山房，摄于2013年4月28日）

的合力作用。

3.边材与心材

新采伐的黄花黎原木、长期存放于室内或作为房料使用者，从端面看，原木外部浅黄发白的部分即为边材，原木中心颜色较深的部分即为心材。黄花黎原木心边材颜色区别明显。《崖州志》称："州属材木，有有心者，有无心者。有心者谓之格木，无心者谓之杂木。俗谓木心为格，木肤为漫。漫蛀虫，格不蛀虫。格与漫，隐有界限一线之分。格坚实而漫松浮，格细结润泽而漫粗疏燥涩。"①

黄花黎即为有心者，海南黄檀（也称"花梨公"）及黄杨木即为无心者。心材称为"格"，海南人至今仍如此称呼，边材称为"漫"。海南黄花黎原木端面之边材一般呈浅黄发白，没有滋味或特殊气味，但已具一般

---

① 清张嶲、邢定纶、赵以谦纂修，郭沫若点校《崖州志》第74页。

海南著名黄花黎及黄花黎家具收藏、鉴赏家王明珍、郑永利、冯运天、符集玉
先生正在鉴赏清初黄花黎笔筒。（摄影：魏希望，2010年3月22日）

纹理即所谓的"八字纹"，心材部分从端面看年轮清晰而自然，颜色从
黄、金黄、褐色、紫褐色到近似咖啡色，新切面辛香扑鼻。

　　成俊卿教授记录了黄花黎原木锯解时一个值得注意的有趣现象：
由于黄花黎"具有浓厚的带辛辣的香气，解锯时常使人喷嚏。北京、营
口等使用红木的工厂反映，红木类（包括国产降香黄檀与进口红木）及
紫檀类（Pterocarpus spp.，材色深红色或紫红色）的木材解锯时均使
皮肤严重产生过敏现象，危害工人健康，影响工作。究系何种渗透物使
然，并如何防治，尚未明了；但广州、成都使用同种木材的工厂，据了解并
无不良反映。据《新大陆木材》（1949）第125页记载，中美洲所产的红
木（所谓"Cocobala"），解锯时即有此现象。据谓此种致痒有毒元素含
于油类中，解锯时释放出来，遇碱溶解，遇酸沉淀。工人出汗时若带碱
性反应则易受害，因为致痒物质溶解后即进入毛孔内；若汗带酸性反应
则可抵抗"。成教授在"木材加工性质"中再次强调黄花黎"解锯时使人

喷嚏或刺激皮肤"^①。

　　我本人到过不少锯解海南产黄花黎的加工厂，自己也长时间地工作于车间，只要闻到辛香浓郁的黄花黎味道，似有醍醐灌顶、茅塞顿开、精神为之一振的感觉，并没有成教授所言之境况。为此，我特地请教了几位长期与黄花黎打交道的海南岛老朋友郑永利、王明珍及叶文。三位均一致认为锯解黄花黎时从未发生工人喷嚏或皮肤过敏的问题。郑永利先生称，如果有人身上发痒（不是木材加工时），用黄花黎锯屑煮水擦洗身上则神清气爽，可起到立即止痒的效果。叶文先生称，其工厂的工人经常用黄花黎锯屑熬水，然后装入瓶中，遇蚊虫叮咬，则用此水涂抹即可缓解痒痛。郑先生一再强调，工人如有贫血的疾病，闻到黄花黎锯解时的辛香味，则四肢发软、无力。锯解时使人喷嚏致痒的木材有紫荆、格木（东京木）及陆均松等，黄花黎则不会出现这种情况。

　　黄花黎边材与心材除了颜色、味道、香气不同外，还有一个最主要的特征，即边材与心材的转化过程。家具所用木材，必须是心材。心材是由边材转换而来，而这一过程的快慢由于树种的不同及生长环境的不同而有明显差异，最慢的是紫檀，其次可能就是黄花黎。黄花黎在前20年的生长期，前10年几乎很少形成心材，至15—20年，有的树木心材直径可能只有1—3厘米，边材与心材之比为10:1。20年后，心材形成的速度会加快，二者比例会缩小至10:5。50年左右，边材的尺寸会不断缩小，二者的比例约为10:9。海口琼山龙王镇的王鸿香先生称，在采伐黄花黎树干时为了估算材积的大小与重量，他得出经验，活树皮薄者心材大、结籽多，而皮厚者则心材小、边材大、不结籽。他认为前者为母，后者为公。根据这一特点，在活树未伐之前来谈交易，往往会较有把握。

　　4.潮化过程与虫蚀过程

　　我在2005年《收藏家》杂志第9期及拙著《木鉴》中谈到黄花黎的

---

① 成俊卿等《中国木材志》第496页，中国林业出版社，1992年。

虫蚀过程：原木表面的树皮、边材均被白蚁所食后，留下的虫道。（标本：王明珍，2012年5月20日）

虫蚀过程：尚未完成蛀蚀的黄花黎，白色部分为边材。（标本：王明珍，2012年5月20日）

潮化过程与虫蚀过程，许多学者、收藏家均很有兴趣。黄花黎的这一现象也如乌龙茶的突变而成一样纯属必然中之偶然。

　　上个世纪90年代，我到过海南的一些山寨及老百姓的菜园、林地，经常看到黄花黎或采伐下来的其他原木置于野外或自家菜园、林地。郑永利先生也常将海南产鸡翅木埋于芒果园。

图左：天牛正在蛀蚀边材，白色粉末已浮在原木外表。

图右：斧劈后可见虫眼、虫屎、虫道，紫褐色心材已外露。（标本：海南郑永利，2013年5月28日））。

（1）虫蚀过程

黎人在采伐黄花黎原木后一般并不急于外运：

第一，是否必须要换取生活必需品；

第二，是否是换取生活必需品的最佳时期；

第三，也是最重要的，新伐材湿重，外运极为困难，边材部分较大，所占分量也大，砍削起来十分困难。黄花黎边材部分为淡黄色无气味的软质部分，最受白蚁欢迎，白蚁会在很短的时间内（1—3年）将边材部分咬蚀，当遇到有辛辣芳香而又坚硬的心材部分时自然地停止了咬蚀，可用的黄花黎心材部分就这样保留了下来。这就是黄花黎的虫蚀过程。

据江海声、柯铭辉、张剑锋先生对海南吊罗山白蚁的研究，吊罗山的白蚁至少有21种。"白蚁走出地面蛀食枯死林木或爬到树干上蛀食残旧树皮，这一过程对于生态系统的物质和能量转化起到重要作用，而白蚁自身又是穿山甲、鸡形目鸟类等的取食对象"[①]。

[①] 江海声等《海南吊罗山生物多样性及其保护》第143页，广东科技出版社，2006年。

根据这一特点，是否所有黄花黎的心材都没有虫害或虫眼？答案是否定的。我们在西部的昌江、东方，特别是白沙，看到原木的心材有较大的虫眼，有的直径约50—100毫米，深度不一。这又是什么原因呢？

黄花黎幼林时期，特别是生长于白沙的人工幼林，在心材未形成时易受瘤胸天牛的危害，而在心材形成后则很少受到危害。随着边材不断转换为心材，其原有的虫眼也带到心材中来，从而造成黄花黎心材有虫眼的现象。这种黄花黎一般生长于西部平地或人工林，天然林出现这种现象的概率较小。

这两种现象分别是由白蚁及瘤胸天牛造成的。

（2）潮化过程

虫蚀过程有可能是一年，也有可能是两年或三年。黎人也可能忘记了自己所采伐的黄花黎置于何处，这样黄花黎在虫蚀过程中或之后就总是置于山地，裸露于自然环境中。由于海南岛特有的雨热同季、旱凉同期季节的不断变换，虫蚀过后的黄花黎心材直接经过反复多次的干燥、潮化，油质及芳香物质浸润全身，心材颜色变得深沉醇厚而均匀，玉质感更加鲜明。

"潮化过程"在一些史籍中已有提及，只不过文字表述方式不同。宋人赵汝适称：麝香木出占城、真腊，树老仆湮没于土而腐，以熟脱者为上，其气依稀似麝，故谓之麝香。若伐生木取之，则气劲而恶，是为下品。泉人多以为器用，如花梨木之类。宋叶廷珪《香谱》：麝香木出占城国，树老而仆，埋于土而腐，外黑，内黄赤，其气类于麝，故名焉。其品之下者，盖缘伐生树而取香，故其气恶而劲。此香宾瞳眈尤多。南人以为器皿，如花梨木类。明人张燮《东西洋考·柬埔寨·物产》曰：……麝香木《一统志》曰：气似麝胶。

元人汪大渊《岛夷志略》："地产乌梨木、麝檀、木绵花、牛鹿皮。"而苏继庼先生注释：《大德南海志》卷七"舶货"诸木中有射木疑皆指一物。苏先生从"檀"想到麝檀应为檀香木的一种。艾克先生在

图1　标有"陈"者，河沟水浸数年，出水后表面轻微碳化呈黑色，透过斑驳的表面，红褐色的本色及扇贝纹恰好是黄花黎的标志。（标本：符集玉　2015年8月19日）
图2　上标有"137.8斤"。在珍稀木材中，只有黄花黎的计价重量以两累进。（标本：符集玉）
图3　土埋于霸王岭七差乡的油黎，弯刀轻触，辛香四溢，色泽紫黑，有如麝香木。

谈到花梨时也引用了赵汝适有关"麝香木"的文字并猜测："这引导人们想到可能是有意把木材放在土里，使它通过潮化而经历一种成熟和变色过程。也许这能说明大多数较老花梨木家具的芬芳香味和浓艳深色的由来。"

　　也有人认为"麝香木"是沉香的一种。赵汝适的描述确实与沉香中之"死结"产生的过程是近似的，也完全有理由让人猜测为沉香一种，而像用花梨木那样用沉香做器皿是极少见的。那么，"麝檀"是否为麝香木或檀香木的一种？实际上，"麝檀"应该是两种不同的香，即麝香与檀香，正如许多诗文中的"沉檀"一样，也为两种香，即沉香与檀香。

　　黄花黎的虫蚀过程和潮化过程，对于其独特而富有魅力的材质形成几乎是必不可少的。这两个过程也是同时开始的，而潮化过程在白蚁撤离后可能还要延续很长一段时间。由于这两个阶段的叠加与延续，心材所含的色素、降香油及其他因子的共同作用，会使木材颜色朝干净、清亮、纯正的方向发展，黄者金黄，金光闪闪、晶莹剔透；色深者颜色纯一、醇厚，滑腻而沉穆。新伐材或未经过这两个过程的黄花黎一般会比较干涩、发飘，色泽不太沉稳，纹理或鬼脸纹之线条并不明显清晰，其魅力与可爱程度远逊前者。

三、人工林或土壤肥沃的平地生长的黄花黎

　　我在印度考察檀香紫檀天然林的分布时，印度安德拉邦林业局的官员突然向我提问："紫檀木的颜色与土壤有关吗？"我当时并未回答。印度檀香紫檀生长在裸露的褐色岩石上或褐色岩石风化后的铁锈色岩质土壤上，紫檀生长的地表之上几乎寸草不生，没有多余植被，而地表之下全是富铁矿，品位极高，铁矿石不断运往世界各地，中国也从印度进口不少高品位的铁矿石。生长于这种土壤上的紫檀木大多致密硬重、颜色近黑、油性极好、入水即沉，是紫檀木中的无上妙品。人工林或生长于山坡下或平原之土壤肥沃处的紫檀木从外表看除了粗大臃肿外，与原始林几乎没有区别，但锯解后材质区别十分明显。

　　紫檀如此，黄花黎呢？

人工种植于琼山大样村的黄花黎幼龄树，树龄约5年，树下土壤为砖红壤及带气孔的火山石。成片的单一树种及密植，可能是影响其正常、自然生长的天敌。(摄于2009年11月20日)

1.地质条件：海南岛琼山县东部、中部、南部为玄武岩风化而成的砖红壤，而羊山地区与旧州岭地带则由火山喷出岩——玄武岩风化而成，母岩多孔，呈暗褐色，且多露头，风化未完，土壤以火山土为主。心材颜色较深的油黎（黄花黎的一种）生长比较集中的地方正好是海南岛西、岛南、岛西北，如昌江。这些地方也正好是黑色金属铁、锰的分布带。昌江石碌铁矿储量约占全国富铁矿储量的71%，平均品位51.15%，最高品位达68%。

琼山位于海南岛之北部，直面大海，是台风常年光顾的地方，雨水丰沛，有火山喷发遗留的火山灰，虽土壤较薄，但有机质极为丰富，黄花黎生长状况良好，材色金黄者多，如羊山地区（也有少量油黎出产）、十字路等地，这里也是最便于采伐与运输，最早遭到毁灭性采伐的地区。清早期、明朝或更早朝代的黄花黎多数源于琼山、定安及其他东部、北部地区。我们现在所能看到的明或清早期的黄花黎明式家具所使用的木材多呈黄色或金黄色且直纹大料多的原因也在此。

海南岛西部多产红褐或近似于深咖啡色的"油黎"之原因是否也如印度产檀香紫檀的原因一样呢？油黎生长的地表之下也多高品位的优质铁矿，我没有任何理由判断这一自然界的现象是必然还是巧合。

2.《崖州志》将"花梨"分为油格、糠格二类，也即海南人称之为"油黎"、"糠黎"，后者极少有人提及。"糠"，谷皮之意，引申为粗劣、粗恶或无足轻重。在海南，"糠格"多指产于澄迈、临高、儋州的浅黄色灰白且油性差、比重轻的黄花黎心材部分。一般糠格生长于土地肥沃的平原地带，也包括近百年来人工植于房前屋后、农田周围或其他土壤条件优越的林区的黄花黎。

海南的郑永利、王明珍先生几十年与黄花黎打交道，长期固守在油黎的主产地昌江及其周围地区。据他们介绍，黄花黎心材的颜色深浅是由降香油渗透的程度来决定的，黄花黎树在正常生长过程中如果受到外力伤害，降香油也会向外渗透而使木材局部形成明显的深色条纹，且宽窄不一。油黎、糠黎均含有数量不等的降香油，油黎所含降香油多而糠黎所含降香油少，故前者心材颜色深而后者心材颜色浅，前者比重大而后者比重轻。另外，生于石头缝或峻峭瘦瘠之地的黄花黎颜色普遍较深，油黎较多，比重、油性较大，花纹也瑰丽多变。故除了琼山的羊山产少量油黎外，油黎多产于昌江、东方、白沙、三亚、乐东海拔稍高的山岭瘦地或岩石之中。临高多红土，儋州多黄土，故颜色呈浅红或偏黄泛白者多，故多糠黎。平原地带或房前屋后也多糠黎，心材颜色较浅，花纹平淡无奇。王鸿香先生根据黄花黎树叶的形状来判断糠黎、油黎，叶圆者心材颜色呈浅黄或泛白即糠黎，叶长者心材颜色深褐或红色即油黎。

黄花黎天然林或天然次生林、人工林的生长速度是不一样的，材质也大不一样。

南浪村张亚芳家前园刚被砍伐的黄花黎，树龄约10年，树干也有紫黑色芳香油外流，当地人称这是开始形成格的标志，但此树并未形成深色的格。

南浪村吉进辉后院内有两棵黄花黎树干上留有长椭圆形深槽。东方市东和镇镇长吴兴强先生介绍，深槽为有人用刀挖树干探查黄花黎的格（即心材）有多少，也可能是盗伐者留下的痕迹。降香油沿槽孔下端外溢。（摄于2015年9月16日）

表18　黄花黎天然林（或天然次生林）与人工林生长之比较

天然林（或天然次生林）				人工林				资料来源
林地	生长年限	树高 m	胸径 cm	林地	生长年限	树高 m	胸径 cm	
干旱瘠薄之地	23	10.9	12.6	霸王岭	16	12.4	17	郑万钧《中国树木志》第1409页
肥沃湿润之地	32	16.7	22.1	广州	9	5.8	9.2	
尖峰岭	32	16.5	22	热带树木园	20	15.6	16.8	周铁烽主编《中国热带主要经济树木栽培技术》第197页
				厦门	8		5.7—8.1	《中国森林》第3卷第1736页
				广州	40—50	16	46.5	

从上表可以看出，天然林或天然次生林与人工林的生长速度是完全不一样的，人工林大大快于天然林或天然次生林。广州的植物园人工林在40—50年左右，胸径已达46.5厘米，在海南岛的公园或房前屋后的人工林到生长50年左右时可利用的心材部分可以达到10—20厘米左右。

通过将胸径大小差不多的黄花黎原木锯解后进行材质分析，大致比较结果如下：

表19　黄花黎天然林、人工林原木锯解后之特征比较

种类	颜色	油性	手感	比重	纹理	香型	干燥	年轮
天然林	较深均匀	重	温润	大	清晰	辛香浓郁	慢	窄、细
人工林	较浅色杂	差	干涩	轻	模糊或断纹	辛香但飘忽不定	较快	宽、粗

图左：海口羊山地区的新料，带托泥圈椅座面，毛孔粗大，材色紫乌，色泽不一，很难与我们常见的黄花黎视为一物(摄于2015年9月19日)
图右：霸王岭林区的黄花黎老料(标本：符集玉，摄影：于思群 2015年1月27日)
从新刮开的剖面及刨花看，颜色、油性、光泽、比重与人工林新料有天壤之别。

从严格意义上讲，黄花黎人工林不太适合制作标准的明式家具，从感观上或其他物理指标方面均达不到文人的理想及审美标准，故在选料或配料方面应极为谨慎，战战兢兢，如履薄冰而不可胆大妄为。

四、黄花黎的一般特征与习惯性分类

1. 一般特征

前面已经讲了很多黄花黎的各种特征与成因，如何分类也有所涉及。这里所述之一般特征主要是从眼学的角度来看黄花黎之要点，完全是个人实践经验的一般认识：

（1）纹理与颜色

行话一般讲黄花黎是"红木的纹理，花梨的底色"。红酸枝的条纹颜色一般较深、宽窄不一，但十分清晰、有序；花梨 (Pterocarpus spp.) 的底色为黄、红褐色，但很少有特别明显的条纹。海南黄花黎的纹理十分清晰，且很少交叉重叠，黑色素聚集不均匀所产生的黑色条纹特别明显。径级较小的黄花黎鬼脸纹较多，径级大者则直纹多、图案少。除鬼脸

细浪层叠的扇贝纹（标本：河北保定李明辉，2005年11月1日）

产于海南昌江东方一带的黄花黎（又称油黎）（标本：北京梓庆山房，摄影：
马燕宁，2010年5月5日）
底色紫褐，纹理黝黑，其形成原因为黑色素沿生长轮游走的结果。

纹外，还有水波纹、螺旋纹、半弧对应纹、弧形纹、火焰纹、涡纹、扭曲纹、蝴蝶纹等丰富多彩的图纹。

（2）比重及手感

用手掂应比较有分量而不至于发飘；手感应温润如玉，真正的黄花黎成品不会有戗茬或阻手的感觉。海南岛东部的黄花黎除了颜色浅外，分量也稍轻一点，油性稍差；而西部的黄花黎则油性很重，油质感经几百年也不会减弱。

（3）香味

新锯开的黄花黎材料有一股浓烈的辛香味，而黄檀属其他木材，如奥氏黄檀、交趾黄檀则显酸香味。但时间久了，特别是老家具，其香味则转成微香，一般是闻不出来的。

（4）光泽

黄花黎的光泽在自然光或灯光下，由里往外，晶莹剔透，这是黄檀属其他木材所不具备的特征。

（5）烟色及灰烬的颜色

用火烧黄花黎的木屑，其烟发黑直行上天，而灰烬则为白色，燃烧时香味也较浓。

2.习惯性分类

当然，从木材学的角度来看，降香黄檀，即黄花黎只有一种，不存在分类问题。但收藏家及木材商、工匠则不这么认为，其分类方法有如下几种：

（1）黎人分类法

黎人将黄花黎一般分为如下两种：

①油格：是指产自西部、西南部之昌江、东方、白沙、乐东等地颜色较深、比重大且油性强的黄花黎心材部分。

②糠格：是指产自澄迈、临高、儋州浅色的油性稍差的黄花黎的心材部分。也有人将产于东部、东北部定安、琼海、琼山、海口的黄花黎划

生长于东北部底色金黄的黄花黎，又有糠黎、糠格之谓（标本：北京梓庆山房，2012年5月20日）

海南不同产地不同颜色的黄花黎刨花（标本：符集玉，摄影：于思群，2015年1月27日）

入糠格之列。

（2）按黄花黎心材部分的颜色分类

①浅黄泛灰白

②浅黄、黄

③金黄（桔色、密黄）

④浅褐色

⑤红褐色

⑥深褐色，近似于咖啡色

（3）按区域分类

①东部料（代表地区：琼山十字路及羊山石山地区，也称羊山料、石山料）

产于海口市石山地区。从其豹纹斑点颜色显示，金黄与深紫色交替，油性很大，比重接近于1或大于1，这是所谓"石山料"的显著特征，故以地域分别黄花黎之优劣也有很大的局限性。

②西部料（代表地区：昌江王下，也称昌江料）

长年水浸、腐朽、水下生物侵蚀留下深浅不一的圆弧形及纵向凹槽、孔洞。

目前，西部油性强的黄花黎价格略高于东部油性稍差的黄花黎，东部的黄花黎由于明清时期的过度采伐已几近绝迹。

（4）按木材沉水与否分类

①沉水

②半沉半浮

③浮于水

多数黄花黎浮于水或半沉半浮，但也有一些油黎或树根料的比重大于1而沉于水，沉于水者数量极少。

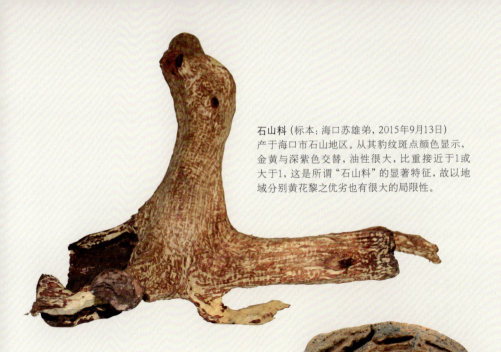

石山料 (标本: 海口苏雄弟, 2015年9月13日)
产于海口市石山地区。从其豹纹斑点颜色显示,
金黄与深紫色交替, 油性很大, 比重接近于1或
大于1, 这是所谓"石山料"的显著特征, 故以地
域分别黄花黎之优劣也有很大的局限性。

昌江沉江料(标本: 冯运天, 2015年9月19日)
长年水浸、腐朽、水下生物侵蚀留下深浅不一
的圆弧形及纵向凹槽、孔洞。

石山料(摄于2015年9月13日)　　　　深色黄花黎佛珠毛料(摄于2015年8月19日)

图左：中间黝黑者为产于西南部的黄花黎，比重大于1，入水即沉；上下紫色者为崖城料。（标本：郑永利，2013年5月29日）。

图右：临高黄花黎旧料，色，比重轻，多浮于水。（标本：符集玉，2004年3月8日）

黄花黎牛栏立柱横截面。细密的金黄色与红褐色纹理轮替，也是东部料的主要特征。标本取自海南琼山永兴镇（标本：北京梓庆山房，2000年3月2日）

五、东京黄檀与印度黄檀

心材的各种特征类似于海南黄花黎的有两种木材：东京黄檀与印度黄檀。当然，还有非洲的几种木材。我们将这两种主要的木材作一分析，以便充分认识它们的具体特征。

1.东京黄檀

所谓越南黄花梨，即东京黄檀，成批进入中国应该是上世纪90年代后期，即从1996年开始。因其颜色、纹理与海南产黄花黎十分近似，故广东的台山、新会、中山等地开始以它取代海南黄花黎而生产外销家具，主要是其材料尺寸大、出材率高且价格低廉、来源充足。当时将越南黄花梨做旧，完全仿明式或清式，也有以国外图纸或照片为样，即来样订单，出口到美国、泰国、马来西亚、新加坡及欧洲，也出口到澳门、香港或转运至台湾。

2003年后的回流文物中确实有不少越南黄花梨的家具，且以重器为主，做旧技术高超，皮壳或包浆明亮可爱。有一些收藏家及商人在许多场合及文章中反复论证明清时期黄花黎家具之原料源于越南，故宫黄花黎家具就是越南黄花梨制作。2007年1月26日《深圳商报》刊登了记者采访中国古典家具研究专家胡德生先生的文章《故宫黄花黎家具取材越南实属缪传》。胡德生先生称："现在去家具市场上买家具，看到标有'黄花黎家具'字样的产品，可千万别误以为它们就是海南黄花黎家具，基本上多数都是越南黄花梨或其他地区的黄花梨所制。现在很多卖家为了抬高越南黄花梨的身价，称故宫所藏的黄花黎家具都是越南黄花梨的。"在故宫研究了三十余年古典家具的胡德生听到这种说法非常气愤，他强调："故宫约一百五十件左右的黄花黎家具，全部都是海南黄花黎所制，没有一件是越南黄花梨的，现在外界所流传的关于故宫黄花黎家具的说法纯属缪传。"

广西大学的木材学家李桂兰、徐峰、李英健、罗建举及广西生态职业技术学院的蓝方敏，对产于海南的降香黄檀（黄花黎）与产于越南的

越南黄花梨纵切面，其心材所占原木的比重很低，故边材转换为心材的速度同样很慢。我们可以从标本上看到越南黄花梨的边材、心材、年轮及树皮的基本特征。（标本：北京梓庆山房，2001年9月8日）

越南黄花梨心材切面，其纹理浑浊不清、板面杂乱，油性差是其主要特征。（标本：北京梓庆山房，2014年4月3日）

越南黄花梨的木材构造特征进行了比较、解剖研究，结果表明两者的宏观构造在材色气味、纹理结构等方面有较大的差异。微观构造特征的差异主要表现在木射线的种类、射线细胞的形态、射线组织的类型；其余解剖特征差异则不明显。二者是"两个不同的树种，所以在市场流通上不能作同一树种看待，应把两者区分开来"[①]。

2007年越南林业部门向李英健教授提供的资料称：越南黄花梨拉丁名为*Dalbergia rimosa* Roxb.，即多裂黄檀。查阅《中国树木志》：多裂黄檀为"攀缘灌木。……产于广西凌云、十万大山，云南金平、河口、屏边、蒙自、思茅、普洱、西畴、易门、西双版纳；生于海拔1300—1700米林中、溪边。印度、越南也有分布。为紫胶虫寄主树"[②]。《中国树木志》描述的多裂黄檀为攀缘灌木，故不可能形成可以制作家具的心材，与我们看到的高大树木之实际情况不符，故多裂黄檀（*Dalbergia rimosa* Roxb.）并不是越南黄花梨之学名。

中国林业科学院木材工业研究所对"越南黄花梨"进行检测后将其归入《红木国家标准》的"香枝木类"。"香枝木"是广东人对带有香味的黄檀属（Dalbergia）木材之统称。2012年《中国木材》第3期刊登了李英健关于"越南黄花梨"的论文，认为"越南黄花梨"的中文名应为"东京黄檀"，拉丁名为"*Dalbergia tonkinensis* Prain"。上世纪初的《中国主要植物图说》、日本正宗严敬的《海南岛植物志》、1964年3月19日广东中山大学生物系于海南林科所采集的"东京黄檀"的植物标本、2000年越南河内农业出版社的《森林植物》均对"东京黄檀"有简单或详尽的描述，其产地覆盖我国的海南岛及印度支那半岛。不过，我们并未在海南野外发现野生的或人工种植的"东京黄檀"，只在越南、

---

① 李英健、李桂兰、徐峰、罗建举、蓝方敏《越南黄花梨的庐山真面目》，《中国木材》2012第3期。

② 郑万钧主编《中国树木志》第二卷第1414页。

图1 乐东县白沙河谷的黄花黎树叶（摄于2012年5月19日）
图2 乐东县白沙河谷的黄花黎树叶（摄于2012年5月19日）
图3 琼山大样村的黄花黎树叶（摄于2007年9月6日）

老挝交界的长山山脉东西两侧发现东京黄檀的分布。

海南究竟产东京黄檀吗？《中国主要植物图说》、《海南岛植物志》均认为海南产"东京黄檀"，产自老挝、越南的东京黄檀与我们所见的海南产黄花黎（降香黄檀）的心材颜色、纹理、油性相差很大。乐东佛罗镇的袁金华先生接触黄花黎已近三十年，他认为黄花黎可分为油黎与虎皮黎两种，前者淡黄花，后者白花。而按树叶的大小则可分为大、中、小三种，油黎为中叶；虎皮黎为大叶，材色黄中带紫；而小叶之材则鬼脸纹多，纹理波浪弯曲，材色红中带紫。

2012年5月19日早晨，我同杜金星、魏希望、符集玉到海南东方市港务中学考察1975年所植黄花黎。我们将其种植区块分为4块，即A、B、C、D。A区7棵，B区5棵，C区10棵，D区2棵，共24棵。我们从B区随机抽查两支树枝（分两棵不同的树），B1树叶椭圆形，小叶长4.2×3.3厘米，最长的叶长10.1×5.0厘米；B2之小叶为2.8×1.9厘米，大叶为4.9×2.9厘米。树叶的尺寸大小与黄花黎的心材特征究竟有什么关联？考察小组后到达袁先生移种（多为从新坡村等地移植的野生幼树）黄花黎的白沙河谷抽查，结果如下：

叶序	A枝 （枝长26.5cm,叶7片） 叶长×宽（cm）	B枝 （枝长16.3cm,叶9片） 叶长×宽（cm）	C枝 （枝长35.6cm,叶11片） 叶长×宽（cm）
	表20　乐东白沙河谷移种野生黄花黎树叶（大）数据		
1	10.9×7.9	13.0×6.5	12.2×9.6
2	12.1×8.7	13.1×6.8	13.1×9.2
3	13.5×7.6	13.0×6.2	15.8×9.2
4	13.9×8.1	14.1×6.6	16.1×9.1
5	15.8×9.0	13.9×6.0	16.9×8.8
6	16.4×9.0	14.1×7.4	15.5×8.6
7	15.8×9.0	14.2×7.0	16.7×8.7
8		13.9×6.5	16.5×8.1
9		13.8×6.6	16.7×8.5

叶序	中叶（枝长20.6cm,叶12片） 叶长×宽（cm）	小叶（枝长21.4cm,叶12片） 叶长×宽（cm）
	表21　乐东白沙河谷移种野生黄花黎树叶（中、小）数据	
1	3.6×3.0	4.9×3.0
2	5.1×3.1	4.9×2.9
3	6.2×3.2	5.6×2.9
4	5.7×3.0	6.0×2.9
5	6.2×3.1	6.5×2.9
6	6.3×3.0	6.7×3.0
7	6.7×3.1	6.8×2.6
8	6.5×3.0	6.0×2.7
9	6.7×3.1	6.4×2.9
10	6.4×3.0	6.2×2.6
11	6.6×2.8	6.0×3.1
12	7.3×3.5	4.7×2.9

表20与表21所列数据，差距较大，而表21之中，小叶差别并不是很大，所谓的小叶宽度略小于中叶。从树叶之大小来判别树种之不同是不完全科学的，花、果、皮尤为重要。袁先生称油黎开淡黄花，而虎皮黎开白花。我们观察大、中、小树叶叶脉及其他特征，树皮均无异样，可惜没有看到开花。黄花黎的花期为4—6月，花黄色。而我们从木材心材的特征来观察，并未发现其他不同之处，颜色、花纹不一致，这也是正常现象。

现将本人掌握的资料与李英健教授提供的资料整理如下：

(1) 中文名：东京黄檀 (也称越南黄檀)

(2) 中文俗称：越南黄花梨、越南香枝木、越黄

(3) 拉丁名：*Dalbergia tonkinensis* Prain. (1901年由英国皇家植物园园长David Prain命名)

(4) 土名：

① 老挝：Mai Dou Lai (老挝语音译。"Mai"：木材，"Dou"：黄色，"Lai"：有花纹的)。泰国北部的发音与此几乎一致。

② 越南：Hue,Sua,Sua Do

(5) 科属：豆科 (Leguminosae)

　　　　　黄檀属 (Dalbergia)

(6) 产地：

① 老挝与越南交界的长山山脉 (Giai Nui Truong Son) 东西两侧。

A.老挝一侧：

a.甘蒙省 (Khammouan)：重点林区为Ban Talak及Nam Chala

b.沙湾拿吉 (Savannakhet)：重点林区为大马ViLabouli及Sepone

c.沙拉湾 (Saravan)

d.塞公 (Sekhong)：重点林区在塞加曼河中上游之东北林区

B.越南一侧：

a.河静省 (Ha Tinh)

越南黄花梨（学名：东京黄檀 *D. tonkinensis*）（资料及摄影：广西大学李英健教授，2007年1月29日）主干弯曲向上、分权较低。这一特征与海南产黄花黎没有分别。

越南黄花梨树叶与花忟（资料及摄影：广西大学李英健，2008年7月6日）

b.广平（Quang Binh）

c.广治（Quang Tri）

d.承天（Thua Thien）

e.广南（Quang Nam）

②泰国：泰国东北部乌隆（乌隆他尼Udon Thani）地区历史上也有生长。

（7）生态特征：据泰国林业调查工程师拉松汶（Laxavong）及老挝甘蒙省的林务官英攀（Inpan）介绍，"越南黄花梨"一般生长在长山山脉海拔400—800米的悬崖峭壁上，低于海拔400米的地区很少有天然林分布。每年1—4月落叶，5—12月发芽长叶，开花则在10—11月上旬，花分黄、红两种(如花色不一致，则应为两个不同树种)。据称，开黄花的树，木材颜色偏浅黄；而开红花的树，木材则为红褐色。伴生树种主要有：Kaja、Moun（条纹乌木）、Padong、Kamphi（黑酸枝）、Kayong（红酸枝）、Taka（黄菠萝）等。

（8）采伐与运输：

①采伐：我在甘蒙所看到的伐木工人几乎全部来自越南。越南人熟悉长山山脉环境，勤劳且有丰富的探雷、避雷与排雷经验，识别树木与择伐树木的水平明显高于老挝本地人。采伐工具仅有安全绳索、斧头、砍刀、短柄手锯或油锯。

②运输及运输途径：

A．林区：伐木制材后，一般从陡坡顶方开挖浅泥土直槽沟，原木顺槽从高往山下滑落，然后用人力集材于一处，检尺后再用卡车往外运。

B．出口：老挝为内陆山地国，没有出海口、海路，主要通过泰国及越南。

a．泰国：老挝主要通过靠近泰国之他曲（Thakhet）、沙湾拿吉市（Savannakhet）、巴色（Pakse）集中或加工成规格材后用船渡过湄公河，再陆路运输至曼谷。

b．柬埔寨：柬埔寨通过其东北部与老挝交界之处，将木材运至金边或靠近越南边境再出售给越南人或中国人。

c．越南：老挝通过租借越南义安（Nghe An）之荣市（Vinh）作为其出海口；广西东兴、防城之"越南黄花梨"多源于荣市，极少部分来自陆地。

d．中国：除了广西的东兴、防城外，云南的西双版纳与老挝接壤，大量的老挝产木材（如上等的酸枝木、花梨木及树根、柏木、柚木人工林，也有少量"越南黄花梨"）通过其西北部的公路运往云南西双版纳的磨憨口岸进入中国。

（9）木材特征：

①边材：浅黄色，厚约2—5厘米。

②心材：心边材区别明显，心材浅黄、黄及红褐至深褐色，夹带深色条纹或常有紫药水颜色夹杂。色深者易与降香黄檀混淆。

③气味：酸香味较浓，心材色浅者味淡。

图左：越南黄花梨原木，从切面有明显的紫色纹理，比较混浊。(2012年5月14日摄于老挝甘蒙省)
图右：越南黄花梨瘿纹（2012年6月2日摄于海口）

④纹理：交错，有时模糊不清、宽窄不一，似墨水渗透不均所留下的痕迹。

⑤密度：0.70—0.95克/立方厘米。据英攀介绍，心材红色者采伐一年后，一立方米木材重约1000—1100公斤；黄者约700—800公斤。

据李英健教授的调查，在越南可以看到的"越南黄花梨"活立木也极少，只有在植物园、公园或寺庙周围可以看到，野外林区几乎荡然无存。大小原木、板材及房料、旧家具料都于近几年运往中国高价销售，越南也早已禁止采伐、运输与出口。我们今天所能看到的所谓"越南黄花梨"大多源于长山山脉西侧之老挝，不过是从越南转口而已。

表22　2005年上半年有关木材价格表

名　称	规　格	价格（万元）	备　注
海南黄花黎	不规格的较好的板材	50—100/MT	旧房料或旧家具料
越南黄花梨	板、方料	1.5—6/MT	
缅甸花梨木	方材	0.8/M^3	
非洲花梨木	方材	0.35/M^3	
花榈木	原木	0.20/M^3	

图左：越南黄花梨果荚（摄影：李英健，2012年5月15日）
图右：越南黄花梨树叶及果荚（2014年12月22日摄于云南磨罕）

当然，自2007年后，前两种木材的价格又涨了数倍。2012年，上等的海南黄花黎每500克约2万元人民币，越南黄花梨每500克约2000—3000元人民币。我们从这一价格表便可看出将"越南黄花梨"等同于海南黄花黎的真实缘由了。

我并不偏好任何一种木材。任何一种木材均有自己的天性而非人为安排或规定。紫檀有其合适的地位与空间，黄花黎或楠木、黄杨木也有自己的去向与选择。产于海南岛的黄花黎底色干净、纯一，纹理清晰活泼，很符合文人浪漫飘逸之天性。而产于越南、老挝的"越南黄花梨"刚好板面浑浊、纹理较乱、色杂斑驳，给人不洁净之感，很难表达文人的理想与情操。明清时期能够留下来的优秀家具，其用材的共同要求即：干净、纹理清晰、色雅、手感润滑、比重合适。达不到这一要求的几乎很难达到文人雅士赏玩的境界。

2.印度黄檀

2006年1月，我从尼泊尔的加德满都去释迦牟尼出生地兰毗尼（Lumbini）的途中造访印度教的三大神庙之一的Manakamana，神庙位于海拔2800米云遮雾绕的山顶。在选择纪念品时，一把酷似黄花黎的

图1 印度黄檀（*D. sisso*）树干（2007年2月11日摄于尼泊尔加德满都）
图2 印度黄檀树叶（2007年2月11日摄于尼泊尔中部林区）
图3 印度黄檀果荚（2007年2月8日摄于尼泊尔中部林区）

木勺吸引了我,我毫不犹豫地买下作为标本。我请教尼泊尔人,她告诉我这种木材叫"Sisso",即印度黄檀。第二天回来的沿途河谷、路边均有大量的高高的Sisso树。到了印度,新德里至泰姬陵沿路也有大量人工种植的Sisso树。回到约建于19世纪末英国殖民地时期的古老酒店,见其地板、床、桌子、门窗与衣柜几乎全为Sisso制成。木材的纹理、颜色与海南黄花黎局部极为相似,适中的辛香味沁人心脾。

　　Sisso的相关资料:

　　(1) 中文名:印度黄檀

　　(2) 拉丁文:*Dalbergia sisso* Roxb.

　　(3) 英文或土称:Sisso Tree, Shisham（印度）

印度黄檀弦切材，纹理规矩但略偏模糊，油性较差。（2007年2月3日摄于尼泊尔加德满都）

印度黄檀树皮边材及心材（2007年2月4日摄于尼泊尔加德满都）

深圳植物园人工种植的印度黄檀，树皮浸透了外溢的已呈黑色的芳香物（摄于2008年1月18日）

Sisau（尼泊尔）

Indian Rosewood Tree

（4）产地：原产喜马拉雅山南麓，尼泊尔、印度北部、巴基斯坦北部及阿富汗南部，在干旱少雨的地区均可生长。南亚、东南亚及中国广州、海南尖峰岭、那大、浙江平阳、福建厦门均有引种。

（5）木材特征：

①颜色：黄褐色或黄色

②香味：浓香

③纹理：纹理交错，带深咖啡色条纹。鬼脸纹较少，纹理比较松散、单一，木材的弦切面常常为大块黄而无让人喜爱、惊讶的纹理或图案。

④比重：0.8—1.0克/立方厘米

（6）用途：在印度、尼泊尔广泛用于家具、雕刻、内檐装饰及农用车车轮，也做薪炭林使用。叶子可作饲料，根可药用。据称也作为降香的替代品使用，木屑为制作燃香的好原料。

我国的木材学著作中较早记录印度黄檀的，应属1936年出版的唐

① 唐燿著，胡先骕校《中国木材学》第143页。

燿先生的《中国木材学》第二篇"印度材"。印度生长6种黄檀属的木材，其中以印度黄檀为最有价值之木材，可用于需力学性及弹性之各种用途。阔叶黄檀 (*D. latifolia* Roxb.)、刀状黄檀 (*D. culturata* Grah.)、奥氏黄檀 (*D. oliver* Gamble) 为装饰用材。其他两种应用甚少。印度黄檀边材白色至浅褐白色；心材金褐色至深褐色，具褐色条纹，露大气中后，其色变暗；无显著之气味；质略重至重；纹理交错，结构略粗，弦面成叠生 (Tiers)，肉眼得见之，每吋在百五十以上；切腺状之木薄膜组织不甚显著，多少带曲形。

林学家陈嵘所述印度黄檀为"落叶大乔木；树皮灰色，心材褐色有暗纹"，"原产印度，我国移栽始于1929年，前国立中山大学德籍教授芬次尔 (*D. Fenzel*) 自印度输入种子，在广州试种，拟作热带荒山造林之先锋树种"[①]。

所谓的"越南黄花梨"抑或"印度黄檀"之颜色、纹理、味道与原产于海南岛的"降香黄檀"即黄花黎十分近似，均为黄花黎之替代品，目前在市场上早已流行。

---

① 陈嵘《中国树木分类学》第537页。

黄花黎根艺（收藏：方培毅，摄影：魏希望）
如石质般坚硬、光亮，空穴透漏，筋骨独立。

第五章

黄花黎的利用

第一节　药用或精神慰藉

一、药用

（一）历史典籍中的记载

1.唐陈藏器《本草拾遗》

"味辛，温，无毒。主破血血块，冷嗽，并煮汁及热服"。

2.《海药本草》

"主产后恶露冲心，癥瘕结气，赤白漏下，并剉煎服之"。

东方大广坝黄花黎根部心材，一般用于替代降香以药用。（标本：肖奕亮，2015年9月19日）

（二）现代本草之记载

1.《实用中草药彩色图集》

（1）药材性状："本品为近圆柱形、常扭曲的长条，或为不规则的片块，长短大小极不一致，表面紫红色或红褐色，略有光泽，有刀削痕及纵长线纹。质细致而坚重，能沉于水，难折断。劈裂后裂面粗糙不平，显油质。火烧时冒黑烟，香气浓，烧后残留白色灰烬。气香，味微苦。以质坚结而硬、无枯木、紫棕色、烧之气香浓者为佳。"

（2）性味和功用："辛，温。归肝、脾经。行气化淤，止血止痛，辟秽。用于风湿性腰腿痛，心胃气痛，吐血，咯血，金疮出血，跌打损伤。常用量3—10克。"[①]

2.《中药志》

"味辛，性温。有行气活血、止痛、止血的功能。用于脘腹疼痛、肝郁胁痛、胸痹刺痛、跌打损伤、外伤出血等。"

3.《森林药物资源学》

书中对其形态、分布生境、采收加工、药材性状做了记述，与其他著作基本一致，在此不做转录，仅将化学成分、药理作用、开发利用三部分摘录如下：

（1）化学成分

①降香黄檀心材含挥发油。油中约12种成分，已鉴定的有β-没药烯（β- bisabolene）、反式-β-金合欢烯[（E）-β-farnesene]、反式一苦橙油醇[（E）-nerolidol]等。

②降香黄檀心材的油中，含21%的饱和酸，其中花生酸（arachidicacid）含量很高，为19.4%。除此之外，含去甲基黄檀素（nordalbergin）、异黄檀素（isodalbergin）等。树皮和心材含黄檀素（dalbergin）、o一甲基黄檀素（o-methyldalbergin）、黄檀酮

---

① 罗献瑞主编《实用中草药彩色图集》第一册第244页，广东科技出版社，1992年。

(dalbergenone) 和黄檀色烯 (dalberichromene)。

(2) 药理作用

①黄檀素能显著增加离体兔心冠脉流量，减慢心率，轻度增加心跳振幅，不引起心律不齐。

②降香黄檀的各种提取物（水、醇及醚）对大鼠甲醛性"关节炎"，有不同程度的抗炎作用。

(3) 开发利用

此类资源以降真香之名开发入药，始载于《海药本草》，释名紫藤香。后在《证类本草》和《本草纲目》均有收载，为较常用的理气药。其性温，味辛；有行气止痛、散淤止血等功效；用于心胸闷痛、脘胁刺痛、秽浊内阻、呕吐腹痛、心胃气痛、外伤出血等[1]。至于降香黄檀有降低血压的奇效（故有人称之为"降压木"），在各种医学著作中均未记录，估计是人为神秘化的传说。

二、精神慰藉

1.沟通神灵

李时珍《本草纲目》"降真香"条称："拌和诸香，烧烟直上，感引鹤降。醮星辰，烧此香为第一，度箓功力极验"，"烧之，辟天行时气，宅舍怪异。小儿带之，辟邪恶气"。熟黎遇病或不顺，或祭鬼神时常用黄花黎片、屑、根来燃烧，黑烟蜿蜒曲折向上，将希望、避祸之言诉与神灵或祖先，弯曲通天的黑烟就是与神灵沟通的渠道、桥梁，似乎心灵安定、神情专一。小孩惊吓、失魂落魄也会向神灵倾诉、求助，黄花黎的通神功能是必不可少的。

有时老百姓也将黄花黎视为灵丹妙药，如头痛、痒、腹痛或其他不舒适均用黄花黎熬水吞服，遇创伤，则研碎外敷。故海南有不少家具，

---

① 罗天诰主编《森林药物资源学》第340页。

黄花黎花几，边框残缺部分有明显的刀劈痕，熟黎在生病时往往将黄花黎碎片煮水吞服医治疾病。(收藏：北京梓庆山房，2012年9月17日)

琼山十字路地区黄花黎民居建筑立柱、构件(标本：符集玉，2013年5月30日)

如茶几、香几、椅凳有多处缺口，就是遇病痛应急，刀砍斧削所致。

2.镇宅辟邪

在海南，关于用黄花黎盖房子有三种截然不同的看法：

第一，海南岛用黄花黎盖房子的比例较小，一般不用。据称，用黄花黎盖房子家里不添男丁，香火永续几乎不可能。黎医名家符进京先生肯定地表示，黎族不用黄花黎盖房、制作家具，因为黄花黎易招鬼、致灾。黎族的农具多用黄花黎，大广坝、江边、峨贤岭之黄花黎色深质重，坚硬如铁，可代替生铁为犁。即便如此，黄花黎农具也不能安放于屋内。

第二，盖房子用黄花黎起镇宅辟邪的作用。黄花黎的燃烧可以使人与神沟通，自然黄花黎也为神木。福建、广东、广西及内地移民，或熟

黄花黎大佛龛（收藏：黄小飞，摄影：杜金星，2012年5月20日）

黎，或半生半熟黎，均视黄花黎为神木、祥瑞之木。

第三，黄花黎在海南到处都有，且得来容易，其油性大、防潮、防虫蛀，极受穷人的喜爱，故用于盖房以求一劳永逸。明清或民国时期海南岛各地盖房用材习惯也不一样，北部如海口喜用波萝蜜树，东部用黑盐木，东南部及南部之陵水、三亚喜用青梅木、坡垒。当时波萝蜜需求量大，价格也较其他木材为高。我们现在在海口的解放路、琼山十字路、羊山地区均可以看到许多旧房子或新房子均用杏黄吉祥的波萝蜜木建造，上百年不变形，也不开裂或腐朽。

丘濬（1421—1495年）故居，位于海口市府城镇金花村，其先祖始建于元末明初，原建筑大部分被毁，但其主体建筑如前堂、可继堂仍完整保存下来，为明代海南官式建筑的标本，所用木材多用产于越南的格木。

3.其他

正因为黄花黎在物理方面的功能或精神慰藉之妙用，故海南家族祠堂、寺庙及其他场所的神灵牌位、神龛佛像、妈祖像、神像均采用黄花黎来雕刻，连棺材也多用黄花黎大料对开而为。

第二节　器用

一、海南

（一）关于海南器用的历史

有人追问海南黄花黎作为器用始于何时？

"移来女乐部头边，新赐花檀木五弦"。这是唐代大诗人王建的诗句。有学者将"花檀"定义为"以花梨木或紫檀木所做的拍板"，正如"沉檀"、"麝檀"为两种不同的香一样，这种解释并非没有根据。

陈藏器，唐开元年间四明（今宁波）人，所著《本草拾遗》称榈木"出安南及南海，用作床几，似紫檀而色赤。为枕令人头痛，为热故也"。《海药本草》："按《广志》云：生安南及南海山谷。胡人用为床坐，性坚好……"

唐人段公路撰《北户录》谈及海南岛之"五色藤"谓："昔梁刘孝义《谢太子五色藤筌蹄一枚》云：'炎州采藤丽穷绮，缛得非筌台与筌蹄。'语讹敕，按侯景篡位，着白妙帽而尚青袍，或牙梳插髻，床上当设胡藤。"梁朝起止于502—557年，"床上当设胡藤"之"床"应该是可以起卧休息之床。

《太平广记》有一段关于琼山郡守韦公干在唐德宗时期（780—805年）采伐珍贵木材用数百人制作舟船、家具及其他贵重器具的记录：

"崖州东南四十里至琼山郡，太守统兵五百人，兼儋崖振万安五郡招讨使，凡五郡租赋，一供于招讨使。四郡之隶于琼，琼隶广海中，五州岁赋，廉使不得有一缗，悉以给琼。军用军食，仍仰给于海北诸郡。每广州易帅，仍赐钱五十万以犒鋚。琼守虽海渚，岁得金钱，南边经略史不能

海南制黄花黎供桌、供案、扶手椅 (收藏: 符集玉, 摄影: 杜金星, 2013年5月8日)

海南制黄花黎凉床（收藏：符集玉，2015年9月19日）
凉床的形制多种多样，所用材料有木，有竹。此种制式应为凉床之最简洁、开
放、通透与自由的一种。由五片窄长条平行、等距离组合为床板，枕头呈半椭
圆腰形，可随时拔下来，灵活、舒适而有趣。凉床通长170厘米，床座高53.6
厘米，宽66厘米，可容一人从容翻滚、腾挪。

及。郡守韦公干者，贪而且酷，掠良家子为臧获，如驱犬豕。有女奴四百人，执业者太半，有织花缣文纱者，有伸角为器者，有镕锻金银者，有攻珍木为什具者。其家如市，日考月课，唯恐不程。公干前为爱州刺史，境有马援铜柱，公干推镕，货与贾胡。土人不知伏波所铸，且谓神物，哭曰：'使君果坏是，吾属为海神所杀矣。'公干不听，百姓奔诉于都护韩约。约遗书责辱之，乃止。既牧琼，多乌文哕㿗，皆奇木也。公干驱木工泝海探伐，至有不中程以斤自刃者。前一岁，公干以韩约壻受代，命二大舟，一实乌文器杂以银，一实哕㿗器杂以金，浮海东去，且令健卒护行。将抵广，木既坚密，金且重，未数百里，二舟俱覆，不知几万万也。书曰：'货勃而入，亦勃而出，公干不道，残人以得货，竭夷獠之膏血以自厚，徒秽其名，曾不得少有其利，阴祸阴匿，苟脱人诛，将鬼得诛也。'"[①]

这段文字将韦公干贪婪之相十分逼真地呈现出来，其家几乎是一个浓缩的造办处。"有织花缣文纱者，有伸角为器者，有镕锻金银者，有攻珍木为什具者。其家如市，日考月课，唯恐不程"。所谓乌文、哕㿗应为两种珍贵木材，乌文应为乌木，而哕㿗为何种木材，经请教研究佛教及古器物、林业史的专家均未有答。元人吴莱《渊颖集·夜听李仲宏说广州石门贪泉》一诗有"乌文暎哕㿗，器物穷雕锼"之句。

从以上文字看，可见唐代用黄花黎（"榈木"、"花梨"）或乌文、哕㿗制作家具及器物并非虚构。参考其他文献，黄花黎用于家具的制作应始于唐朝，而其他器物采用黄花黎则有可能更早。这里的文献记载对于中国硬木家具起源之研究也有很大的帮助。

（二）海南历史上对黄花黎的利用

1. 土贡

（1）明万历年编《工部厂库须知》卷九记载：广东岁贡"花梨"

---

① 李昉《太平广记》卷二百六十九"韦公干"，第2113页，中华书局，1961年。

十段。

（2）明总督杨廷璋、巡抚王检《奏黎山善后事宜》："贡木贡香宜酌定章程也。琼郡每年侧办进贡花梨、沉香。向来各州县承办花梨木，系专差领票，赴黎购买，令黎头送出交官，按详定价值发给。"①

（3）《康熙昌化县志》

卷二《都图·赋役志》

"会议紫榆、花梨脚费银一两五钱一分"。②

卷三《物产志》

"花梨木，在昌径大者甚少"。

"万历三十三年奉文采金，随于次年封筑。嗟乎！斗大贫邑负此膻声，以致张凤等数百亡命结聚二十馀年。稽《儋志》：在唐贡金及糖及香，宋贡高良姜及元丰银。呜呼！是其作俑者与？今遗祸，犹岁取花梨、沉香、竹木、翠毛、鱼油、翎鳔、滴珠、杂皮、翎毛、鱼胶等，则额载全书起运折色物料之例。岱受事之初，即奉檄严催梨、香二供，即明知非土产，只得遍觅之邻封黎峒深处，重价始办，不诚难乎？其为岁输哉"？③

（4）《民国儋县志》

清朝土贡："榆梨木二十一斤二两；花梨木一十五斤十四两；锡斛四百六十七斤四两四钱八分三厘；白蜡六十一斤一十五两三钱；沉香。以上五项共价银七十九两六钱零四厘。"④

黄花黎家具在明末清初或更早确实有不少，但关于其来源的资料甚少。雍正造办处从雍正元年至十二年的档案所涉及库存、新进、实用或下存的木材主要有：紫檀、豆瓣楠木、花楠木、楠木板、楠木、高丽

---

① 清萧应植修，陈景埙纂《乾隆琼州府志·海黎志·条议·明》第863页，海南出版社，2006年。

② 清方岱修，璩之璨校证《康熙昌化县志》第37页，海南出版社，2004年。

③ 清方岱修，璩之璨校证《康熙昌化县志》第48、49页。

④ 彭元藻、曾有文修，王国宪总纂《民国儋县志》第333页。

马蹄香（收藏与摄影：魏希望，2014年7月24日）
马蹄香，沉香的一种。状如马蹄，或呈"丁"字形的香即马蹄香，生于地面根节相交处，或根节"丁"字形交汇受伤处。

木、黄杨木、鹨鹅木、栗子木、樟木板、广东木、乌拉松木、白果木、花榆木、白草木、牛筋木、凤眼木、蛇木、杏木根、樱木根、桦木根、樱木、棕木、橄榄木、梨木、万年青、色木根、桦木、山檀根、云秋木、乌木、柏木、杉木、椴木、松木、柳木、杏木、老鹳眼木、红豆木、白蜡木、樱桃木、棉木等，唯独不见"花梨"二字。而到了雍正十三年才可看到新进"花梨木"3820斤，实用785斤7两9钱，下存3034斤8两1钱的记录。到了乾隆时期，有关花梨木的记录才多了起来，如元年旧存3034斤8两，新进6314斤，实用1415斤10两6钱，下存7932斤13两5钱[①]。

　　2.建筑

　　海南民居所用木材一般多为格木、波萝蜜、波萝格、胭脂木、坤甸木（海南土称"黑盐木"）、坡垒。文昌、万宁等地近二百年来也有用进口的印度紫檀，即草花梨建造房舍的，还有一少部分用当地所产之黄花黎，前面章节已有所述。

―――――――――――

① 中国第一历史档案馆、香港中文大学文物馆合编《清宫内务府造办处档案总汇（6）》第817页，人民出版社，2005年。

图左:**黄花黎水桶**(收藏:王凤和,摄影:杜金星,
2007年12月10日)

图下:**纺织用具:纺槌**(收藏:王凤和,摄影:杜金
星,2007年12月10日)

3.精神慰藉或宗教习惯

4.农具及生活用具

犁、耙、牛轭、牛车、水桶、水瓢、碗、臼、舂棒……

5.纺织

如织布机、织布机之各个部件、纺车。

6.乐器

二胡、琵琶。

7.武器

枪托、刀柄……

8.其他工艺品或雕刻品

9.家具

黄花黎被应用于家具所有的门类,我们能想得到的用黄花黎制作的
家具在海南岛基本上都能找到。现将北京及海南两位黄花黎收藏家的
部分藏品目录记述如下,便可清楚黄花黎在海南的地位与作用:

(1)北京收藏家王凤和藏海南制黄花黎家具清单(部分):沙发、
茶几、独木鼓(白沙、乐东)、鼓槌(白沙、乐东)、斧头柄、弹棉花工具、
织布刀及织布工具、玉米脱粒器、纺锤、织大席工具、阳具、神龛、太师

清黄花黎带底座（新添）小方角柜（摄影：魏希望，2012年12月18日）

黄花黎脉枕（收藏：符集玉，摄影：杜金星，2012年12月16日）
中医号脉用，也有人认为是睡枕。

清黄花黎双人椅（摄影：杜金星，2012年3月31日）
应为上世纪七十年代出口到国外的回流文物，多由广东台山，河北
遵化、涞水等地制作。

清黄花黎南官帽椅成对（摄影：魏希望，2010年9月15日）
此种造型与工艺的南官椅，在海南当地的黄花黎家具中应为上乘，座面多
独板或双拼，一木一器。

椅、供桌、五供（神像）、大供台、长提刀刀柄、剑柄、秤杆、乐器（唢呐、古琴、笛子、箫）、皮带、睡枕、毛笔杆、锯框、曲尺、八仙（汉钟离、张果老、韩湘子、铁拐李、曹国舅、吕洞宾、蓝采和、何仙姑）、烟斗、花瓶、烟缸、木勺、镇纸、笔洗、碗、围棋盒、棋盘、棋子、鸟笼、佛珠、门头、建筑构件、枪托共47件。

（2）海南收藏家符集玉藏海南制黄花黎家具清单（部分）：乒乓球拍（200×200×柄长80毫米×厚26毫米，重500克）、神柱（长570×56毫米/80毫米[端面]）、木锤（长335毫米，用于击打坚果）、笔筒（口径140毫米×高195毫米）、犁头、木钻、墨线盒、木刨（3种：a.长156×宽60×厚48；b.370×70×40；c.600×65×44毫米）、木鱼（寺庙和尚用）、茶杯（4只，三亚羊栏镇伊斯兰教徒用，有"朝圣"二字）、香盒（深黑色，装沉香用）、赌具、睡枕（共14个，各种造型及图案均有，其中有"福"、"寿"各一个，尺寸分别为：长180×宽120×高78毫米["福"]，230×120×120["寿"]，230×86×80[原木顺势挖制，中间有一空洞]，208×95×68，226×246×60，214×78×52，192×88×78，190×135×78，218×86×82，248×108×76，230×78×63[有明显刀痕]，180×98×63，[另有两个未能记录尺寸]）、裹脚凳（凳面265×265×通高736毫米，女人裹脚用）、香炉（一根木整挖）、臼、舂棒、饭铲（1对）、织布刀（4把）、织布工具（打纬刀）、拜匣（"鸾凤和鸣"四字，一木整挖，有扣锁，310×140×66毫米）、小木盒（365×150×108毫米）、木锤（打或榨甘蔗汁）、木锤（646把，锤长146或106毫米）、捕蛙器（抓青蛙的工具，用绳子背在身上）、小凳子（204×130×106毫米，燕尾榫）、牛铃（挂在牛脖子上，牛在远处走动，放牛娃可知牛的方位）、牛轭、福寿字匾（2块）、童椅童车（两用：立起为椅，放下为车，立起来后脚踏为一围栏式结构，底板透格，从香港回购）、罗汉床、方桌、仿竹节纹炕几（676×440×27毫米）、折叠椅、躺椅、米柜、衣柜、衣箱或书箱、小书桌（628×980×790毫米）、斧柄（通长1130毫米。a.砍树；b.或用此长斧剥皮、边材，再用锛

坎削)、脸盆架(高490×直径460毫米)、织布刀(1160×106毫米)、木
耙(晒谷用,柄长54[残]×耙420毫米,实际通长应为1200毫米左右)、
犁、抬公轿(1360×420×通高580毫米,用此抬着神像[本村所供奉的]
在村子里游走而受人礼拜,如东边村是正月十五用神像,西边村则只
能在正月十六。每个村所信奉的神或佛都不一样,不可随意改变)、菜
墩(210×70毫米直径,细小鬼脸散布于圆弧圈上)、标木(510×100
毫米)、香炉(90×76×210毫米,置于供桌上,顶上有三孔,用于插
香,多见于农村地区)、手杖(870×30×30毫米)、男性生殖器状、牛
铃(240×80×135毫米,整挖,上有2个大孔,用绳子固定在牛脖子上,
中间有两个小孔用于内置小木锤。)、杵(1050×88毫米)、大锤(锤
95×40毫米,柄812×30毫米直径。脱谷用,常见于白沙、东方,锤上有
太阳、星星、月亮图案)、大铲(柄700×铲230/260×400毫米,奇特的
是大铲背后有一与其同图案且按比例缩小的铲图案,颜色深浅对比明
显)、犁把(通长1140毫米)、木窗(1对,655×505×厚100,阴刻,后
加苏轼、郑板桥诗,窗子分里外两层后可以随时取下来即可以透风,安
上则可挡风,灵活自如)、妈祖像(外涂彩漆,高约350毫米)、条案、半
桌共58件套。

应为上世纪70年代出口到国外的回流文物,多为广东台山,河北遵
化、涞水等地制作。

据郑永利先生介绍,在海南岛以前只有穷人才使用黄花黎,黄花黎
并不是最被当地黎人或苗人所看重的。海南的名人故居、有地位或声望
的人及海口市的古旧民居一般没有采用黄花黎作为建筑用材,也不见用
黄花黎做家具。我们所看到的用黄花黎盖房子或做家具,几乎全部在农
村地区或更偏远的山区。在远离黄花黎故乡的苏州、北京及山西,黄花
黎被宫廷、文人奉为瑰宝,与紫檀并列而受到珍视、欣赏与把玩。上面
两个藏品目录所列品名中有用黄花黎做的菜墩、锤柄、木铲及舂棒,可
以看出其在海南岛本地并未被视为珍稀贵重木材,而是就地取材的结

明黄花黎南官帽椅（收藏及摄影：著名画家、西方艺术史专家钟鸣先生，2010年3月10日，上海）。
全部为黄花黎一木所为，黄花黎纹理直顺清晰、颜色一致、造型雅致内秀，是典型的文人家具。

黄花黎攒接十字栏杆架成对 (收藏：李明辉，设计：刘积琛，制作：北京闳甫斋，2007年11月5日)
此架格复制于王世襄《明式家具研究》丁6，架格整体用材颜色、纹理一致，结构严谨，环环入扣。栏杆所攒十字和空心，十字相间相连，虚虚实实，疏朗通透。全身打洼，见棱见角，坚柔得体。最下一层足间的牙头、牙条采用饱满、素朴无纹的壶门弧线装饰，可谓机趣无穷，坚实、空灵、简约、华丽。

果。这一点也可以印证郑永利先生所言之真实。

二、中国大陆地区历史上对黄花黎的利用

　　榉木遍生于江浙一带,我们所能看到的榉木家具其造型、榫卯、工艺,几乎与黄花黎是一致的,学术界肯定榉木家具的诞生早于黄花黎家具,榉木家具是黄花黎家具的老师或前辈。黄花黎用于家具制作,究竟起于何时,我们已做过推测。起源于明末的结论确实有点过于保守,我们从一些历史文献的记载中可以清晰地理出蛛丝马迹。但遗憾的是,早于明朝的黄花黎家具实物几乎一件也没有,从地下出土的陪葬品中也还没有发现黄花黎家具。在现存的明朝或清朝的黄花黎器物及各种文献记载中,北京、山西、河北、苏州、扬州或广州地区,黄花黎主要用于家具的制作,还没有发现用于建筑、农具或其他方面的。这是与海南岛明显不同的一个特征。

　　朱家溍先生编纂的《明清家具》中用黄花黎制作床榻(未见用其制作宝座,宝座多由紫檀制作)、坐具、桌案几、橱柜格箱及屏风、镜台外,还有一件令人惊讶的"黄花梨镂雕捕鱼图树围"(高94.4厘米,长109厘米,宽62.5厘米),树围"四面镂空,每面分三层打槽装板,上层透雕《捕鱼图》,刻画渔夫摇橹、撒网的生动情景;下层为蔓花或透棂。两腿间有云头形壶门式牙板,方腿直足。树围,又称护树围子,为庭院中护花木之用。此树围雕刻精美,为传世孤品"①。我们从园林中可以看到有用杉木、松木或石头作树围子的,用如此昂贵珍稀的黄花黎制作成树围子可能历史上也仅此一例。黄花黎还是多用于家具及其他传世艺术品的制作,极少用于一般的生活日用品制作。雍正年间所用"花梨"制作家具及其他器物的情况可以印证这一点。

① 朱家溍主编《明清家具(上)》第254页,上海科学技术出版社、商务印书馆(香港),2002年。

表23 雍正时期花梨木器物一览表①

日　期	器物名称与种类	数　量	备　注
一、雍正元年			
1.二月二十日	包镂银饰件花梨木边楠木心桌	3张	怡亲王呈进
	包镂银饰件花梨木折叠桌	7张	怡亲王呈进
2.三月二十三日	包赤金角花梨木膳桌	6张	怡亲王谕
3.四月初六日	花梨木帘板	7副	怡亲王谕
4.六月初五日	花梨木夔龙边匾	1面	
5.七月十五日	花梨木桌	1张	做素净些
6.八月初二日	官窑缸花梨木座	1件	
7.八月十一日	花梨木六方灯	1对	
8.九月初五日	花梨木边玻璃插屏	1座	怡亲王交来，谕收拾出来备用
二、雍正二年			
9.四月十二日	豆瓣楠木心花梨木矮桌	1张	
10.十一月初五日	花梨木竖柜	1对	传旨：着粘补收拾好赏怡亲王
	花梨木顶柜	1对	
三、雍正三年			
11.七月十六日	藤屉抽长花梨木床	2张	
12.八月初八日	五个抽屉花梨木书格	1架	
	六个抽屉花梨木书格	4架	
	七个抽屉花梨木书格	1架	
	八个抽屉花梨木书格	1架	
13.八月初九日	官窑缸座	1件	用榆木做，打花梨木色
14.八月初十日	花梨木糊合牌屉黄菱匣	3对	
15.八月二十五日	花梨木百寿饭桌	18张	
16.八月二十八日	花梨木边玻璃插屏	1座	
17.九月初五日	官窑缸花梨木架	1件	
18.九月二十二日	花梨木包镶樟木高丽木宝座托床	1张	
19.十一月二十二日	花梨木床夔龙栏杆上做铜掐铜挺紫檀木痰盂托	2件	

246

① 周默《雍正京县十三年》下册，第690—694页，故宫出版社，2013年。

四、雍正四年			
20.二月二十七日	一封书花梨木桌	1张	
21.三月二十二日	包镶花梨木床		未说明内胎用什么木材
22.六月初三日	紫檀木边框、花梨木宝座	1张	
23.十月二十四日	花梨木架洋金边玻璃插屏	1件	插屏及洋漆及书格桌子均赏怡亲王
24.十二月十八日	花梨木都承盘	1件	
五、雍正五年			
25.正月十五日	花梨木图塞尔根桌	1张	
26.正月二十三日	花梨木座	6个	怡亲王谕做禹贡九鼎九件，恭敬雍正
27.七月初二日	瓷瓶配花梨木座	6件	
28.七月初八日	花梨木包镶边框吊屏窗	1扇	
29.七月十二日	花梨木一封书式木床	1张	
30.七月二十一日	镶银母花梨木边插屏式钟	1件	怡亲王代领十月十九日做得玻璃面内衬花篮花卉镶嵌银母紫檀木一张
	花梨木桌	1张	
31.八月初八日	镶黄蜡石面花梨木香几	1件	怡亲王代领郎中海望呈进讫
32.八月十三日	花梨木桌	4张	
33.八月十五日	楠木圆盘花梨木把痰盂托	1件	
34.八月二十九日	花梨木格案香几	2件	
35.九月十八日	夔龙牙花梨木案几	1张	
36.十月初六日	花梨木边黄柏木心煤炸字背面油珠油"洞明堂"匾	1面	
37.十一月十六日	花梨木佛龛	3座	
六、雍正六年			
38.正月十三日	花梨木紫檀木镶嵌供桌		
39.正月十三日	黑漆退光面镶嵌银母西番花边花梨木桌	1张	
	红漆面镶嵌银母西番花边花梨木桌	1张	
40.五月十四日	花梨木硬楞桌		
41.五月十八日	挑丝竹花梨木圈楠木底紫檀木雕夔龙牙子白喜鹤笼	1件	

续表

42.五月二十五日	汝窑缸花梨木夔龙式盖	1件	
	汝窑小缸花梨木架	1件	
43.五月二十七日	花梨木边中心糊锦栏杆围屏	11扇	
	青布棉套花梨木梃有璎珞羊角灯	1对	
44.五月二十九日	汝窑缸花梨木夔龙式架盖	1件	
	花梨木边铜心表盘	1件	
七、雍正七年			
45.二月十六日	花梨木盘紫檀木珠算盘	1件	
46.三月三十日	花梨木折叠盖匣	1件	
47.闰七月初四	花梨木黄铜滑车	4个	
48.十月二十九日	花梨木竖柜	3对	附有"尺寸贴"
49、十一月二十六日	花梨木佛龛	1座	着配赏大学士嵩柱
50.十二月二十八日	花梨木桌	2张	
51.十二月二十九日	花梨木桌	1张	
八、雍正八年			
52.八月初八日	黄杨木小香几		传旨：香几绦环夔龙团不好，着另换花梨木绦环牙子粘补收拾。
53.十月二十九日	八人花梨木亮轿	1乘	
九、雍正九年			
54.二月二十五日	花梨木座	1件	
55.九月初六	花梨木边石心香几	1件	将香几石心换做木心
十、雍正十年			
56.五月二十二日	花梨木供桌	2张	
57.十月初七日	花梨木案	1张	

此表并不能全部反映雍正时期家具或其他木制器物的全貌，也不能全部反映花梨家具或器物的全貌，但我们结合原档案还是可以看到雍正时期家具的一些端倪：

第一，雍正仍然坚持"素雅"的明式家具传统。

如雍正元年七月十五日"奏事太监贾进禄、刘玉传做花梨木桌一张，长三尺，宽一尺四寸，高二尺一寸五分。做素净些"。雍正四年十二月十八日"太监王守贵传旨：着比膳桌短一寸、窄五分做花梨木都盛盘一件，其墙子高一寸五分，向外撇些，足子不要太高，再比膳桌短三寸、窄一寸五分做一件"。"于十二月二十一日做得紫檀木（花梨）都盛盘一件，郎中海望呈进随奉旨：此盘子错了！留在这边用。其未做成的一件不必做。足子外边做直些"。

第二，坚持"内庭恭造式样"，不得随意更改。

雍正五年闰三月初三日"据圆明园来帖内称，郎中海望奉上谕：朕从前着做过的活计等项，尔等都该存留式样，若不存留式样，恐其日后再做便不得其原样。朕看从前造办处所造的活计好的虽少，还是内庭恭造式样。近来虽甚巧妙，大有外造之气。尔等再做时不要失其内庭恭造之式。钦此"。

这段文字已说明雍正早期便开始"大有外造之气"，即有顺俗之势。雍正十分关注此事。实际上，雍正时期家具已开始"去明式"，多处文字均记录当时注重繁复的纹饰，这也为乾隆时期家具的堕落打开了一条门缝。

第三，花梨木家具或紫檀家具、楠木家具始终注重与其他木材或石材混作，这一点在标准的明式家具里是常见的，但在雍正之后，"满彻"的概念开始盛行。

雍正元年二月二十日，做得紫檀木边与楠木、豆瓣楠木心桌，花梨木边楠木、豆瓣楠木心桌。雍正四年六月二十四日做得紫檀木边框、花梨木宝座一张。雍正五年十月二十九日做得镶黄蜡石面花梨木香几一件。但后来也有将香几的石面又换回木心，其原因不得而知。

第四，十分珍惜花梨木的使用。

雍正三年八月初九雍正下旨："总管太监刘进忠、王以诚交蓝龙白地厂官窑缸一口，随旧座一件。传旨：着另配座子，比旧座放高二寸，用榆木做打花梨木色。钦此。"于十月初二日配做得榆木打花梨木色缸座一件，并原交蓝龙白地厂官窑缸一口，随旧座一件。首领程国用持去交总管

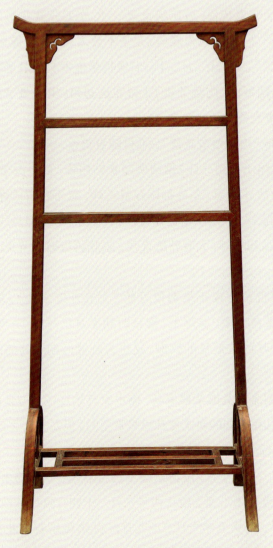

明黄花黎巾架（收藏：北京张旭，摄影：初晓，2013年9
月10日）

此款巾架在现存的中国古代衣架、巾架中还未见第二
例。也有学者及收藏家对其用途、名称提出异议。巾架
搭脑出头外翘，没有任何雕饰，不见常规的凤头纹或花
叶纹；挂牙微有曲折，角牙饰云纹，两根横枨与立柱相
交，未安让人注目的中牌子。一减再减，至底座则一反
传统，不见立柱立于两墩，而植于钟形（或几字形）横枨
上，钟形结构代替了巾架的站牙底座，可谓明式家具至
简、至美的标本。

太监王以诚收讫。

将榆木染成花梨木色，一是节约原料，二是保持花梨木纹理的优美。史料中也有不少花梨木包镶家具，如雍正三年十二月十四日做得花梨木包镶樟木高丽木宝座一张，连吊屏窗之边框也是花梨木包镶而成。

第五，除了进贡家具外，雍正也向怡亲王、大学士嵩柱赏赐家具。雍正元年，怡亲王交代造办处做了不少名贵家具呈进雍正皇帝。雍正也多次向怡亲王赏赐新制或古旧家具。如雍正二年十一月初五日"总管太监张起麟交花梨木竖柜一对，顶柜一对。传旨：着粘补收拾好赏怡亲王。钦此"。雍正四年十月二十四日"首领太监程国用持来花梨木架洋金边玻璃插屏一件，说太监刘希文、王太平传旨：着交给海望，归在前日交的洋漆书格桌子一处。钦此。于本月二十五日郎中海望奉旨：着赏怡亲王。钦此"。雍正七年十一月二十六日"太监张玉柱交来如意观音菩萨一尊。传旨：着配龛赏大学士嵩柱。钦此"。

第六，雍正对于家具设计、家具用材与组合、家具的陈设，特别是家具及其他器物的尺寸、造型均有独到的理解，并反复打样、修改以求完美。

明清时期之宫廷或北京周围地区、山西、苏州、扬州地区对于黄花黎的珍惜程度也可能是一般人难以想象的。

首先，什么家具适合用黄花黎或黄花黎适合做什么家具，这是设计者首先要考虑的，绝不是随意而为之，以至于浪费珍稀的资源。

其次，在明或清早期，有许多黄花黎家具并不是所谓的"满彻"，特别是在明式家具的滥觞之地苏州。如圆角柜，柜面、立柱、柜顶四边可能为黄花黎，而柜之侧面、背板有可能采用柏木、楠木，背板也有采用杉木的；里面之抽屉，抽屉面可能用黄花黎，其余部分可能用柏木、楠木或杉木。另外，黄花黎也可能与乌木、紫檀、楠木或高丽木，甚至石材，如大理石、黄蜡石、绿松石、五彩石等配合而制作桌案等家具。床榻、椅凳类之面心也多用软屉。

明黄花黎包镶顶箱柜残件（收藏：北京张延忻，2013年4月25日）

顶箱柜，又称四件柜。原物主人为我国近现代著名哲学家、政治学家张东荪先生（1886—1973年），1949年为燕京大学哲学系主任，后任北京大学哲学系教授，1968年被捕，1973年病逝于秦城监狱。其长子张宗炳先生（1914—1988年）也于同年被捕。张宗炳先生为我国著名昆虫毒理学家、北京大学生物系教授，"文革"后北京大学返还扣压的张东荪先生旧物，只能退还至"生物系张宗炳"，故顶箱柜背面留有白粉笔字"生物系张宗炳"以区别于其他人的物品。

包镶残件厚度多在0.5厘米或不超过0.8厘米，黄花黎以金黄直纹居多，呈典型的明末黄花黎家具用材特征。

紫檀黄花黎冰裂纹高香几局部 (标本：北京梓庆山房，2014年11月28日)
由不同尺寸的菱形组成冰裂纹，除了节省材料外，追求不同木材、不同颜色
的组合与变化应是设计师的初衷。

其三，在苏州工匠的手里，黄花黎可以切割成极薄的薄片贴于软木制作的内胎表面而制作家具，内胎多用楠木，也有用柏木、杉木的。内胎有少量也是由硬木而为。这种工艺称为包镶。包镶一般仅用于珍稀贵重的紫檀及黄花黎。包镶工艺不仅可以大量节约黄花黎，更重要的是对工匠水平的极大挑战，是工匠显示才华的最佳途径之一。另外，包镶工艺也是古代对于木材材性充分认识、了解的结果。黄花黎在干燥未达到理想状态时在北方地区十分容易发生开裂、变形，而采用外硬内软粘贴的包镶工艺则使黄花黎可以在短时期内达到理想的干燥程度，绝不至于开裂、变形。家具的实际观感、手感或使用也并未受到任何影响。

其四，黄花黎锯削后的小料以及锯屑也都被充分利用。不能做大器的小料可以按照规定尺寸再次分割、裁切，而后按设计图案镶嵌成更大的案面、桌面、炕几面心或柜门心。不能再成器的碎料、锯屑则可制成香粉或降香油，或可作为降香的替代品而入药。这连历史上始终尊位第一的紫檀也是望尘莫及的。

第六章

黄花黎濒临灭绝的原因

第一节　概述

2012年5月，我走访了海南林业主管部门及林业科研单位，希望了解黄花黎天然林及人工林的分布地区、数量及现状的资料。除了1997年做过相关调查外，至今仍未启动黄花黎现状的调查。据一位林业科学工作者介绍，野生黄花黎树龄在50年左右者几乎没有一棵，树龄在30年者，全岛不足100棵，主要在霸王岭、尖峰岭及俄贤岭一带。这一数字也是估算出来的，要找到这100棵树还是很不容易。而许多木材商并不认同这一数字，认为径级大的黄花黎在霸王岭还有，具体数字不清楚，但数量不会太多。许多次生林，无论大小，包括其树根均被挖走，很难在山地找到野生黄花黎。2013年4月初，著名学者周铁烽告诉我，尖峰岭及其周围地区野生的黄花黎一棵也没有了，散生于房前屋后的也多是从山中移种的或人工育苗而种植的，胸径超过20厘米以上者也不多。至于人工种植的黄花黎数目，全省及全国并没有一个权威的统计。云南、广西、广东、福建四省均有少量人工种植，而海南岛究竟有多少黄花黎人工林，还很难估计。东方市截止2011年人工种植黄花黎约360万棵，

海南昌江石碌镇水头村村口，人工栽种的黄花黎有两棵被人齐地盗伐，一俯地生长者全身焊满螺纹钢筋、钢管，树的上半部分还是被人锯走。（摄于2015年1月25日）

种植于中国林科院热带林业研究所海南尖峰岭试验站的黄花黎，原有黄花黎树木近三十株，主要用于科研，但由于不断的盗伐，仅剩此图片中的半根，研究所不得已用电网包围，以保护仅存的半根黄花黎。这也是黄花黎濒临灭绝的一个缩影。(摄影：马燕宁，2008年12月19日)

2013年4月上旬，6-03.01所示黄花黎活立木在用水泥钢筋围箍的情况下，仍有盗木者将护林员捆绑后，将树头砍走约50公分。从这两张照片的对比便可看出黄花黎灭绝的原因。

处于幼林期。如果成材，达到家具制作的要求，起码应在50—60年后。人工林在许多物理、化学指标方面很难达到野生林的标准，而从感观上，其颜色、纹理、密度、光泽也很难达到明式家具雅致、纯净的要求。我们不得不面对这样一个残酷的现实：可以利用的海南黄花黎资源已经枯竭，我们将在几十年或更长时期内无材可用，而人工林很难达到用材近乎苛刻的明式家具之要求。

造成这一悲剧的原因有哪些？

我们将从以下几个方面进行分析：

1. 采伐与运输方式的不断改进；

2.移民及汉黎关系的变化；

3.农业开发与种植方式的变化；

4.其他社会因素，如政府管理的缺失、药用替代、神秘化、炒作与收藏（地位与财富的象征）。

黄花黎濒临灭绝的原因远不止这些。资源，特别是动物、植物的灭绝，除了不可抗拒的自然灾害外，最主要的还是人企图改变自然而使其顺应人为安排的秩序。这一秩序完全由反自然的、非理性的意志及利益引诱所主导。黄花黎人工林地理分布线的不断北移；良田沃土成片种植黄花黎纯林；黎母山深山密林、悬崖峭壁上最后残存的野生黄花黎幼龄小树，被拉网式的搜寻、挖掘，即是这一人为秩序衍生的必然结果。自然秩序的紊乱、失衡，优良纯正的海南黄花黎种群的异化、消失，并没有引起我们应有的警觉。野生种的采伐殆尽是正宗海南黄花黎灭绝的开始，其种群基因的异化或改变，是海南黄花黎最终消失的丧钟。

第二节　采伐与运输方式的研究

一、采伐木材的工具与采伐方式

采伐木材的工具主要有铁斧、弯刀、锛以及双人锯、现代的油锯。

1.弯刀

弯刀，也称山刀、钩刀。弯刀用以开路，如挡路的藤、小树或树桠、荆棘杂草均用轻巧的弯刀砍、削、割。花黎木大的分枝用铁斧，而小的树枝一般用弯刀即可。《崖州志》中记载有年一百有六，俗称纪老的老翁，常年伐木不辍，诗曰："纪

白茶村为熟黎聚居地，原有传统民居——船形屋已经全部废弃，连片复制的新村落空无一人，迁走的黎人常常回到故地留连于船形屋之间。图为手持弯刀的黎族老人。（摄于2015年1月26日）

老今年一百六，手把山刀砍林木。"此处之山刀即弯刀。

2.铁斧

海南的铁斧具有两种功能，一头用于刨土（斧锋较薄），另一头较厚，也较锋利，一般用于斩断树干或树根。以前采伐木材，首先从树之根部离地面较近但又最有利于铁斧砍削之最佳部位开始，很少刨挖树根的。但较为粗大、难于采伐的珍稀木材，则先用铁斧刨土、露出树根，然后用铁斧的另一面进行斩削。难于采伐的大树，黎人也采用火烧树根，

用于采伐与砍削木材的大锛，木柄为黄花黎。（收藏：符集玉，2015年1月25日）

特别是黄花黎树根芳香含油，易燃，烧后再砍，砍后又烧，直至树根断绝于主干。

3.锛

形似铁斧，柄较长，长者达120厘米，主要用于树木的采伐及砍削树皮、边材，直至可以见到有用的心材。一是减轻重量便于运输，二是便于树木自然含水的外排而有利于木材的进一步加工与使用。

4.双人锯

双人锯，亦称大锯、抬锯。在海南木材采伐时极少使用，其局限性有二：残留树桩高，浪费木材；活立木自然含水率高，易夹锯，故操作十分困难。

5.油锯

油锯的动力为电，单人双手操作。其优点是采伐速度快，节省劳动力，采伐成本也大大降低。海南木材采伐使用油锯，是从日本占领海南

黄花黎木工用具、农具及小料。所谓"一枪打"，为海南黄花黎交易市场习惯性用语，即无论黄花黎原料的品种、好坏、尺寸、新旧，一次性买断。（摄影：魏希望，2010年4月29日摄于海口东湖花鸟市场）

开始的。

　　石斧→铁斧（弯刀）→双人锯→油锯，这几种采伐工具的不断进步，也是海南森林剧减或黄花黎资源锐减的同步过程。黎人以前采用石斧采伐树木，后来由于汉人的不断移民，带来了更为先进的铁器与其他生产工具，黎人盘踞的五指山腹地在唐、宋时期也开始用铁斧、砍刀或手工锯，这也是"有用"树木遭致祸害、加速毁灭的主要武器。

　　《海南岛志》述及伐木："本岛森林多在黎区，其伐木运贩者曰伐木山客。此等山客不能径行入山砍伐，须先向附近黎人批定山林，规定年限，或先得黎人允许，伐木一根予与山头钱一二角，然后雇黎工砍伐……伐木时期，每年多在冬季。"[1]海南岛的树木一般在11月份或立冬后停止生长，这是木材采伐黄金季节之开始，这时的树木处于休眠期，

---

① 民国陈民枢总纂《海南岛志》第335页，海南出版社，2004年。

木材耐腐蚀、少变形、不生虫。《清代黎族风俗图》称："楠木、花梨之可以备采者，必产深峒陡巉岩石之上，瘴毒极恶之乡。外人既艰于攀附，又易至伤生，不得不取资于黎人也。黎人每伐一株，必经月而成材……"[①]《海槎余录》亦称："花梨木、鸡翅木、土苏木皆产于黎山中，取之必由黎人，外人不识路径，不能寻取，黎众亦不相容耳。"前几年，海南黄花黎之采伐仍是如此，福建、广东、河北或海南本地之汉人也无法自己亲自去采，一般交定金后，蹲守在黎人家中，黎人采伐或收购后交给采买黄花黎的客商，付完余款后再将黄花黎运走。

上世纪70年代至80年代初，昌江县十月田、乌烈、大风、昌化等地露头的黄花黎树蔸很多。树蔸露出土面的主干剩余部分大多已经表面腐朽，看不出是采用什么方式砍伐的，也不知是哪个朝代或哪个年代采伐的。当地土壤的颜色多为土黄色，沙地较多，故易于挖掘树蔸。黄花黎多数生长在无土的岩石缝隙或风化岩上，有的树蔸无法挖掘，故只有采用最野蛮的方式即用炸药炸，这也是闻所未闻、竭泽而渔的方式。

二、运输方式

据社会学家李露露调查："黎族搬运木料的方式有简繁之别，简单地用人力背、扛回来，或者两人扛回来，繁重的是利用山坡，把木料滑到山脚下，再利用牛拖，把木料拖回村内，也有用牛车运木料的。排齐村多用牛车，千家村多用牛拖。"[②]

《琼志钩沉》则十分具体细致地谈及木材之运输。在《黎人总说》中称："熟黎近内地，所产惟槟榔、椰子、木棉；其沉香、老藤及花梨、楠梓、荔枝、凤眼、鸡心、波罗、桄榔等木，皆出生黎深峒，与外贩交易为利。生黎性颇狡黠，忿外贩之欺，渐靳其值，故近来利亦较薄矣。然遇采

---

① 符桂花主编《清代黎族风俗图》第108页，海南出版社，2007年。
② 李露露《热带雨林的开拓者——海南黎寨调查纪实》第148页，云南人民出版社，2003年。

办时，外人不能深入，全藉黎力转运。自高山下至有水处，又自湍急处下及平川，因此役死者往往而有。"①又称："楠木、花梨，皆产深峒巉岩之上、瘴毒极恶之乡，故非黎人勿能取。而黎人每伐一株，必经月始成材，合众力推至涧中，候洪雨流急，始编竹木为筏，一人乘之，随流而下。至溪流陡绝处，则纵身下水，汩出旁岸。木因水冲下，声

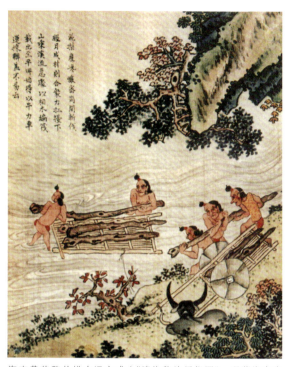

海南黄花黎扎排水运方式（《清代黎族风俗图》，现藏海南省博物馆。摄影：魏希望，2011年5月9日）

如山崩。及水势稍缓处，复鸠众拽出，用牛挽运抵出海之地焉。盖溪流虽同入于海，但其归趋之处，非大木应出之口故也。"

　　民国时期由陈铭枢总纂的《海南岛志》更是将木材的运输方法分为五种：

　　（一）人运法：凡交通不便、地势峻急之处，均用人夫肩荷运搬。此种运法非常艰苦，惟深山穷谷，不能用畜力代运，而黎工价低，故多雇之。

　　（二）滑落法：木材运搬滑落法限于自然地势。由上而下，中间又无障碍物者乃能行之。于黎峒多用此法，但亦只行于伐采地之局部搬运。

----

①　王国宪、许崇濠等编著《琼志钩沉》第15页，海南出版社，2006年。

海南黄花黎扎排水运方式（《清代黎族风俗图》，现藏海南省博物馆。摄影：魏希望，2011年5月9日）

（三）牛运法：此为本岛最普通的运木方法。分为两种：(1) 牛拖法，将木料、木板凿一二小孔，用索或藤加于牛劲而拖之者。搬运距离视地势之夷险而异，大约上岭每日只拖十余里，下岭可拖二十余里。每经十里或二十里另换一牛。每次只拖大板一块。运费每十里二角至三四角不等。间亦有木商或山客自己养牛搬运者，然以雇佣为多。此种运搬法，以崖、陵黎峒最为盛行；

（2）牛车法，此于道路稍平之处行之，搬运重量倍于牛拖。崖、陵、昌、感间最多。

（四）水运法：即将木材放置河中，利用水力流至所在地。水运方法视河之大小、水之涨落而异，大河水涨则编木顺流下，小河则散木流下，水涸则用绳拖而行。

（五）船运法：各处木材运至海岸，则由帆船或轮船装载，运往海口、香港、澳门、江门等处发售。

前三种方法是比较原始的，水运法或船运法则大大改进了木材运输的方式，也加大了运量，减少了成本。特别是民国时期及民国以后，公路的开通与汽车、拖拉机参与木材运输，进一步加速了黄花黎毁灭的过程。

第三节　移民及汉黎关系的变化

一、移民与黎人生存范围的变化

　　"海南岛从公元前111年的森林覆盖率90%，至1933年森林覆盖率的49%，2044年间年平均毁林率0.03%。从1933年开始，年平均毁林率1.32%。历史上大部分土地上都被茂密的原始热带林和亚热带林覆盖，然而到目前为止，全省的原始林覆盖面积不足5%"[1]。同时期，即公元前110年，海南岛约有11.5万人，至1774年达118万，1835年125.09万人，1950年为228.12万人，1987年则为615万人[2]。西汉时源于大陆经商定居于海南的非土居人口约3万人，元朝17万人，明朝一代的移民约为47万人，清朝一代的移民数量达到217万。到民国时期，黎、苗、回三族人口数为25.1万，占海南岛人口总数的10.60%；其余则为福建迁来的150万人，中原汉裔40万，客家人20万。

　　森林覆盖率的持续下降与移民数量的不断增加究竟有什么必然联系呢？

　　第一，移民的增加必然伴随着土地的不断开发与原始林区的缩小。

　　熟黎多为岛外移民，"旧传本南思、藤梧、高化诸州人。多王、符、董、李诸大姓。其先世因从征至此，利其山水，迫掠土黎，深入荒僻，开险阻，置村峒。以先入者为峒首，同入共力者为头目。父死子继，夫亡妇主（今仅择豪强者充之）"[3]。移民渡过琼州海峡从东部、北部登陆，然后

---

① 江海声等著《海南吊罗山生物多样性及其保护》第89页。
② 许士杰主编《海南省——自然、历史、现状与未来》第91页。
③ 张嵩等《崖州志》第246页。

由东向南向北，再由北至西。东部地势平坦，土地肥沃，阳光充足，雨水丰沛，是海南岛农业生产的主要区域。从汉代开始，泉州、广州或中原地区的移民大量集中于东部或东北部，大量毁林开荒以拓展生存所需之土地，原住民黎人则多被赶往中部生存条件恶劣的山区。《海槎余录》称："儋耳与琼、崖、万三处鼎峙为郡，因参以十县十一守御所。其地孤悬海岛，平旷可耕之地多在周遭，深入则山愈广厚，黎婺岭居其中，以为镇。自汉武迄今几千年，外华内夷，卒不可变者，以创置州、卫、县、所必因平原广陌，故周遭近治之民渐被日深，风移俗易。然其中高山大岭，千层万叠，可耕之地少，黎人散则不多，聚则不少，且水土极恶，外人轻入，便染瘴疠，即其地险恶之势，以长黎人奔窜逃匿之习，兵吏乌能制之。此外华内夷之判隔，非人自为之，地势使之然也。"其实黎人并非一开始就深居水土极恶之深山，而是被移民不断挤压、驱赶的结果。

东部、东北部由于气候、土壤的特点，所生长的黄花黎径大者众，呈黄色者多，且直纹顺滑，故首先遭致祸害的便是东部、东北部的黄花黎。到清初、清中期，这一区域的黄花黎几乎遭遇

海南省昌江县王下乡黎族绣面女（摄影：杜金星，2009年11月19日）
《广东新语》："……椎髻大钗，钗上加铜环，耳坠垂肩，面 花卉虫蛾之属，号绣面女，其绣面非以为美。凡黎女欲将字人，各谅已妍媸而择配，心各悦服，男始为女纹面，一如其祖所刺之式，毫不敢讹，自谓死后恐祖宗不识也。又先受聘则绣手，临嫁先一夕乃绣面，其花样皆男家所与，以为记号，使之不得再嫁。古所谓雕题者此也。"

图左: 昌江王下乡洪水村黎族船形屋 (摄影: 魏希望, 2009年11月19日)
图右: 船形屋屋内陈设 (摄影: 魏希望, 2009年11月19日)

了灭顶之灾。

第二, 移民的增加必然带来对建筑、家具所用木材的采伐。

黎人最早习于巢居、穴居, 后来发展成船形屋, 目前在昌江的王下等地还有少量刻意保留下来的船形屋, 也称 "干栏"。《黎岐纪闻》称: "居室形似覆舟, 编茅为主, 或被以葵或藤叶, 随所便也。门依脊而开, 穴其扁以为壅牖。室内架木为栏, 横铺竹木, 上居男妇, 下畜鸡豕。熟黎屋内通用栏, 橱灶寝处并在其上; 生黎栏在后, 前留空地, 地下挖窟, 列三石, 置釜, 席地炊煮, 惟于栏上寝起。黎内有高栏、低栏之名, 以去地高下而名, 无甚异也。"

至于家具或其他室内存设很难找到。目前我们所能看到的除用木板搭制的简单的床外, 吃饭的桌子有各种各样, 多用竹或藤编织而成, 方桌或其他材料的桌案也很少见。《海槎余录》: "凡深黎村, 男妇众多, 必伐长木两头, 搭屋各数间, 上覆以草, 中剖竹, 下横上直, 平铺如楼板, 其下则虚焉, 登涉必用梯, 其俗呼曰'栏房'。遇晚, 村中幼男女尽驱而上。" 楼板即可休息的床板。

而大陆移民的房屋建筑、室内存设则与黎人之 "干栏" 及 "楼板" 大不一样。现存于海口的海瑞故居、丘濬故居其内部墙体及梁、柱、椽板、门框、门几乎全部采用当地的名木或进口的木材，家具如床、椅、桌、脸盆架等较为齐全。而海口及其附近的琼山、琼海、琼中等地的古旧民居除外墙一般采用本地的火山石外，其余几乎全用波罗格、格木、坤甸、花梨木，也有少量采用黄花黎作梁、柱、门或墙体的。室内陈设的家具比较讲究的，有木制碗柜、菜墩或菜板、方桌及配椅、太师椅、靠背椅、架子床、衣柜、米柜等各种木制家具。除采用本地名贵木材外，也有采用进口的格木、花梨木的，也有不少使用黄花黎的。大陆移民几乎将其原居住地的建筑形式、室内陈设照搬到海南岛新的居住地。故移民的增加造成对建筑、家具的需求量旺盛，这也是树木减少的一个主要原因。

二、汉黎关系的不确定性

自汉人开始移民海南岛直至民国末年，汉人治黎不外乎平黎、抚黎或同化，也即在平、抚之间寻找平衡点，但其结果几乎是失败的。

1.熟黎与生黎

一般将黎人分为生、熟两种。生黎是真正的黎族，而"熟黎多湖广福建之奸民也，狡悍祸贼，外虽供赋于官，而阴结生黎以侵省地，邀掠行旅、居民官吏，经由村峒，多舍其家"①。《崖州志》也称："熟黎，旧传本南思、藤梧、高化诸州人。""生黎，嚚顽无知，伏居深山，质直犷悍。不服王化，不供赋役，亦不出为民患。惟与其类自相仇斗。间有患及居民者，则熟黎导之也"。"生黎虽犷悍，不服王化，亦不出为民害。为民害者，惟熟黎与半熟黎。初皆闽商，荡赀亡命为黎。亦有本省诸郡人，利其土，乐其俗，而为黎者"②。

由汉人转化为黎的有以下几种情况：

（1）"归化即久"者；

---

① 周去非《岭外代答校注》卷二第70页。
② 张嶲等《崖州志》第246—247页。

（2）"湖广福建之奸民"、"南思、藤梧、高化诸州人"；

（3）"荡赀亡命"之闽商。

以上三种人并非真正的黎人，应视为汉人或移民之败类。生黎之反叛或暴动、内部纷争或与汉人的对立，多由这三种人挑拨、唆使，汉黎关系的持续恶化、紧张是与其分不开的。《琼州府志》："初皆闽商荡赀亡命及本省土人，贪其水田，占其居室，本夏也而夷之。间有名为贸易，图其香物之利，实为主谋，予以叛敌之方，往往阴煽生黎凭陵猖獗。此古今黎祸之媒蘖也。"《明史·土司传》论及琼州："比岁军民有逃入黎峒者，甚且引诱生黎，侵扰居民。"

《琼崖志略》认为黎人反乱之原始动力乃汉民族及统治阶级所造成的，"黎祸"的根源乃四种汉人所致：

（1）汉人逃亡者

（2）抚黎官吏

（3）地方官吏

（4）出征将领

这一分析及分类是有大量史实作为依据的。"黎祸"完全与统治者的多次欺诈、压迫、诱骗、逼贡、逼税或巧取豪夺是有关联的。

2.官吏与生黎

《琼崖志略》将官吏分为三种：抚黎官吏、地方官吏及出征将领。不管官吏是.将领都是抚黎或同化失败的主因，更是制造"黎祸"

正在舂米的黎族妇女，这一传统的谷物加工方式已近失传。（摄影：魏希望，2009年11月19日）

的主体。如清人陶元淳之《请严职守详文》谈到"侵官"、"溺职"、"虐黎"："朝廷设立文武，各有职守。非其责而越俎代庖者，谓之侵官。当其任而折鼎复餗者，谓之溺职。况崖州地极天末，内黎外海，尤为重镇。必得廉勇之将，方资弹压之功。卑职自到崖州，所见职掌混杂，军兵骄纵，不得不据实直陈，谨条上事件。一、营将侮文之害……一、营将征粮之害……一、营将占丁之害……一、营将保村之害……一、营将虐黎之害。州境东西二里，西黎谭寨、落段、否浅、千家、多涧、头塘、官坊、德霞、抱由、焕道、多港、抱定、大小抱别、抱陇、只西、只扫、昂律、抱那、范奉等二十村，产谷颇多。每岁余黄强买盐斤，运入黎地。凡有米之家，派盐一盘，征米四盘。大村派至四五十盘，小亦二三十盘。必尽夺其米而后止。又乐平营兵每岁称奉余副爷差票，各村责办獭皮四五张、灰炭数石不等。东黎远美、芭芒、产填、石板、黑圩、罗休、新村、大岸、南漏、匿才、抱抛、抱浩、南夏、抱信、高村等十五村，每岁洒派各村木料、稻草、灰炭、大竹、小竹等，送入营内，谓之答应公务。黎人，财产尽于诛求，筋力困于差役。而为将者视为分所当然。此侵官溺职之五，不可不急为禁止者也。一、营将穿黎之害。职遵查定例：康熙四年五月，兵部题定营兵或专管官，以本身之事差遣，或私令贸易扰害者，专汛武牟应革职提问。今崖营兵丁，或奉本官差遣，征收黎粮，贸易货物。一入黎村，辄勒索人夫，肩舆出入。酒浆鸡黍，攘攫罄尽。每岁装运花梨，勒要牛车二三十辆。所过村落，责令黎人放牧。或遇崇峒绝岭，花梨不能运出，则令黎人另采赔补。至于擅锁平民，入营拷打。畜养无赖，狗偷鼠窃。民黎畏其凶威，有司不敢致诘。而营将坐视恣睢，以为得意。此侵官溺职之六，不可不急为禁止者也。"[①]

从这段文字可以看到，除"侮文"、"征粮"、"占丁"、"保村"之害外，最为严重的便是"虐黎之害"及"穿黎之害"。余、黄二官在西黎之

---

① 张嶲等《崖州志》第445—448页。

地派盐征米，强派强征，"必尽夺其米而后止"。于东黎之地强派木料、稻草、灰炭、大竹、小竹，"黎人，财产尽于诛求，筋力困于差役"。文中也特别提到"花梨"贸易与运输，官吏外运"花梨"时，勒索黎人"牛车二三十辆"，"或遇崇峒绝岭，花梨不能运出，则令黎人另采赔补"。这六种害黎现象，"皆地方大害"，也是引起黎人与汉人严重对立的主要原因。

康熙三十九年十二月庚申，广西总督石琳疏言："上年十二月初十日，生黎王镇邦等攻犯宝亭等营，与弁兵为难。其起衅之由，据就抚王仕义等告称，兵丁王履平等进黎种种扰害。又准提臣殷化行咨称，访闻游击詹伯豸、雷琼道、成泰慎等文武官扰害款迹。即委肇高廉罗道李华之赴琼，会镇臣唐光尧察审。把总姚凤巡黎勒牛，致杀兵丁十二命，应革职究拟。游击詹伯豸、雷琼道、成泰慎等，

昌江石碌镇水头村乾隆四十七年六月（1782年6月）所立的"严禁碑"（摄于2015年1月25日）
乾隆四十四年（1779年）七月初三日，峒长谢根林于水头村立"奉宪□□碑"："……该处从前奉颁示禁，日久无口，以至骚扰复萌。或借官司名色，或借差吏横眉，饬取贡香、珠料、花梨、大枝、渡船木料……苏木等货，奔走无期，犹索脚步陋规，膏脂尽竭，乞再给示，勒碑永垂严禁……"

差人采取花梨、沉香等物，应解任候勘。现在招抚王镇邦，倘负固不出，相机擒拿。"得旨："着差凯音布、邵穆布前往，会同该督审明具奏。"①这又是典型的官兵扰黎，从而引起生黎反抗，不仅"勒牛"，而且"差人采取花梨、沉香等物"，这是生黎与汉人"起衅之由"。

明万历四十二年，兵部题复两广总督张鸣冈条议善后崖黎七款之六款为"一议荡洗山箐"："黎彝凭恃山箐为薮，今既建营，议将大木伐为堂构，大小积为烧造。每季大焚山开路一次，听查盘官岁时稽核，使黎无巢穴。"第七款"一议怀柔熟黎"，则是软的一手："近日黎患，亦由内地奸商给之以鬻贩，土舍加之以恫吓，逃民继之以挑激。今议竖牌严禁，非商人止于交界互市；土舍革除，令黎自立里长输纳本色。文武诸吏不许索取土产。如有奸商逃民诓骗煽乱，按法重惩。"②清朝张之洞、冯子材平黎的主要办法之一便是伐木开路、烧山毁林以缩小生黎的生存范围。

生黎与熟黎的关系，官吏与生黎、熟黎的关系从平衡走向冲突，或从冲突趋向平衡，平衡时短，冲突时长，这也是造成海南岛所产稀缺资源如花梨、沉香供应链长期处于断裂状态，或使这些资源日益减少的主要原因。

三、明清时期平黎与抚黎政策的分析

1.明朝"平黎"与"抚黎"政策之分析

黎人反复抗争的理由一开始便是由于移民及统治阶层不断挤压、侵占黎人生存之地开始的，继之以强贡、"虐取黎赋"、欺诈，黎人不得不反。明朝的"平黎"政策除了军事上的血腥镇压以外，还有几个主要特征：

---

① 《圣祖康熙实录》卷二百零二。
② 清乾隆宋锦《崖州志》卷五，转引自《黎族古代历史资料》上册第223—224页"兵部题复两广军门张条议善后崖黎七款"。

（1）"绝黎田地"

俞大猷《图说》谓："儋州之推抱村，宜迁镇南巡检司，又拨儋州千户所官一员，军一百名。陵水之岭脚峒，宜迁藤桥之巡检司，又拨南山千户所官一员，军一百名。琼山之沙湾城，宜新设一巡检司，及拨海南卫官一员，军一百名。"

海瑞也称："黎岐所居之地，虽有高山峻岭，其中多平衍峒场，膏腴田地，可辟之以立县所者，甚多。""原耕田地，听从其便。其山林可开垦者，并绝黎田地，宜招方外无业民耕种"。"绝黎田地"除了分割给平黎功臣外，主要将土地肥沃之处的黎人外迁，设立相应政权机构，以达长治久安。

（2）各地除驻军外，还设有打手

俞大猷称："罗活城宜暂围打手五百名。推抱、岭脚、沙湾城宜暂围打手二百名。各于镇压之中，寓招徕变化之术。间有梗化不驯不徒，相机设计，去一二村以警其余。"这里的"打手"可以视之为"民兵"，与"士兵"相异。吴会期称："官军，属武官领之。民兵，属有司领之。士兵，属乡保长领之。通力合作，相其溪壑，易其险阴。"

（3）"屯守险巢"

明参将黎国耀称，黎岐"往往激于仇怨，勾以流徒，潜伏山岭，时出剽掠。且种类繁多，此服彼叛。兵至，窜匿无踪。师旋，纠聚如故。诚如禽兽，安知信义？不重击之，其祸难厌。第当分别淑慝毋令相煽而起。又其地，羊肠鸟道，未易遽入。瘴气毒水，触之辄病。惟当于稔恶不悛者，择一二山峒，简率师徒，堂堂而进。……创设火器，以为前锋。……我师既入，倾其巢穴，焚其积聚。结营为久屯计"。而万历四十二年，兵部题复两广总督张鸣冈条议善后崖黎七款第一款便称："罗由二峒，最称险要猖獗。今黎荡平，恐反侧旋踵。议留精兵一千三百，主兵四百，添募精兵五百，耕兵千名，专扎二峒，防御耕守。又分插降黎以涣党，给田耕种以安生，立酋长以钤束，量输粮以充饷。余田，招民承种，计亩纳粮。今止主兵二百,募兵四百,耕兵五百。"

(4)"荡洗山箐"

黎国耀主张"倾其巢穴,焚其积聚",而兵部题复张鸣冈很明确提出"荡洗山箐":"黎彝凭恃山箐为薮。今既建营,议将大木伐为堂构,小木积为烧造。每季大焚山开路一次。听查盘官岁时稽核,使黎无巢穴。"

以上"平黎"政策,只是明朝"平黎"政策或措施的一部分,这些政策只能暂时平息黎人的反抗,双方多次反复、拉锯或胶着,使汉人与黎人或统治阶级与黎人之间的矛盾加剧,明末这一矛盾几乎到了一发不可收拾的地步,以致明末黎人几乎中断了与中央政权的进贡关系。这也是有些研究明式家具的学者感到困惑之处:黄花黎家具的鼎盛时期正是万历之后,且造办处史料很少记录黄花黎上贡的情况,我们所看到的明末黄花黎家具所使用的黄花黎从何而来?

明朝的"抚黎"政策又似乎可以回答这一问题:

(1)设立专职机构及官员招抚生黎向化

永乐二年,授崖州监生潘隆以知县职名以招抚琼州府各峒生黎。明朝也将各地峒首加以甄别、筛选,授以职事,按招抚生黎数量之多寡给予官职或利益,招抚效果十分明显。这也是明显的"以黎治黎"、"以黎制黎"之策。

(2)赏赐生黎头领,安抚黎众

永乐三年,潘隆领生黎头目邢万胜一行朝拜皇廷,皇上"即颁给赏赐,俾回田里以安尔众"。"十九年正月,宁远县丞邢京率生黎峒首罗彬等朝贡方物。赐钞及文绮"。

(3)移民杂居、移风易俗,以图同化

俞大猷称:"今经戮村分,其遗类不甚多。以其遗地,移吾兵民杂居之,则其子孙耳濡目染乎吾民之言语习尚,皆可化为百姓矣。"海瑞也称可"招方外无业民耕作",并与生黎"结为里社,与黎歧错居"。

水头村道光二十一年立碑，主要内容为明确征税与抵扣问题，避免对黎人苛捐杂税的反复征缴。（摄于2015年1月25日）

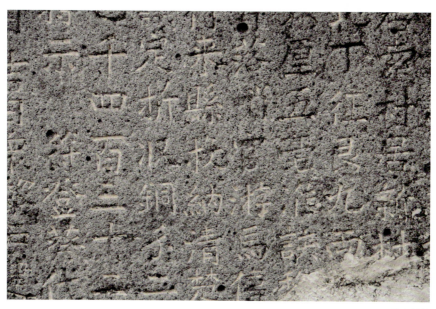

碑文局部

俞大猷又称："各州县印官，务将管下黎人严禁，童女不得如前湟面纹身。男人务着衣衫，不得如前赤身露腿。其首各要加帽，不得如前簪髻倒颠。各村黎童之幼小者，设让学以教之，使其能言识字"。

(4) 怀柔熟黎

除了招抚、同化生黎外，熟黎也不能置之治理范围之外。故兵部复题张鸣冈之七款便是"怀柔熟黎"："近日黎患，亦由内地奸商给之以鬻贩，土舍加之以恫唱，逃民继之以挑激。今议竖牌严禁，非商人止于交界互市。土舍革除；令黎自立里长输纳本色。文武诸吏不许索取土产。如有奸商逃民诓骗煽乱，按法重惩。"明末的抚黎政策在一定时间、一定范围之内可以缓解当地黎人的情绪。黎人也有自己的生存需要，而福建、广东等客商、移民，即所谓的熟黎为利所驱，外运海南土产花黎、沉香、吉贝、水晶、黄蜡等珍品的贸易活动从未间断，有利可图的花黎也得以源源不断地运往苏州及北京。

2.清朝"平黎"与"抚黎"政策之分析

清朝的"平黎"与"抚黎"，从史料记载看，两方面均已渐渐发生根本性的变化。黎乱的原因除了与前朝类似的缘由外，也出现了新情况。如康熙三十年，嘉合村黎民抗粮；特别是五十八年居然发生知州董恒祚欲私得"吴十所遗花梨"。所遗花梨为监生邢克善入黎村所取，并未让知州得逞，知州欲捕邢克善，导致"善遂遁入黎峒，纠黎抗拒"。咸丰六年，"止强黎酋张那光，因署知州卢凤应勒索，负重债，难赔，遂杀债主作乱"。这些诱因，在明朝或之前较少发生。

而治黎政策也由明朝的以征剿为主、抚黎同化为辅改为以抚黎同化为主、征剿为辅。如雍正八年，"崖州峒三十九村生黎王那诚、向荣等，合琼山、定安、陵水等黎，输诚向化，愿入版图。每丁岁纳银二分二厘，以供赋役。三月，总督郝玉麟等奏闻。奉旨：生黎诚心向化，愿附版图，朕念其无田可耕，本不忍收其赋税。但既倾心依向，若将丁银全行豁免，恐无以达其输诚纳贡之恫忱。将递年每名输纳丁银二分二厘之数，减去一分二厘，止收一分，以作徭赋。地方文武大臣，时时训饬所属有司员弁等，加意抚绥，悉心教养，令安居乐业，各得其所，以副联胞与地方之至意"。嘉庆二十二年，因"吏役兵丁盘剥索诈"，黎人作乱。除"署知州俞孜善以驭下不严，罢职"外，并"严究役兵索诈盘剥者，皆坐以律，永革包纳钱粮夙弊。照陵水黎粮输法，岁由黎总汇收缴州，以免侵蚀。诸黎悦服，誓不复反"。正是由于这些严厉的治吏措施及抚黎措施，才使"诸黎悦服，誓不复反"。

特别是张之洞任两广总督后改弦易辙，一反前人之治黎策。《清史稿·兵志》："光绪十三年，张之洞剿平琼州黎匪，山路开通，收抚黎众十万人。"值得一提的是，清末大将冯子材于光绪十三年率兵平黎，深入五指山，汉人官兵驻扎于黎人心腹之地，带去了许多异于黎人的风俗、文化，并大力发展当地经济，开设学校，允许黎人应考科举。这在历史上是前所未有的，使生黎的同化速度大大加快。光绪二十一年《广东琼州汉黎舆情营伍练兵稿钞》称生黎"自化归为民后，薙发穿衣，冠婚丧祭，一切制度事宜，均照汉人行为。当即延师教读，学习武艺。……设立蒙馆，改其气质，渐染熏陶，俾得咸知圣教大道、孝悌忠信、礼义廉耻，所有教师值日供膳，各系民丁自备，惟修金一项则由地方官发给，将防黎经费支销。倘有不敷，另行筹款，延师教读。此事大约总于十年，即可以风化尽美矣。延师授教民丁读书，即习艺，三载考绩。仰恳天恩，愈格鸿施，明文通行，着丁民及汉人一并至州府赴试，其卷而书'民童'二字。……使知荣显大贵，互相鼓舞振作，愤发有为，以至穷理尽性致命矣"。

汉黎关系在清末的持续改善，以及自张之洞、冯子材始，随着生黎汉化程度的增加及文化认知能力的提高，地方官吏与黎人的关系也得以缓和。这些均为海南岛的政治治理环境、经济的发展与繁荣奠定了基础，也为海南岛与大陆的经济联系创造了必要的条件。很遗憾的是，从很多经济史料分析来看，清末海南岛的资源破坏速度也开始加快。冯子材曾率大军大举进山伐木、开路、放火烧山，原始森林面积锐减，这个

图左：海南昌江多崇山峻岭，江河阻隔，森林采伐及运输极为困难，所伐木材
多由水运、牛车及人力来完成，常有散排、翻船或人为丢弃花黎的现象发生。
图右：图为洪水村山间散落的原木（摄于2013年4月5日）

时期也是海南珍稀树木，特别是黄花黎遭致毁灭性开采的起始。

历代平黎与抚黎政策的不确定性，也是森林资源减少的很重要的原因。特别是平黎的结果必然遭到黎人不断的激烈的反抗。反抗的形式是多种多样的。汉人官兵采用火攻，黎人也效仿之。在汉人官兵进攻的必经之路上，黎人也常挖暗沟，沟内存大木、茅草，表面加以伪装，遇兵则放火烧沟加以阻挡。《崖州志·黎防志·关隘》描述洋淋岭时具体提及黎人于道光九年以火攻击清军官兵一事："洋淋岭距榕尾汛北十五里……岭中树木疏而不密，遍产茅草，易于引火，宜防火攻。道光九年，官兵剿之，曾罹此患。"[①]

另外，地方官员或驻军官兵强征暴敛珍稀之物，特别是笨重而又难于运输的花黎，引起黎人极大的反感，故意将大的、老的花黎砍伐并烧毁或弃于荒野任其腐烂。《黎岐纪闻》称："花黎木，色红紫而花细，较别地产者为佳，然近日黎人狡狯，以年办贡木，恐致贻累，见花黎颇砍伐之，故老者渐少焉。"

故平黎频繁，也是黎人反抗最频繁的时期。这一阶段，海南岛的珍

---

① 张巂等《崖州志》第263—264页。

稀资源，特别是贵重但又极难采伐、运输的黄花黎是不可能大批离岛而输入大陆的。在某种程度上，这也是对黄花黎的一种保护（即使伐倒而弃于荒野，黄花黎也会因其自身的特征而顽强保全自身，不至于化为泥土）；同时也造成了对黄花黎资源的极大破坏（乱砍滥伐、火烧）。

黄花黎资源濒于枯竭或极为珍稀，与汉黎关系是密不可分的，这是一个极值得重视的研究课题。

第四节 农业开发与种植方式的变化

一、刀耕火种

关于"火耕农业",历史文献有许多记述。《史记·货殖列传》:"楚越之地,地广人稀,饭稻羹鱼,或火耕而水耨。"《盐铁论·通有篇》:"荆、扬……伐木而树谷,燔莱而播粟,火耕而水耨。"《诗经》关于火耕也有一些精美的诗句,如《大雅·棫朴》:"芃芃棫朴,薪薪槱之。"《大雅·旱麓》:"瑟彼柞棫,民所燎矣。"《小雅·正月》:"燎之方扬,宁或灭之。"

火耕农业,北方文明地区约在前汉时期便已少见,由于铁器在农业生产中的广泛运用,使铁耕占统治地位,而江南还处于火耕水耨时期。1949年后的海南岛、广西、云南等许多地方仍可见刀耕火耕之原始农业文明。目前在紧邻云南的老挝、缅甸等山区仍保留刀耕火种这一生产方式。

清光绪李有益《昌化县志》称:"昌邑东北黎岐以刀耕火种为名曰砍山。集山木而焚之,播草麻子、吉贝二种于积灰之上,昌民之利,尽于是矣。阅三年即弃去。西南浮沙荡溢,垦为田,必用牛力蹂践,令其坚实,方可注水。分秧之后,民无男妇老稚,昼夜力田,踏风车取水灌田,或一日辍功,则无水而禾立槁。田边置釜储粥供食,至有襁褓之子,置筐悬树,就而乳之。东坡云:海南多荒田,所产秔稌,不足于食,乃以薯芋杂米作糜粥以取饱。此实录也。一遇海水充竭,子妇之力,尽付之河伯一怒矣。"

《海槎余录》记述今儋州境内的火耕:"儋耳境,山百倍于田,土多石少,虽绝顶亦可耕植。黎俗四五月晴霁时,必集众斫山木,大小相错,更需五七日酷烈,则纵火自上而下,大小烧尽成灰,不但根干无遗,土下尺

五指山水满乡"黎村"碑文"种稻蓺山园"，即对烧山种稻习俗的记录。(摄于2014年11月12日)

东方江边乡白茶村放火烧山垦植农田(摄于2015年1月26日)

昌江七叉乡的山坡稻田（摄于2009年11月18日）

余亦且熟透矣。徐徐锄转，种棉花，又曰贝花；又种旱稻，曰山禾，米粒大而香，可连收三四熟。地瘦弃置之，另择地所，用前法别治。大概土产多而税少，无穷之利，盖在此也。"

从这两段文字记述，可以总结如下值得关注的信息：

第一，"刀耕火种"又称"砍山"；

第二，烧山耕植的作物，昌江主要是草麻子、吉贝，三年后则转种水稻；儋州种植的除了吉贝外，主要是旱稻，又曰"山禾"，这与两地不同的地理条件相适应；

第三，刀耕火种的周期约为3—4年。火烧后的耕地一般在3—4年后则地力减弱，转往其他更适合于火种的地方。

"砍山"也即"砍山栏"，"山栏"原为海南黎族传统的山地旱稻。黎族所种植的稻谷之属，《正德琼台志》表述得十分清晰、详细："稻（粳糯二种）：粳为饭米，品著者有九：曰百箭，曰香粳，曰乌芒，曰珍珠,曰鼠牙,曰东海,曰早禾,曰山禾(择久荒山种之。有数种,香者味佳。黎峒则火伐老树挑种,谓之刀耕火种),曰占稻(有数种,性耐水。择高田,五六月种,七八月收。有播种六十日熟者,谓之'六十日',即宋真宗遣使取种占城,分布江淮诸处者)。糯为酒米,品著者有九:曰黄鳣,曰黄鸡,曰乌鸦,曰光头,曰九里香,曰小猪班,曰狗蝇,曰虾须,曰赤米(出崖)。"①2009年11月,昌江本地黎人介绍,这些品种很少见,山栏稻品种单一,由于条件所限,产量也极少,一般要提前一年预付米金,才可得到预订的山栏稻。

种植山栏稻一般"一年一造,在冬末春初下种,刀耕火种不翻土。其工序主要包括:(一)选地,以树木生长茂密处为好。(二)砍伐,先砍小树、杂草,后砍大树枝,以带钩竹竿攀枝过树,逐株砍伐,直至砍完才下来。(三)焚园,草木晒干,在烈日下顺风点火焚烧。(四)点种,地里的草木焚净后,经雨水浇透再点种,男用尖木棍戳穴,女跟着下种封穴。苗长后,可间种番薯、木豆和其他作物。(五)管理,主要是除草,搭寮守望,严防鸟兽。(六)收获,山栏熟了,以手镰捻收,然后聚拢成把,晾在园中的木架上,春节前后搬回家"②。砍山栏过程也可简化为:选择林地→砍伐树木→焚烧草木→播种→除草→守护→收割→加工。如按时间顺序,海南也有"一月选地,二月砍伐,三月火烧树林和收灰烬,然后就是雨后点种"之说③。

"砍山栏"有很原始的宗教或迷信色彩。占卜,特别是鸡卜在海南是十分普遍的。《岭外代答》论及"鸡卜"称:"南人以鸡卜。其法以小雄鸡未孳尾者,执其两足,焚香祷所占而扑杀之,取腿骨洗净,以麻线束两骨

---

① 明唐胄《正德琼台志》上册第153—154页。
② 焦勇勤、孙海兰主编《海南历史文化大系·社会卷·海南民俗概说》第7页,海南出版社、南方出版社,2008年。
③ 陈立浩、陈兰、陈小蓓《海南历史文化大系·民族卷》"从原始时代走向现代文明——黎族'合亩制'地区的变迁历程",南方出版社、海南出版社,2008年。

之中，以竹梃插其所束之处，俾两腿骨相背于竹梃之端，执梃再祷；左骨为侬，侬者，我也；右骨为人，人者，所占之事也。乃视两骨之侧，所有细窍，以细竹梃长寸余者，遍插之，或斜、或直、或正、或偏，各随其斜直正偏，而定吉凶。其法有一十八变，大抵直而正，或附骨者多吉；曲而斜，或远骨者多凶。"海南砍山栏之前亦必占卜，"多为一家一户进行，目的是占卜砍山栏园的凶吉与当年山栏稻生产丰收的情况，查知当年的稻苗、稻谷会不会被野兽破坏。其卦相主要看左右鸡骨营养孔的对称情况来决定。如果左边鸡骨营养孔多过右边，或是右边营养孔单一，说明稻谷会被野兽破坏，稻谷生长不好；如果右边鸡骨营养孔多过左边，则预示来年稻谷生产，生产顺利"①。

砍山栏的两大特点即火烧树木以及不断转场新的山地，反复烧山、转场，这对森林植被造成最直接的破坏与威胁，正如司徒尚纪教授所言："刀耕火种这种土地开发方式的技术重点不在土地本身的加工改造，而在于林木的砍伐，故森林比土地更为重要。惟其大部分活动均以森林为轴心进行，所以它首先破坏森林，继而导致生态环境变化，土壤性质的改变，土地资源的危机甚至枯竭，不但后果严重尖锐，而且影响极为深远。"②

二、槟榔园的开发

1988年吴建新的《我国槟榔应用与生产的历史》认为：最早提到槟榔的应为司马相如（前179—前118年）。《上林赋》记公元前137年建林苑"郡臣远方各献名果异卉三千余种植物"，其中便有"仁频"，颜师古注："仁频，即槟榔也。"公元前111年南越被征服后，槟榔被带到长安

---

① 黄友贤、黄仁昌主编《海南历史文化大系·民族卷·海南苗族研究》第231页，海南出版社、南方出版社。
② 司徒尚纪《海南岛历史上土地开发研究》第209页，海南人民出版社，1987年。

种在扶荔宫。《林邑记》曰：
"槟榔树高十馀丈，皮似青桐，节如桂竹，下森秀无柯，顶端有叶，叶似甘蕉，条派开破，仰望眇眇，如锸丛蕉于竹杪，风至独动，似举羽扇之扫天。叶下系数房，房缀数十子，家有数百树。"
《异物志》曰："槟榔树若筍竹生竿，近上未（《太平御览》卷九百七十一作"末"）五六尺间。洪覃洪肿起如瘣木焉。因拆裂出，若黍秀也。无华而为实，大如桃李，天生棘重累其下，所以御卫其实也。剖其上皮，煮其肤熟而贯之，坚如干枣，以夫留、古贲并食，则滑美、下气及宿食、消谷。"[1]

海南昌江种植于房前屋后的槟榔树、黄花黎（摄于2013年4月5日）

东汉杨孚《异物志》中对槟榔的植物形态、加工方法、吃法与效用均有生动的描述。西晋嵇含《南方草木状》对槟榔的描述与《异物志》基本一致，最后部分增加产地及习俗："槟榔出林邑。彼人以为贵。结婚会客必先进。若邂逅不设，用相嫌恨。一名宾门药饯。"[2]

从上述资料看槟榔的种植与利用，在我国已有很长的历史，本书第二章第三节《海南的土贡及贸易》对有关海南岛槟榔及槟榔园的发展也

① 唐欧阳询撰，汪绍楹校《艺文类聚》第1495—1496页，中华书局，1965年。
② 参考中国科学院昆明植物研究所编《南方草木状考补》第287、291页。

做了大量论述。宋元时期，特别是明朝及清中期，槟榔经济急速发展，大有"多治榔而少治田"、"弃本而趋末"之象。槟榔种植园的发展除了给海南岛的经济与农民带来明显利益外，其不利之处也十分明显：

第一，大量占用地力较强的农用耕地。槟榔园一般在房前屋后或离居住地较近的山岭、坡地，有的直接占用农田，对农业生产，特别是粮食生产产生很大的威胁。

第二，由于市场需求旺盛，内地特别是福建、广东、广西以及越南等地对槟榔的需求刺激槟榔园不断扩展，东部、西部均扩大槟榔的种植，必须开发新的土地以利槟榔种植，故毁林开荒、放火烧山成为唯一的手段。

三、橡胶园的开发

目前世界各地所种植的橡胶，原产地在南美洲亚马孙河中游的热带雨林区，也称巴西橡胶。1902年，秘鲁华侨曾汪源来儋州考察，认为气候、土壤均适合于橡胶的种植。1904年，曾金城从马来西亚引进橡胶树苗，在洛基乡五岭村试种，这是海南岛橡胶种植的初始时期。1906年，华侨何麟书设立琼安公司，在当时的定安县落河沟开辟250亩橡胶园。至1949年，海南岛开辟胶园2440公顷，年产干胶约200吨。1987年，全岛植胶面积已达34.73万公顷，总产干胶15.82万吨[1]。"五十多年来，垦区共开荒种植橡胶近600万亩，经历年淘汰更新，2005年实有面积370余万亩。2004年，海南垦区干胶的总产量达23万吨，为历史上最高的一年"[2]。无论是橡胶园、胡椒园还是咖啡园的开发，一开始便是以毁坏森林为代价的，橡胶园的扩展，其结果必然是各种珍稀植物生长范围

---

[1] 参考许士杰主编《海南省——自然、历史、现状与未来》第153页。
[2] 罗民介《海南历史文化大系·社会卷·海南农垦社会研究》第54—55页，海南出版社、南方出版社，2008年。

海南昌江洪水村的橡胶林，橡胶树的大量人工种植是以毁灭海南原始森林为前提的。（摄于2013年4月5日）

缩小或毁灭。

　　新中国成立后对海南岛的热带雨林进行彻底毁灭的还是垦区的不断扩大。至2006年，海南岛全垦区土地面积1282.64万亩，约占全省陆地面积的1/4。"海南农垦的土地垦耕之前的植被，因各地区自然环境和社会条件不同而有较大的差异。大致情况为：土地植被有原始林，被破坏过的原生林及高山矮林。丘陵地区多为次生杂木林、灌木林、稀树灌木林、稀树草地和草原地。台地多被灌木及杂草所覆盖，也有部分乔木。滨海及平原地区多见沙生草、刺灌丛和红树林。各类植被的构成中，灌木草地（含稀树草地和一般草地）约占55%，其余的则大多为次生杂木林"[①]。这一表述让我们十分清楚地看到海南岛珍稀热带雨林被毁的又一重要历史过程，无须再加以分析与解剖。

---

① 同上，第19、21页。

第五节　其他社会因素简述

一、药用替代

　　我们从历史文献中看到大量有关海南的"花梨"可代作降香的记述，黄花黎的学名"降香黄檀"也源于此。降香来源枯竭后，降香黄檀便成为其替代品。降香黄檀树根含降香油较多，其次为主干之心材。作为药材的黄花黎，显然根的价格也高于主干之心材；而作为器具来说，则主干之心材价格明显高于树根。目前上等的黄花黎原木或板材，每500克价格在1—2万元，而上等的根料仅为每500克500—800元。1990年代初，

源于大广坝地区的沤山格、毛孔料（摄于2015年9月19日）
2000年前，未腐朽的新鲜根料多用于中医制药，代替降香，沤山格、毛孔料极少出现于市场。沤山格、毛孔料的挖掘与交易，真正敲响了海南黄花黎资源灭绝的丧钟。

作为药材的黄花黎根或原木，约每500克0.2—0.5元人民币，而原木或板材几乎无人问津。在上世纪80年代以前，大量的野生黄花黎被药材商连根刨起而运往各地药厂，主干之心材则留在海南岛本地。这也是海南岛遗存黄花黎原木、板材较多而树根较少的主要原因。这一替代过程始于16—17世纪，止于上世纪90年代末期。16—17世纪，作为南洋诸国贡物的降香货源减少后，便用海南黄花黎之根材、主干心材来替代。而上世纪90年代末，海南黄花黎资源稀少，特别是近十多年来毁灭式的采伐方式，树根也难以找到了。树根也因价高而全部用于家具、把玩件、根雕的制作，而几乎没有用于中药或降香油的提炼。

二、收藏热与炫耀式消费

中国古典家具，特别是优秀的明清家具一直未受到国人应有的重视，不管是收藏还是研究，美国人及欧洲人均走在我们的前面。直到1980年代王世襄《明式家具研究》的横空出世才改变这一格局与形势。《明式家具研究》的对象以精美空灵的明式家具为主，所用木材又以海南岛特产黄花黎占绝大多数。从历史文献看，黄花黎无论从材料还是家具的价格与地位，一直落后于紫檀及紫檀家具。在今天的国际、国内拍卖市场上，黄花黎家具的价格与紫檀家具的价格仍然相差很大，2009年，香港拍出的乾隆时期紫檀宝座价格高达8400万港币，而黄花黎家具（顶箱柜一对）最高也才1200万元人民币左右。2000年，上等的黄花黎原料最高价每500克在30—50元之间徘徊，从2004年开始至今价格上涨了近百倍或近千倍，单件新制家具也动辄几百万。随着中国经济实力的增强以及个人财富的迅速积累，近十年来黄花黎早已一木难求，作为家具收藏也以拥有一件或几件黄花黎家具为荣。

黄花黎家具，特别是明式家具在明末清初之际是文人的玩物，是那个时代物质文明达到极致的标志。而从上世纪90年代末至今兴起的黄花黎家具收藏热从总体上来看，并不是一种文化或文明的冲动，而是带

新仿黄花黎高靠背南官帽椅（摄于2011年1月21日）

此椅依《明式家具研究》"甲76.高靠背南官帽椅"仿制，其优点为用料讲究，但造型僵硬，尤其是浮雕螭纹开光刀法粗糙，铲地突兀不平，开光不正，且比例过大，画蛇添足的铜饰件也只有减分的功能。这完全是一味求古、炫富的结果。

有明显的趋利性、投机性，从而引发了一轮又一轮的价格高涨与资源毁灭。黄花黎原材料及黄花黎家具已成为一种投资的产品与媒介物，其明显迹象有两点：

1.大量的投资机构、商人、农民参与黄花黎的采买与销售，大量农民与非专业木工参与黄花黎家具的制作，电视、报纸、网络上谈古代家具或黄花黎家具的并非文震亨式的文人，而是贩卖或制作黄花黎家具的商人、工匠与热衷于名利的所谓行家、名人。这些势力的推波助澜，使黄花黎贴上了奢侈品的标签，成了富豪身份、地位与财富的象征而导致互相攀比、追逐、竞争，亦即消费理论中所谓的"炫耀式消费"。这种消费方式首先源于富裕的上层社会，逐渐波浪式外扩，产生整个社会仿效的消费模式。

2.这种消费方式并不看重黄花黎家具的造型、结构的合理性，也不关注其审美或神韵。有人特别注意木材的表面处理，如打磨、抛光似镜面的效果，有的甚至连工艺也不关注，只要是黄花黎就行，这是完全的拜物主义现象。

艺术品收藏是一种特殊的消费，只有在财富积累到一定程度后才产生这种消费欲望。收藏的本质在很大程度上是一种文化行为或文明的兴起与持续，应该是少数富裕而又有深厚学识的脱俗之人所从事的。正如董其昌所言："骨董，今之玩物也，唯贤者能好之而无敝……人能置优游闲暇之地，留心学问之中，得事物之本末始终而后应物，不失大小轻重之宜、经权之用，乃能即物见道；学之聚之，问以辨之，其进有不可量者矣。故曰：惟贤者能好之而无敝也。"而发生在我国的黄花黎家具收藏和其他艺术品收藏一样，已成为全民收藏。据有关部门估计，全国从事收藏的人约7000万，这一庞大的数字是全民收藏的一个象征性的指标。现在的黄花黎及黄花黎家具的收藏并不具备艺术品收藏的基本特征，而可定义为财富聚敛过程，即所谓"古之好古者聚道，今之好古者聚财"。

黄花黎雕花衣架（收藏：李明辉，设计：刘积琛，制作：北京阅甫斋，2007年11月6日）
此衣架据《明式家具研究》"戊39.雕花衣架"制图，采用直径近30厘米，重约300斤的油黎一木所为，器型、纹饰、比例及雕技皆属上乘。中牌子为衣架之魂。王世襄称："中牌子的斗簇花纹造得非常优美，修长的凤眼，卷转的高冠，犀利的阳纹脊线，两侧用双刀刻出的'冰字纹'，乃从古玉花纹变出。它不同于明代家具的常见图案，而取材于千百年前的造型艺术，故予人典雅清新之感。"

黄花黎雕花衣架局部

正因为上述特征，使得消费市场渴望黄花黎原料大量而不间断的供应。由于黄花黎生长区域的狭窄及生长过程的缓慢，不可能满足旺盛的市场需求，供给与需求产生矛盾。这一现象使得黄花黎原材料的价格不断攀升，寻找与采伐黄花黎的速度也在加快。故生长在野外的天然林及人工林、树根消失的速度越来越快，连古旧房屋构件、家具、残件，只要是黄花黎均被高价收购。这一过程并非正常、理性的艺术品收藏，而是一种炫耀式消费而引起的非理性的社会仿效。这一现象是近二十年来黄花黎资源濒临灭绝的最主要的原因之一。

7月份应是黄花黎枝叶茂盛的快乐生长期，而广西林科院试验基地仅存的一棵黄花黎（原有近二十棵，多被盗伐）叶片稀疏，与周围郁郁葱葱的景致极不协调。这一现象再次证明，黄花黎的灭绝完全为人祸。除了盗伐，最主要的还是不顾黄花黎自身对于客观环境的要求，遍植黄花黎，只能加速海南岛独有的珍稀树种的异化和树种纯洁性的改变。（摄于2014年7月2日）

三、神秘化

1.药用范围的扩大与药效的神奇

黄花黎除了大量用于建筑及家具的制作外，历史上一直将其作为中药使用，更主要的是将其作为降香的替代品。据《中药志》介绍，黄花黎心材的主要成分是挥发油和黄酮体化合物，有行血合气、止痛、止血的功能。用于脘腹疼痛、肝郁胁痛、跌扑损伤、外伤出血等。当然，作为临床应用与研究，其药用范围及疗效还会增加。但目前一些专家及商家宣传使用黄花黎家具，能够自然降压，并将黄花黎改称"降压木",如用黄花黎刨沫制作枕头、用黄花黎挖制水杯,或将黄花黎原料置于卧室。更有甚者,将黄花黎制成地板、卫生间装饰及其他日用生活用具。

黄花黎的药用范围与疗效还在被放大,使得一定数量的黄花黎并未真正用于家具或医用。

2. 迷信

海南岛民间,特别是黎族百姓认为,黄花黎可以包治百病、无所不能,其最重要的一点是百姓将其作为与自己的祖先、神灵沟通的媒介。如遇自然灾害、生病、惊吓或与鬼神有关的节日,均须焚烧黄花黎,其黑烟直上,与天上神灵对话,使人能消灾避祸。无论生黎、熟黎,还是生苗、熟苗,采用黄花黎建造房屋,据说有镇宅避邪的功能。故历史上大量的黄花黎用于建筑,其原因也在于此。

3. 传说

有关黄花黎的神秘传说有不少,如与黎人的来源有关或神秘力量有关的故事,将黄花黎神秘化。有学者及商贩声称黄花黎与紫檀、金丝楠木为皇宫专用,明清两朝有专门的法律规定。我没有查到有关这方面的史料,一般建筑式样、尺寸或用料不能照搬皇家式样,各个阶层的建筑大小、尺寸及其他技术指标均有严格限制,但并未规定什么木材为专用。如海南岛明清时期的建筑、家具多采用黄花黎,几百年前山西、河北、山东、江浙及广东等地均有不同流派、工艺与造型的黄花黎家具,四川、贵州、湖南的许多祠堂、民居、家具均采用楠木,我们又做何解释呢?明末许多笔记就有文人及地方绅士制作、把玩、陈设黄花黎家具的记录。将这些木材称为皇宫专用,也是一种引导消费的心理暗示,使得黄花黎及黄花黎家具与皇家连接,身价陡升而形成社会仿效效应。

黄花黎券口靠背玫瑰椅（设计：沈平，工艺与制作：北京梓庆山房周统，摄影：连旭）
玫瑰椅的式样变化在椅类中丰富多彩，此款女性化特征明显，所用黄花黎紫褐色，似
一色无纹，实则鬼脸纹连串，用料纤细，捉刀谨慎，以避免美纹与人工雕饰的重叠，
或阻断自然纹理的延伸。靠背壶门略饰卷草纹，座面下壶门素朴光洁，以衬托靠背壶
门之华丽、柔婉，有问有答，上下呼应，淡秀古雅，鲜有其俪。

第七章

黄花黎与明式家具

第一节　黄花黎的审美思考

一、黄花黎的特质

黄花黎的特质主要可从其颜色、纹理、光泽、比重、香味、油性、手感七个方面来研究，这七个方面决定了明朝文人为什么将黄花黎作为首选而用于传世家具的制作。

1.颜色

为何在花黎之前加上"黄"字呢？当然说法很多，而我们从流传下来的明朝或清中期之前的黄花黎家具的颜色可以看出，多数黄花黎家具的颜色呈黄色或金黄色，很少有红色或深褐色、咖啡色者，这是花黎之前加"黄"字的主要原因。

清雍正开始，黄花黎家具逐渐退出主流的最重要原因，除了黄花黎来源减少外，上层或文人的审美趣向发生根本性的改变是其决定性因素。雍正及乾隆朝的家具多采用楠木、紫檀，特别是紫檀的使用在乾隆朝达到顶点，"紫檀工"的出现就是明证。当紫檀来源减少后，又开始寻找国产的所谓"花黎"，这时才发现真正呈金黄色的"花黎"已越来越少，这种花黎往往源于采伐条件优越的海南岛东部、东北部。而向西部、西南部或南部寻找时才发现花黎的颜色并不止于金黄色，灰白透黄、浅黄、黄、金黄、褐色、紫褐色、紫褐色近黑、红中带紫的花黎从东北至南部环形分布。清晚期及民国时期开始采伐西部这些深色黄花黎，故有人将深色黄花黎家具视作清中晚期或民国时期的家具是有一定依据的。

一种木材的基本色一般分为一种或两种，银杏木、乌木、紫檀、杉

清黄花黎方桌桌面，金色条纹细密有致，面无杂纹，为一木所开。（收藏：符集玉、摄影：杜金星，2012年5月17日）。

木、红豆杉、桐木、榧木为一种颜色；酸枝木、缅甸花梨有两种颜色。而海南产黄花黎有7—8种颜色，差别很大，这是海南黄花黎之于其他木材，特别是硬木最不同的一点。黄花黎虽然颜色差别大，地域过渡性明显，但每一种颜色均十分纯净而无杂色、杂质。无论何种颜色的黄花黎，如果置于自然阳光下，采用不同角度观察，所呈现的是一片片跳跃闪亮的金光，其余的颜色几乎全部退除。"色比金而有裕，质参玉而无分"。

2.纹理

黄花黎的纹理如同其颜色一样多姿多彩、变幻莫测。黄花黎之美，主要指向其形象生动、逼真或浪漫、飘逸的纹理，或如画的图案，如著名的鬼脸、晚霞、狸斑纹、虎斑纹、虎面纹、鹿纹、飞鸟纹、贝壳纹、花卉纹、蝴蝶纹、水波纹、沙丘纹、山形纹、弧形纹、梯田纹及其他各种如梦幻般美丽的图案。

　　黄花黎大树，一般心材直径超过40厘米以上者，纹理规矩，其主干部分如没有节疤且采用径切，则直纹较多；旋切也不会有让人心狂的画面，颜色深浅不一的条纹不规则地分割金黄的底色，自然形成有序、平静而深邃、隽永的景象，绝无平庸、乏味或拖沓之感。奇纹多出自于径小枝节者。黄花黎野生者，分叉较低，不断出现分枝，分枝与主干的变换多由台风或其他条件决定，但其互换之频繁也是没有一个树种所能相比的。这为产生连串的鬼脸纹提供了可能，所谓的鬼脸即活树节或活树瘤所产生的形似鬼脸的各种纹理。接近树根之主干或树根部分，无论采用何种切割方法，同一根木材均会产生多片同一花纹的现象，而每一根原木或树根之纹理迥异非常，令人意想不到。

黄花黎根雕（摄影：杜金星，2012年5月17日）
作品取自直径为10厘米左右的黄花黎树根。将表皮及边材刮净磨光后所得到的火焰纹，这种纹理一般出现在黄花黎原始林或萌生林，人工林很少产生这种花纹。

　　黄花黎瘿是所有瘿中最美妙奇特的，几乎每一个瘿之纹理都各具特色，难有相同之处，纹理清晰，浓墨重彩，远山近水，精彩纷呈。

　　黄花黎之纹理有如汉刘胜《文木赋》所赞："或如龙盘虎踞，复以鸾集凤翔。青绸紫绶，环璧珪璋。重山叠嶂，连波叠浪。奔电屯云，薄雾浓雾。麢宗骥旅，鸡族雉群，蠲绣鸳锦，莲薄芰文。"

3.光泽

　　黄花黎如同紫檀、金丝楠一样有一共同特点，光泽内敛，即光泽由里向外而出，似半透明的琥珀光，而与黄花黎同属的其他木材则很少产生这种现象，如我们熟知的老红木、酸枝木，另外与紫檀同属的花梨木也很少产生这一现象。所谓的"水波纹"，波纹细密、皱折，在自然光下波光涟涟，似湖水渗金。这种现象只有金丝楠木可与之媲美，紫檀次之。尤其是潮化时间很长的木料或黄花黎阴沉木、旧房料，这种现象更明

黄花黎半弧纹，形成原因为活的树枝在生长过程中被主干吸收，而与周围木质部分融合的结果。

图左：图中上部紫黑色的黄花黎沉于水，金黄色者半沉半浮。
图右：浅黄泛白的黄花黎靠背椅座面，旧料见新，源于澄迈、临高，比重较轻，一般浮于水。

显，光泽柔和内敛，低调而奢华。

4.比重

我们一般通过手或眼的观察来看木材的轻重，或用水来测试，认为沉于水的木材是最珍贵的，以重为贵。《红木》标准中黄花黎，即降香黄檀之气干密度为0.8—0.94克/立方厘米，根据这一数据，黄花黎绝对浮于水。而我们在实践中发现，颜色较浅的黄花黎浮于水，颜色中性者半沉半浮，而色深者接近于沉水，有的油黎的比重大于1，故沉于水。目前，一般人认为，接近于沉水或沉水的油黎是黄花黎中的上上妙品，价格高于其他黄色或金黄色的。实际上，高等级的明式家具或文人所好的刚好是后者，即干净而金黄色者，这也可能是审美趣向的差异。

黄花黎的这一比重特别适宜于家具的加工，如雕刻、起线。木工加工时不会感到艰涩、阻手或费力，故黄花黎家具起线干净利落、饱满圆润。由于其比重适中，油性很好，黄花黎家具的雕刻极少有崩茬现象，能十分准确地反映雕刻所要达到的原意，即达意、传神。

5.香味

味道或香味是古人制器时非常关注的一个问题，一般选择无味或有香味的木材，有臭味或其他异味的木材是很少使用的。黄花黎新材切面辛香扑鼻，浓郁而持久，成器后味道渐弱。红色或颜色越深的黄花黎，其香味较之色浅者要更浓一些，主要原因是黄花黎心材中富集芳香的各种挥发油。

6.油性

天然生长的或颜色较深的黄花黎，上漆比较困难，除了比重较大、木材致密外，还有一个主要原因即黄花黎的油性重。黄花黎本身内含丰富的降香油，经过长年的潮化，降香油浸润全身而使木材的光泽、手感均处于最适宜的状态。这一现象也是其他木材从一开始就不具备的。

7.手感

黄花黎经过加工处理后，手感滑腻柔润，光洁如玉。影响黄花黎手感的三大主要因素为潮化、比重和油性。一般经过潮化的原木比未经潮

东方市大广坝黄花黎老料，刨花自卷，膏润粘手。(标本：符集玉，摄影：于思群，2015年1月27日)

化的原木手感要好，潮化时间长者其手感更佳；比重大者手感优于比重轻者；油性大者，其手感好于油性差者。手感除了物理指标外，还有心理偏好的因素，如好色、好纹、好净，这些因素均与手感的好坏有关。文人十分注重手感，手感决定了其对材料的取舍，阻手发涩的木材是很难用于文人家具的。

二、黄花黎家具的颜色与纹理

我们从遗存下来的明式家具中所看到的黄花黎家具多为一木一器，即一件器物用一根黄花黎原木解析而成，其颜色、纹理一致或接近，这是黄花黎家具设计与制作的难点，也是至高的境界。我们几乎没有发现较早的黄花黎家具采用两种或两种以上不同颜色的黄花黎，也许黄花黎本身的颜色与纹理足够使人陶醉，没有必要再画蛇添足。即使在黄花黎大料充足的明朝或清前期，黄花黎家具的所谓一木一器，也是十分讲究颜色与纹理的组合，除了同色以外，所有边框或腿足均采用径切直纹的材料。除了力学方面的考虑外，首先还是考虑黄花黎家具的审美，柜门及案心多采用弦切且纹理对称的黄花黎，当然也有不少径切直纹的。标准的黄花黎家具极少违反这一原则，如果边框或腿足均采用花纹美丽的弦切，或心板为径切直纹，边框、腿足用弦切，则眼花缭乱、秩序颠倒，尽失黄花黎家具的自然之美。

随着黄花黎资源减少，黄花黎大料的来源也十分困难，如何处理黄花黎家具的颜色与纹理则需十分慎重。一件家具或一组家具尽量使用同色的黄花黎，如果达不到这一要求，则边框或腿足使用深色的黄花黎，心板及其他部位采用浅色或纹理优美的黄花黎。这一秩序不能颠倒，否则头重脚轻，色彩混乱。

黄花黎明式家具的审美情趣除了其形外，颜色与纹理的组合更能彰显其神形兼备、飘逸张扬的个性。这也是明式家具之范例。

黄花黎四面平架几画案（设计：沈平，工艺与制作：北京梓庆山房周统，摄影：连旭）

画案面板为稀见的满身狸斑黄花黎一木而为，顺纹弯拼，如野藤缘石。活泼的鬼脸纹、伞形纹、蜻蜓纹顺序连接，密而有序。面板似"一块玉"，实为双层空心，穿带内藏，伸缩在内，整体抽涨，法度谨然。架几各设抽屉一只，便于存贮零碎之物，使整体器形饱满、简洁实用。

画案无一机心之作，遍见天趣，如云林云："爱此风林意，更趋丘壑情。写图以闲咏，非在象与声。"

清紫檀花黎瘿食盒（收藏：北京梓庆山房）

食盒，《鲁班经匠家镜》又称食格，北京称之为提盒，指分层且有提梁的长方形箱盒。此食盒提梁、站牙、券口、底座为紫檀，每层盒底为格木（俗称铁力木），盒之主体用材为花黎瘿，器型规矩、稳健，色之深浅冷暖关照、浓淡相宜。

三、黄花黎与其他材料的组合

黄花黎家具的地域特色在材料组合方面也表现得十分明显，海南及广东在明朝或清朝所制黄花黎家具由于其木材来源丰富，就地取材，故一般通体采用黄花黎，家具尺寸肥厚，用料奢侈。不过我们从海南或广东的黄花黎旧家具中也发现不少黄花黎与花梨木即草花梨相配的，如花几、太师椅等。而苏式家具及山西家具中的明式黄花黎家具除了全部采用黄花黎制作一件家具外，也有相当大比例的黄花黎家具为黄花黎与其他材料相配，在北京制作的宫廷家具或京作家具也沿袭了苏作的这一风格。这一风格除了节约珍贵的黄花黎原料及用材的科学性两方面外，还是离不开黄花黎家具的审美。

黄花黎柜类家具之顶板、侧板、背板、面心板、抽屉板均采用其他材料，如香港大收藏家叶承耀所藏明或清早期黄花黎家具中便有黄花黎乌木六角梳背椅（壸门牙子为乌木）、黄花黎榉木面长方香几、黄花黎铁力插肩榫酒桌、黄花黎桦木面平头案、黄花黎榉木小画案、黄花黎斑竹片六角几何图案门心圆角柜、黄花黎嵌绿石案屏。故宫藏明清黄花黎家具也有与紫檀、铁力、鸡翅、湘妃竹、桦木、象牙、大理石相配的各类家具。雍正朝的黄花黎家具也有与楠木、豆瓣楠木、黄柏木、黄蜡石、乌拉石及其他石材相配的桌案、香几。

黄花黎柜类家具之顶板、侧板、背板、抽屉板一般采用较轻的木材，如杉木、柏木、银杏、松木、楠木，柜门心采用竹簧片、斑竹片，或颜色近似的瘿木，如楠木瘿、桦木瘿，桌案类家具之面心也多采用颜色近似之瘿木，如楠木或楠木瘿、花梨瘿；桦木瘿、豆瓣楠木、花楠，也采用蛇纹石、绿石、五彩石、大理石、黄蜡石、乌拉石及其他文石。这些不同的材料增加了黄花黎家具的观赏性，改变了其色彩或花纹的单一性，使其更加灵动鲜活、个性独特。

黄花黎与其他材料组合应十分慎重，不同材料的颜色、花纹的组合决定了黄花黎家具的审美价值。不管如何组合，其原则为黄花黎家具的四周色深而中间色浅，或整体颜色近似，而绝不允许中间色深而四周色淡。如黄花黎乌木六角梳背椅，其壶门牙子为乌木。黄花黎铁力插肩榫酒桌，乌木作牙子，颜色太深过于抢眼，配色很不协调。铁力可以做箱底或盒底，而不适宜做柜门心、案心。也有人用紫檀做黄花黎案心的，这些都是违背黄花黎家具配料的基本原则。与黄花黎相配而花纹美丽的材料，一般以径切直纹的黄花黎为边框，中心配以瘿木或文石，如果四周的木材花纹很好，中心用材之花纹奇特，其效果则为无序之狂乱。

　　一件美的黄花黎家具，是在把握黄花黎特质，即颜色、纹理、光泽、比重、香味、油性、手感七个方面的基础上进行理性构思、艺术创造的必然结果。应从审美的角度处理花梨木家具的颜色与纹理。黄花黎及与之相配的其他材料的关系，也是决定黄花黎家具审美价值的至关重要的因素。

第二节　黄花黎与明式家具

一、明式家具的界定

什么是明式家具，至今仍未有一科学准确的定义。王世襄先生在《明式家具研究》一书中认为明式家具可以从广义与狭义两方面理解。

广义的明式家具：包括所有制于明代的家具，不论是一般杂木制的民间日用的，还是贵重木材、精雕细刻的，皆可归入；就是近现代制品，只要具有明式风格，均可称为明式家具。

狭义的明式家具：指明至清前期材美工良、造型优美的家具。

从以上表述看，有四个方面应该值得关注：

(1) 时期：明至前清；

(2) 材：材美；

(3) 工：工良；

(4) 风格：明式风格（造型优美），具有某种特定的风格。

这四个方面均有人提出质疑：有人认为如给明式家具定义，主要应回答什么是"式"？而不应有时间限定；材美，难道清朝所用的紫檀等名贵木材不美吗？乾隆时期的"紫檀工"，还不精吗？至于何谓"明式风格"，也并没有给出具体、准确的标准答案。

究竟什么是"明式"？

"明"即时间概念，主要指明朝。从家具制作的形式及其结构、工艺延续来看，应包括前清。这一点应该没有疑义。"明"即指整个明朝，而不特指明朝某一时间段，如"明末"或"明万历以后"。

明黄花黎夹头榫平头案（收藏：北京刘传俊，摄影：初晓）

此案原载台湾洪光明著《黄花黎家具之美》，刘传俊先生近年从香港购回。平头案为圆材。横枨两根，枨间及上下无任何装饰，浑圆光素；面心板为一块玉，所有部位几乎不见卷曲的花纹或鬼脸纹，颜色干净、一致，选料与器型吻合；牙头与牙板齐平。无论近看远观，整体比例与各部件的尺寸、关联、对应恰到好处。最大看点，如意云纹出锐角，尖利急促，翻转自如。尖与圆、虚与实的关系处理尤为用心，柔婉中见清丽，平淡处生新意。

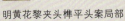

明黄花黎夹头榫平头案局部

"式"指"式样"、"格式"、"风格"、"制度"、"模范",故明式家具应该具有明朝家具标准的式样或风格,是家具制度之模范。所谓的"明式",其造型与结构源于宋,至明则在造型及结构方面进行了更加美观、科学的改进,其家具的基本形式也得以确立而达到中国家具发展的顶峰;家具的分类细致,品种齐备,比宋代家具更加丰富。另外,由于技术的发达与经济的持续发展,木材来源更广,对于木材材性的认识与加工水平、工艺水平也相应提高。加之明中期以后,阳明心学的兴起,思想解放运动的特点之一便是重人性、显个性,故对于"明式"的最后完善与确立起到了决定性的作用。

"明式"或"明式风格"的主要特点是:

(1)造型简洁、优美、清新;

(2)结构科学、合理;

(3)文人参与家具的设计,"明式"又有明显的"文人家具"之特征;

(4)不尚雕饰,注重材料的自然颜色与纹理;

(5)注重线条语言;

(6)木材以榉木、黄花黎为主,次之为紫檀、铁力、乌木、黄杨木、榆木、柏木等,特别是明式黄花黎家具可为明式家具之标本,即所谓"匿大美于无形,藏万象于极简",这是对"明式"的最好诠释。

二、明式家具产生的时代背景

明式家具从狭义讲,仅指产生于明代及前清时期且符合前述明式风格六条标准的家具。明式家具的产生有其经济、文化等多种原因,前辈学者均有所研究,在此不作赘述。我们可以从另一角度即时尚流行、崇奢及明末思想解放运动三个方面来谈。

1.时尚流行所引起的社会效仿

明式家具的滥觞之地为苏州,苏州也为当时明朝的时尚之都。明朝的家具、服饰、饮食及其他器玩均以苏州所出为标准时尚，当时便有"苏州样"或"苏意"之称。薛冈《天爵堂笔馀》谈及"苏意"称："'苏意'非美谈，前无此语。丙申岁，有甫官于杭者，笞窄袜浅鞋人，枷号示众，难于书封，即书'苏意犯人'，人以为笑柄。转相传播，今遂一概稀奇鲜见，动称'苏意'，而极力效法，北人尤甚。"从这一笑谈中，可以看到当时官方禁止"苏意"时尚的流行，另外也可以看到"苏意"的影响之广与流行速度之快，连当时的北京"衣服器用不尚繁添，多仿吴下之风，以雅素相高"。

造成"苏意"流行的原因，张瀚《松窗梦语》剖析得很深刻："至于民间风俗，大都江南侈于江北，而江南之侈尤莫过于三吴。自昔吴俗习奢华、乐奇异，人情皆观赴焉。吴制服而华，以为非是弗文也；吴制器而美，以为非是弗珍也。四方重吴服，而吴益工于服；四方贵吴器，而吴益工于器。是吴俗之侈者愈侈，而四方之观赴于吴者，又安能挽而之俭也。盖人情自俭而趋于奢也易，自奢而返之俭也难。……工于织者，终岁纂组，币不盈寸，而锱铢之缣，胜于寻丈。是盈握之器，足以当终岁之耕，累寸之华，足以当终岁之织也。"

"苏意"在于"意"，即意境，大写意，而不仅仅是内容或形式。吴从先《小窗自纪》："焚香煮茗，从来清课，至于今讹曰'苏意'，可天下无不焚之煮之，独以意归苏，以苏非着意于此，则以此写意耳。"明式家具之神就在于意境，黄花黎家具自然延伸的线条、色泽似金水流淌变幻而形成迷人的画面，本来就非人为安排，这也是黄花黎家具的大意境。

宫廷流行什么样的家具？万历朝太监刘若愚《酌中志》称："凡御前所用围屏、摆设、器具，皆取办焉，有佛作等作。凡御前安设硬木床、桌、柜、阁及象牙、花梨、白檀、紫檀、乌木、鸂鶒木、双陆、棋子、骨牌、梳栊、螺钿、填漆、雕漆、盘匣、扇柄等件，皆造办之。"而苏州所制家具更是风靡一时，范濂《云间据目钞》云："细木家伙，如书桌、禅椅之类，余少年曾不一见，民间止用银杏金漆方桌，自莫廷韩与顾宋两公子，用细木

豆瓣楠镶菱花形面心紫檀五足高香几（设计：沈平，工艺与制作：北京梓庆山房周统，摄影：连旭）

明高濂《遵生八笺》曰："书室中香几之制有二：高者二尺八寸，几面或大理石；或以豆瓣楠镶心，或四人角，或方，或梅花，或葵花，或慈菰，或圆为式；或漆，或水磨诸木成造者，用以搁蒲石，或单玩美石，或置香橼盘，或置花尊，以插多花，或单置一炉焚香，此高几也。"五足香几从形式到用料遵古制、缘古法，意趣盎然。最值得赞美的是外刚内柔的三弯腿，正面两面打洼，硬挤出中间剑脊，锋利冷峻，内侧倒圆，润滑如玉。三弯腿顺势下延，下踩圆珠，使硬线转圆，有结束，有交待。这种高难度的造型与工艺，不知是天作还是人为。

数件，亦从吴门购之。隆、万以来，虽奴隶快甲之家，皆用细器，而徽之小木匠，争列肆于郡治中，即嫁妆杂器，俱属之矣。纨绔豪奢，又以椐木不足贵，凡床橱几桌，皆用花梨、瘿木、乌木、相思木与黄花黎，极其贵巧，动费万钱，亦俗之一靡也。尤可怪者，如皂快偶得居止，即整一小憩，以木板装铺，庭蓄盆鱼杂卉，内则细桌拂尘，号称书房，竟不知皂快所读何书也。"从这里可以看出从苏州购置家具已成时尚，纨绔子弟或奴隶快甲皆用细器。所使用的木材也开始发生变化，苏州典型的椐木（榉木）已不足以为贵，转向花梨、紫檀等贵重木材，王士性称："……又如斋头清玩、几案、床榻近皆以紫檀、花梨为尚，尚古朴不尚雕镂，即物有雕镂，亦皆商、周、秦、汉之式，海内僻远皆效尤之，此亦嘉、隆、万三朝为盛。"

苏州家具的式样、用材、纹饰，海内僻远皆效尤之，这也是山西、河北、山东、河南等地也留存大量精美的紫檀、黄花黎家具的重要原因。这种以苏州式样家具为时尚的快速流行，不仅宫廷及官宦、文人追逐苏式紫檀、黄花黎家具，而且下层也效仿上层的行为与品味，如文人看重书房，而"不知所读何书"的皂快也仿置书房。这种效仿所产生的对于名贵木材所制苏式家具的消费或追逐，也会不断刺激家具在式样、材料及工艺方面的快速改进。当然也会产生苏式家具式样的分化而满足迅速发展的市场。故时尚的流行所产生的社会效仿是明式家具或明式黄花黎家具产生与完备的重要原因与条件。

2.崇奢

明末经济、科技、文化高度发达，社会风气随之也发生了明显的变化，其明显特征便是对奢侈品的普遍与过分追求，在服饰、饮食、庭园及家具、古董方面，无论官宦、士大夫或文人，乃至商贾、平民均相互追逐、攀比，使明初希望达到的"望其服而知贵贱，睹其用而明等威"的理想秩序在明末成为泡影。张瀚《松窗梦语》称："国朝士女服饰，皆有定制。洪武时律令严明，人遵画一之法。代变风移，人皆志于尊崇富侈，不复知有明禁，群相蹈之。……今男子服锦绮，女子饰金珠，是皆僭拟无涯，逾国家之禁者也。"

对于珍稀木材所制器物或高级家具的追求在明末已臻至高峰。明末张岱（1597—1689年）在《陶庵梦忆》中记载万历三十一年，二叔张联芳途经淮上，见有长丈六、阔三尺之铁梨木天然几，滑泽坚润，纹理奇特。当时淮抚李三才已出百五十金而不能得，张联芳便加价至二百金抢得此天然几，然后快速装船运走。淮抚大怒，派兵追踪，不及而返。

《天水冰山录》是一部完整记录明嘉靖年间内阁首抚严嵩（1480—1567年）及其子世蕃（1513—1565年）所遭籍没财物的清单。有关家具与器物的记录，则清晰地表明了官宦富有之家对于高级家具的偏好。现根据1937年6月商务印书馆版《天水冰山录》有关家具的资料整理如下：

表24 《天水冰山录》家具明细表

页 码	品 名	数 量	备 注
第120页	檀香酒杯	11支	
	檀香人物	1个	
	檀香须弥座	1个	
	檀香绦环	1个	
第122页	檀沉速降香	291根	共重5058斤10两
	奇南香	3块	
	沉香山	4座	
第184页	牙玳檀香等扇	180把	
第188页	玉组香木界尺	2条	
	乌木界尺	2条	
第189页	乌木牌	1副（连盒）	
	玉嵌香木蘸笔	1个	
第190页	牙盖花梨镜架	1个	
第191页	花梨木小鱼	1个	
	玉镶花梨木镇纸	1条	
第192页	花梨木拜帖匣	1个	
	牙镶花梨木镜架	1个	
第193页	玉镶花梨木镇纸	1条	

续表

页 码	品 名	品 名	备 注
	花梨木鱼	1个	
第194页	小花梨木盒	1个	
	牙盖花梨木镜架	1个	
第195页	小花梨木鱼	1个	
	玉镶花梨木镇纸	1条	
第196页	小花梨木盒	1个	
第197页	花梨小木鱼	1个	
	牙镶棕木笔筒	1个	
第198页	小花梨木方盒	1个	
	花梨木锥	1件	
第200—201页	大理石大屏风	20座	
	大理石中屏风	17座	
	大理石小屏风	19座	
	灵璧石屏风	8座	
	白石素漆屏风	5座	
	祁阳石屏风	5座	
	倭金彩画大屏风	1座	
	倭金彩画小屏风	1座	
	倭金银片大屏风	2架	
	倭金银片小屏风	3架	
	彩漆围屏	4架	
	描金山水围屏	3架	
	黑漆贴金围屏	2架	
	羊皮颜色大围屏	2架	
	羊皮中围屏	3架	
	羊皮小围屏	3架	
	倭金描蝴蝶围屏	5架	
	倭金描花草围屏	2架	
	泥金松竹梅围屏	2架	屏风、围屏共108座／架
第201—202页	雕漆大理石床	1张	
	黑漆大理石床	1张	
	螺钿大理石床	1张	
	漆大理石有架床	1张	
	山字大理石床	1张	
	堆漆螺钿描金床	1张	

页　码	品　名	品　名	备　注
	嵌螺钿著衣亭床	3张	
	嵌螺钿有架凉床	5张	
	嵌螺钿梳背藤床	2张	
	镶玳瑁屏风床	1张	床共17张
第298页	檀香等扇	59把	
	螺钿雕彩漆大八步等床	52张	每张估价银15两
	雕嵌大理石床	8张	每张估价银8两
	彩漆雕漆八步中床	145张	每张估价银4两3钱
	椐木刻诗画中床	1张	估价银5两
第300—301页	描金穿藤雕花凉床	130张	每张估价银2两5钱
	山字屏风并梳背小凉床	138张	每张估价银1两5钱
	素漆花梨木等凉床	40张	每张估价银1两
	各样大小新旧木床	126张	共估价银83两3钱5分
以上各样床计640张，通共估价银2127两8钱5分			
	桌	3051张	每张估价银2钱5分
	椅	2493把	每把估价银2钱
	橱柜件	376口	每口估价银1钱8分
第303—304页	橙兀	803条	每条估价银5分
	几并架	366件	每件估价银2分
	脚橙	355第	每条估价银2分
以上桌椅等项共7444件，共估价银1415两5钱6分			
	雕漆盘盒	230个	
	漆描金盘盒	531个	
	抬盒抬箱	193个	
	书匣	178个	
	漆素木屏风	96座	
	新旧围屏	185座	
第304—306页	冠带盒	24个	
	木杂碎家火	5092件	
	各色杂木板	90片	
	各色杂木	120根	
	乌木筋	6896双	
	斑竹筋	5831双	

根据此表，我们可以得出如下几点结论：

第一，严嵩之籍没家具、器物之用材珍稀。

(1) 木材：檀香、花梨、椐木、乌木、香木（包括：檀香、奇南、沉香、速香、降香等）、棕木。

(2) 竹材：斑竹。

(3) 石材：大理石、灵璧石、白石、祁阳石。

明朱漆嵌螺钿大木箱局部（收藏：张旭）

有学者称清单中没有紫檀、黄花黎，故硬木家具并未产生。清单中确实没有紫檀，也没有"黄花黎"，但历史上并未将海南产黄花黎及进口的花梨木完全分开，许多历史典籍将海南产黄花黎称为"花榈"、"榈木"、"花黎"、"花梨"，今天的海南人还称黄花黎为"花梨"或"花黎"。清梁廷枏将二者分为"花梨"和"番花梨"。"番花梨"肯定为进口的花梨木（*Pterocarpus spp.*）。故我们无法肯定严嵩之花梨器物之树种、产地，这种分别也无多大实际意义，以此来确定硬木家具还未产生是错误的。

清单中的檀香木、乌木、椐木，一直是十分珍贵的树种，特别是檀香木目前仍是世界上最昂贵的木材之一。

第二，大量使用满雕、满色的漆家具、嵌螺钿家具。

这些家具在当时的宫廷及官宦之家非常流行，而在文人的眼中只能将其归为"俗家具"，我们从其估价便可看出不同阶层审美趋向的天壤之别。

表25 《天水冰山录》床类估价单

品　名	估　价
螺钿雕漆彩漆大八步床	每张估价银15两
雕嵌大理石床	每张估价银8两
彩漆雕漆八步中床	每张估价银4两3钱
椐木刻诗画中床	估价银5两
描金穿藤雕花凉床	每张估价银2两5钱
山字屏风并梳背小凉床	每张估价银1两5钱
素漆花梨木凉床	每张估价银1两

此表的估价已清楚地表明当时有很大一部分人追求繁复的工艺、色彩的多样及诗画图案，价格最高的便是工艺最为繁复的"螺钿雕漆彩漆大八步床"，估价银15两。椐木的价格应大大低于"花梨"，但因"椐木床"刻有诗画，故价格高于"素漆花梨木凉床"。故估价的高低并不是因

为材质的好坏，主要是根据工艺的繁易程度而定。这也是明末"俗"的一面之真实记录。

第三，日本家具受到各阶层的追捧。

冯梦祯（1548—1605年）一日至友人家中"索观珍玩，新得旧倭器数事，甚佳"。文震亨（1585—1645年）《长物志》中对日本家具也十分喜爱，如"台几倭人所制，种类大小不一，俱极古雅精丽，有镀金镶四角者，有嵌金银片者，有暗花者，价俱甚贵"。日本家具特别是漆器做工精美、造型古雅，自宋开始便为朝贡珍品，至明末，进口的日本漆器及其他家具价格昂贵，也是宫廷、官宦、文人及商贾竞相追逐之对象。清单中"倭金彩画大屏风"、"倭金彩画小屏风"、"倭金银片大屏风"、"倭金银片小屏风"、"倭金描蝴蝶围屏"、"倭金描花草围屏"等之价格虽然没有列明，但绝不会低于"螺钿雕漆彩漆大八步床"。

明末不仅像严嵩这样的高官追求昂贵的家具，富贵之家或平民百姓也是如此。莫是龙《笔麈》生动描述了当时的"好古"："今富贵之家，亦多好古玩，亦多从众附会，而不知所以好也。且如蓄一古书，便须考校字样伪谬及耳目所不及见者，真似益一良好；蓄一古画，便须少文澄怀观道，卧以游之；其如商彝周鼎，则知古人制作之精，方为有益，不然与在贾肆何异。"姚廷遴《历年记》记载明末松江府"池郭虽小，名宦甚多……至于极小之户，极贫之弄，住房一间者必有金漆桌椅、名画古炉、花瓶茶具而铺设整齐"。明隆、万以来，"奴隶快甲之家皆用细器"，富有者认为椐木不足以显示珍贵，"皆用花梨、瘿木、乌木、相思木与黄花黎……动费万钱，亦俗之一靡也"。

明末的紫檀、花梨等珍稀木材及家具已成为各个阶层标榜地位、炫耀财富的最佳选择，而当时的社会肯定人欲、张扬个性，故追求贵重木材与家具之独特个性，也使得家具的品种齐备，造型各异，工艺奇特而使明式家具最终得以确立，这也是崇奢而"丧己以逐物"的必然结果。

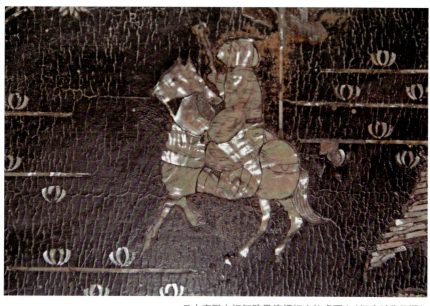

日本高野山福智院黑漆螺钿小炕桌面心（江户时代早期）

日本高野山金刚峰寺的供桌（江户时代早期或以前）

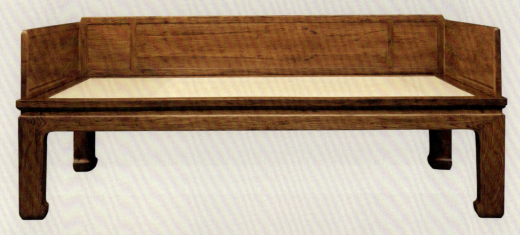

黄花黎有束腰内翻马蹄三面围子罗汉床（设计：沈平，工艺及制作：北京梓庆
山房周统，摄影：连旭）
罗汉床造型中规中矩，无任何雕琢，床腿外方内圆；木材之色泽、纹理一致，
如一木所为，朴素、大气、敦厚。

3.阳明心学及明中期以后的思想解放运动

程朱理学之标志性口号"存天理，灭人欲"，至明中期便变成了"存天理，去人欲"，明末一些文人认为可以存天理，但人欲万万不能灭。自宋以来，居于统治地位的程朱理学到了明中期王阳明便开始发生动摇，取而代之的是阳明心学及其学说后续的发展。

阳明心学的主要内容为"心外无理"、"心外无物"、"知行合一"、"致良知"及"四句教"，即"无善无恶心之体，有善有恶意之动，知善知恶是良知，为善去恶是格物"。"理"不是向外求的，不存在于事物之外而存于事物之内，内存于心而不在心外，"心即理"，"心外无理"。这一问题的提出完全推翻了朱子"格物穷理"的学说。从此，阳明心学一反程朱理学之束缚，强调个体内在"良知"的发挥，强调致知必须践行，亦即重视个体对内自省和对外实践的一致，即独立自己，人人可以成圣。阳明先生的弟子或再传弟子从此得到极大鼓舞，使得打破多年来圣人之言不可违，圣人高不可攀的禁锢成为可能。这也是明中期，特别是晚明士大夫及文人重自我、重个性张扬的源泉之一。

李贽（1527—1602年），为明末极有反叛精神的思想家。他认为"穿衣吃饭即是人伦物理"，"天下万物皆生于两，不生于一"，明确反对假道学及传统教条，对明末社会或士人影响之广、之深无人能敌。世人一般视其为阳明先生之再传弟子，其学说始终未能脱离阳明心学之范畴。

李贽不惟圣人之言，不以圣人之是非为是非，特立独行，张扬个性。"所系皆在我，故我只管得我立身无愧耳。虽不能如古之高贤，但我青天白日心事，人亦难及，故此间大贤君子，皆能恕我而加礼我"。"天幸生我大胆，凡世人之所忻艳以为贤者，余多以为假，多以为迂腐不才而不切于用；其所鄙者、弃者、唾且骂者，余皆以为可托国托家而托身也。其是非大戾昔人如此，非大胆而何"？

李贽对于所谓"道学"之统可谓叛逆，但明末的士人亦多视其为"圣贤"，仿效者众，也有过之而无不及者。特别是在奢靡、纵欲诸方面又是李贽所不为或不及的。士人的言行对于明末社会或社会生活的急变产生了剧烈的、不可逆转的影响，无论服饰、饮食、情色、居住，还是史上盛极一时的明式家具，特别是黄花黎家具均受到波及。

明万历年间有"三袁"之称的袁氏三兄弟袁宗道、袁宏道、袁中道为文坛怪才，士人模范。袁中道以其纵欲、放荡不羁、才气过人而突出。袁中道为公安人，"长益豪迈，从两兄宦游京师，多交四方名士，足迹半天下。……中道所为诗文，与两兄所作，当时称为'公安体'。以反对仿古、追近自然为宗。有《珂雪斋集》二十四卷"。

袁中道一生纵情于山水，极喜闲适自在、无所牵累的理想生活。他于《后汛凫记》中称："孝廉粗有体面，可支门户；早完公租，不涉闲事，可以不到公门半步。州县亦自敬重。上拟不足，下拟有余，亦可安心卒岁者也。仆于中外骨肉，由登第至盖棺，皆亲见之。作宦之味，亦历知之矣。大约以多欲求遂，故不得不处于忙也，而其实未常不厌忙也。以厌忙故，亦结想于闲地，而其实又未能闲也。有事厌事，无事生事，奔波一生，即高明者率皆然耳，仆久已觑破矣。……仆有饘粥之田，可取租四百余石，以其半赡城中妻孥，以其半为村中及舟中资粮。岁有银租近百金，以十分之二付城中妻孥作蔬具，以强半给予游玩度支。又沙市有一宅，社友苏直指曾诺以直，若得成，再治田数百亩。仆于穷人中，亦足以豪矣。支派既定，但饭来张口，有若神鸦，何俟仆仆更求人乎！"

袁中道从一开始就对登第升迁兴趣不大，有时是不得已而为之。他的理想生活与王阳明的理想生活是不一样的，与李贽的狂狷也不一样，但明末的士人对待"存天理，灭人欲"的认识也已与王阳明的初衷大不一样，毫不隐讳地说，"存天理"尚可，但"人欲"是绝对不能灭的。"人欲"不仅表现在张岱的"极好繁华、好精舍、好养婢、好娈童、好鲜衣、好美食、好骏马、好华灯、好烟火、好梨园、好鼓吹、好古董、好花鸟"，而且袁宏道的"五快活"将明末士人有关追求"人欲"的理想生活推至极致："然真乐有五，不可不知：目极世间之色，耳极世间之声，身极世间之鲜，口极世间之谭，一快活也。堂前列鼎，堂后度曲，宾客满席，男女交舄，烛气薰天，珠翠委地，金钱不足，继以田土，二快活也。箧中藏万卷书，书皆珍异，宅旁置一馆，馆中约真正同心友十余人，人中立一识见极高，如司马迁、罗贯中、关汉卿者为主，分曹部署，各成一书，远文唐、宋酸儒之陋，近完一代未竟之篇，三快活也。千金买一舟，舟中置鼓吹一部，妓妾数人，游闲数人，泛家浮宅，不知老之将至，四快活也。然人生受用至此，不及十年，家资田地荡尽矣。然后一身狼狈，朝不谋夕，托钵歌妓之院，分餐孤老之盘，往来乡亲，恬不知耻，五快活也。士有此一者，生可无愧，死可不朽矣。"

袁中道也是其兄宏道"五快活"理想的追随者与实践者。他在《东游记》中十分得意地称："予少年时，烟霞粉黛，互战而不相降。迩烟霞，则入烟霞；近粉黛，亦趋粉黛。"其中有一首诗至今还为人津津乐道，也多视此诗为袁中道的自画像："山村松树里，欲建三层楼。上层以静思，焚香学薰修。中层贮书籍，松风鸣飕飕。右手持《净名》，左手持《庄周》。下层贮妓乐，寘酒召冶游。四角散名香，中央发清讴。闻歌心已醉，欲去辖先投。房中有小妓，其名喊莫愁。《七盘》能妙舞，百转弄珠喉。平时不见客，骄贵坐上头。今日乐莫乐，请出弹箜篌。"

袁中道的二位兄长是其楷模，均为纵欲而难以自拔以致毁身。袁中道在中年以后开始自我觉醒，意识到纵欲所带来的恐惧和死亡。他决心戒欲，但反反复复终未如愿。

明末的陈继儒、王穉登、张岱等一大批文人无一不纵情山水、纵欲、放荡，张扬个性，放大自我。这是明末文人的一大特质。他们在纵欲作乐之余，有意或无意给后人留下了大量美文及清丽雅致的艺术品以启迪来者。无论是绘画、书法、服饰、美食、戏曲、小说、诗词还是为世人所惊叹、所诚服的明式家具，都是文人纵情山水、寓意于物的理想所致。

而王阳明的心学应该是明中期以后社会激荡变革，程朱理学开始后隐、变化的酵母，也是思想解放、人性回归的助推器。我并不认为"阳明

明黄花黎六角形鼓架 (收藏：北京刘传俊，摄影：初晓)

此种形式的六角形鼓架疑为孤例。国内外学者、收藏家对其功能
也有不同看法。其造型及空间的分割繁而有序，相互关系的转承
连接如顺水推舟，自然而为。鼓架呈六角形，腿足六根，其中两根
高出其余四根约六十厘米，上端各有圆雕蹲狮一只，中牌子一面
浮雕"状元及第"，着官服人物分别为状元、榜眼、探花；另一面则
浮雕富贵牡丹。腿足间均饰六块各不相同的花鸟瑞兽吉祥图案，
腿足下端内侧用米字枨相连，外侧有透雕鱼门洞绦环板，铲地起
阳线。造型、结构、线条、纹饰吉祥喜庆，是近年黄花黎家具收藏
的一个极为重要的关注点。

明黄花黎六角形鼓架局部

明黄花黎六角形鼓架局部

心学"被人定为"伪学"的原因是一改明朝开国以来的正统思想与伦理秩序,而是明朝社会的发展已到了一个必须从根本上改变的时期,阳明心学正是适应了这一不可更改的现实或历史潮流,为明中期以后的社会发展提供了理论营养与哲学基础。明朝中期后由"崇俭"到"崇奢",以致僭越礼制、重视自我、反对假道学,并不是完全由于阳明心学之过,但却与其有着必然的联系。"阳明心学"也从根本上撕开了所谓正统道学的一角帘幕。到了晚明,不过是陈继儒、袁中道们将大幕掀开,让自然的阳光渗透到每一个角落而已。他们自信、自我、张扬或放纵、狂狷,抑或闲适、厚生、崇奢、追求浪漫、自然、真实,这些除了深刻在他们所留的著作中外,更多的可以从今天手摸眼看的青花瓷、宣德炉、明式家具等精美、温暖的器物上感受到。特别是黄花黎家具,只有文人才能理解,才能亲近,才能读懂。黄花黎自然金黄的色彩,温润而又富于联想的手感,生动而又清晰、瑰丽的纹理图案,其浪漫、天真而又多变的特质,只有文人才能玩味。故将明式家具中的黄花黎家具,理解为"文人家具"是十分妥帖的。

三、黄花黎与明式家具

明式家具所用木材,其共同点便是颜色纯正、干净,花纹雅致美丽。明人曹昭于洪武二十一年(1388年)出版的《格古要论》对于当时所用木材进行了记载。景泰七年(1456年)王佐对《格古要论》进行增补,后人称之为《新增格古要论》,其中《异木论》对19种木材之特征进行了准确描述,从《异木论》便可看出明人对于木材颜色、纹理的偏好。

表26　《异木论》13种木材的颜色、纹理特征一览表

序　号	木材名称	颜色、纹理特征	产　地
1	鸂鶒木	其木一半紫褐色，内有蟹爪纹；一半纯黑色，如乌木，有距者价高。	西番
2	紫檀木	性坚，新者色红，旧者色紫，有蟹爪纹，新者以水湿浸之，色能染物，作冠子最妙。近以真者揩粉壁上，果紫，余木不然。	交趾、广西、湖广
3	乌木	性坚，老者纯黑色且脆，间道者嫩。	海南、南番、云南
4	虎斑木	其纹理似虎斑。	海南
5	骰柏楠	（1）纹理纵横不直，中有山水、人物等花者价高； （2）满面葡萄，其纹脉无间处，云是老树千年根也。	西蜀马湖府
6	赤水木	色赤，纹理细，性稍坚且危，极滑净。	
7	瘿木	（1）桦木瘿，花细可爱，少有大者； （2）柏树瘿，花大而粗； （3）杨柳瘿，木有纹而坚硬。	辽东、山西
8	花梨木	紫红色，与降真香相似，亦有香。其花有鬼面者可爱；花粗而色淡者低。	南番、广东
9	铁力木	色紫黑，性坚硬而沉重。	广东
10	杉木	（1）色白，而其纹理黄，稍红，有香甚清； （2）中有花纹，细者如雉鸡斑； （3）花纹粗者亦可爱，直理不花者多； （4）马湖府枋子，全镶有野鸡玉者，最贵。	四川、广西、江西、湖广、徽州
11	桫木	色黄，纹理稍黑，花纹细者可爱，直理者多，性最柔，可圈，素新者有香，浊甚。	广西、四川
12	椤木	色白，纹理黄，花纹理，亦可爱，谓之倭椤木。花者多有一等，稍坚，理直而细，谓之草椤，俗呼曰桧木。	湖广、江西南安万举山
13	香楠木	（1）色黄而香； （2）紫黑色者皆贵，白者不佳。	四川、湖广

《异木论》还有金刚木、椰杯木、椰子木、槟榔木、人面木、鞑靼桦皮木、不灰木（实为一种石材）的记录。我们从表格中所列木材之特征来看，每一种木材的颜色、纹理都有其鲜明的特征，也是明朝上层或文人所追求、喜欢的主要木材，这些木材多数用于家具的制作。《格古要论》或《新增格古要论》所记载的硬木早于《天水冰山录》，故我们不能仅据《天水冰山录》来判断硬木家具之起源，而在《格古要论》之前关于硬木的记录也有不少。

我们在博物馆或收藏家那里看到的源于明朝的优秀家具或称明式家具所用木材多为黄花黎、紫檀、铁力木、乌木、鹨鶒木、榉木、榆木、核桃木、柞榛木，其显著特点便是文章华美、颜色纯净，而黄花黎正如

黄花黎象面纹，这种纹理一般由树蔸刮削而成。象面纹在所有黄花黎纹理中极为稀少，非常珍贵。（收藏及摄影：魏希望，2011年8月25日）

檀香紫檀豆瓣纹标本
（标本：北京梓庆山房）

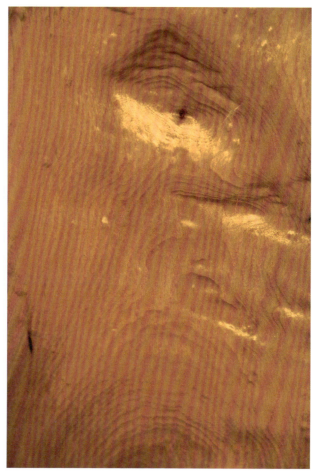

金丝楠木瘿
（标本：北京梓庆山房）

屈大钧所描述的："色紫红微香。其文有鬼面者可爱，以多如狸斑，又名花狸。老者文拳曲，嫩者文直。其节花圆晕如钱，大小相错，坚理密致……"黄花黎光泽内敛而柔顺，由里及表，华丽而不炫目；其色如金黄，吉祥如意，澄澈透明。这些鲜明的特征正是追求人性独立、个性张扬的明末文人所钟爱的。正因如此，优秀的黄花黎家具几乎件件个性十足、特点突出，极少雷同。这也是国内外博物馆、学者及收藏家追逐黄花黎家具的重要原因。

另外，榉木及榉木家具在中国家具发展史中也有着极为重要的地位。榉木色纯黄而无杂色，宝塔纹层叠有序，是明朝苏州文人及士大夫书房家具中不可或缺的。榉木家具产生于什么年代已不可考，但标准的明式家具应该从榉木家具开始。苏州是明式家具的故乡，榉木多生长于苏州附近的江浙等地，榉木是当地十分珍贵的家具、建筑、造船用材。在苏州，榉木家具的出现早于黄花黎家具，二者的形式、品种及工艺手法几乎完全一致，故榉木家具应是黄花黎家具的先祖与模范。王世襄先生于1979年、1980年对苏州洞庭东、西山考察时看到若干件明式家具几乎全部是榉木所制，从品种、形式、线脚、雕饰，乃至漆里、藤屉、铜饰件等附属用材和物件，与流传在北京地区的大量黄花黎家具全无二致。王先生认为，洞庭东、西山，就是明及前清榉木家具的起源地。又因榉木家具与黄花黎的手法一致，只不过用材上有差异，所以也就找到了明及前清黄花黎家具的制造之乡。

而明末及清前期，无论宫廷、士人还是文人、老百姓对于家具所用材料的选择都趋向于由榉木向黄花黎、紫檀、铁力等名贵木材的转变。这是崇奢的结果之一，更主要的还是明末文人好文、好色、好奇，追求放达、飘逸的人生及审美趋向发生根本性改变的结果。纹理奇致、色彩鲜明的木材，是当时家具用材的追逐对象，如黄花黎、紫檀、榉木、瘿木、铁力等。明人何良俊称"其制作非不华美，璧之以文木为椟，雕刻精工，施以彩翠，非不可爱，然中实无珠，世但喜其椟耳"。明文人追求椟

榉木无柜膛圆角柜
（设计：沈平，工艺及制作：北京梓庆山房周统）

之自然纹理与色彩，也热衷于"雕刻精工，施以采翠"之华美。张岱二叔张联芳二百金得铁梨天然几，主要见其"滑泽坚润，非常理"。

　　我们从国内的博物馆、私人收藏及国外，特别是美国的博物馆、私人收藏的黄花黎家具来看，精美优秀者多为明式风格，也多出自明及清前期。这一时期的明式黄花黎家具明显多于紫檀及其他材料的家具，当时的榉木、紫檀、铁力、乌木家具也有不少，特别是紫檀家具也一直受到各阶层的喜爱，其价格一直高于黄花黎。黄花黎是我国独有树种，产自海南岛，相对于紫檀来源更丰富、获取容易一些。故传世的黄花黎家具数量在一定程度上多于其他家具。从家具发展史的角度出发，在某种程度上，我们将明及清前期，称之为"黄花黎家具时代"并不过分。如果有人问哪一种木材所制家具可以作为明式家具的代表，黄花黎应当之无愧。优秀的明式黄花黎家具，也可为明式家具之代名词。这一说法可能会遭到一些人的批评，但想找出第二种木材来代替黄花黎也是很困难的，因为紫檀家具的高峰期在雍正之后，特别是乾隆朝。而自乾隆朝之后，所谓的红木才开始粉墨登场。故我们可以看出明清两朝家具用材变化的轨迹：榉木→黄花黎→紫檀→红木。黄花黎及黄花黎家具作为我国古代家具发展到顶峰时期的产物，其地位与意义也就在于此。

第三节　明末的文人家具

一、文人家具的概念与特点

苏东坡提出"士人画"与"画工画"这一对概念。"士人画"强调意境，其典型代表即王维。苏东坡称赞王维"味摩诘之诗，诗中有画。观摩诘之画，画中有诗"。其画充满禅意，高远淡泊、空灵清秀。而"画工画"仅仅注重形似或具象，"论画以形似，见与儿童邻"。一味模仿，追求形似，这是"画工画"的特质。明人董其昌曰："士人作画，当以草隶奇字之法为之。树如屈铁，山如画沙，绝去甜俗蹊径，乃为士气。"这是董其昌对于士人画的特征的一个精妙概括。董其昌在《画旨》一文中同时也提出了"文人画"的概念："文人之画自王右丞始，其后董源、巨然、李成、范宽为嫡子，李龙眠、王晋卿、米南宫及虎儿皆从董、巨得来，直至元四大家董子久、王叔明、倪元镇、吴仲圭皆其正传。"所谓"文人画"、"画工画"之区别在于"写意"与"写实"，苏东坡一语点破二者的本质所在，即"摩诘得之于象外"，强调象外之意。

何谓文人家具？

明人文震亨在《长物志》中称："方桌旧漆者最佳，须取极方大古朴，列坐可十数人者，以供展玩书画。若近制八仙等式，仅可供宴集，非雅器也。""古人制几榻，虽长短广狭不齐，置元斋室，必古雅可爱，又坐卧依凭，无不便适。燕衍之暇，以之展经史，阅书画，陈鼎彝，罗肴核，施枕簟，何施不可。今人制作，徒取雕绘文饰，以悦俗眼，而古制荡然，令人慨叹实深"。由此可以分析，所谓文人家具即指产生于宋元，兴盛于明末而有文人意识的家具，以精神愉悦、涵养自我为主要目的，制式古雅、清

明榉木一腿三牙大方桌（收藏：北京梓庆山房，摄影：连旭）

一腿三牙方桌为明末清初方桌的基本制式。桌面尺寸殊大，冰盘沿起拦水线，边抹与面心连接采用明末时尚的挖圆作；罗锅枨为整料挖制，素混面，弯曲、张弛，收放自如。

《长物志》曰：方桌"须取极方大古朴，列坐可十数人者，以供展玩书画。若近制八仙等式，仅可供宴集，非雅器也"。此桌朴拙、大方无文，为苏式文人家具之模范。

明榉木一腿三牙大方桌局部

丽、自然不尚雕饰。而一般家具则以满足生存或次等级的欲望为主。我们也可以将家具分为两类，即文人家具与匠人家具。

文人家具究竟有些什么特征呢？我们依据《长物志》之内容进行归纳。

1.讲究定式，崇尚古制

(1) 榻："榻，座高一尺二寸，屏高一尺三寸，长七尺有奇，横三尺五寸，周设木格，中贯湘竹，下座不虚，三面靠背，后背与两傍等，此榻之定式也。"论及工艺则认为："有古断纹者，有元螺钿者，其制自然古雅……更见元制榻，有长一丈五尺，阔二尺余，上无屏者，盖古人连床夜卧，以足抵足，其制亦古……"

(2) 书桌："书桌中心取阔大，四周镶边，阔仅半寸许，足稍矮而细，则其制自古。"

(3) 台几："台几倭人所制，种类大小不一，俱极古雅精丽，有镀金镶四角者，有嵌金银片者，有暗花者，价俱甚贵。近时仿旧式为之，亦有佳者，以置尊彝之属，最古。"

(4) 椅："椅之制最多，曾见元螺钿椅，大可容二人，其制最古；乌木镶大理石者，最称贵重，然亦须照古式为之。"

(5) 凳："凳亦用狭边镶者为雅；以川柏为心，以乌木镶之，最古。"

(6) 佛橱佛桌："佛橱佛桌用朱黑漆，须极华整，而无脂粉气，有内府雕花者；有古漆断纹者；有日本制者，俱自然古雅。"

(7) 床："床以宋、元断纹小漆床为第一，次则内府所制独眠床，又次则小木出高手匠作者，亦自可用。"

(8) 屏风："屏风之制最古，以大理石镶下座精细者为贵，次则祁阳石，又次则花蕊石；不得旧者，亦须仿旧式为之。"

2.崇尚天然，不尚雕饰

(1) 几："几以怪树天生屈曲若环若带之半者为之，横生三足，出自

榉木独板面格木小板凳（设计：沈平，工艺与制作：北京梓庆山房周统，摄影：连旭）

造型与工艺可追溯至宋，正面、侧面挖度明显，略显夸张；四条直腿连接点多，特别是顺枨直穿直腿，起加固稳定作用。虽无纹饰，但结构科学、坚实，工艺奇妙。座面使用层叠有序的弧形纹榉木，色泽金黄，下面则用深色格木（俗称铁力），稳定有力。

榉木独板面格木小板凳凳面

天然……"

（2）禅椅："禅椅以天台藤为之，或得古树根，如虬龙诘曲臃肿，槎枒四出，可挂瓢笠及数珠、瓶钵等器，更须莹滑如玉，不露斧斤者为佳……"

（3）天然几："以文木如花梨、铁梨、香楠等木为之；第以阔大为贵，长不可过八尺，厚不可过五寸，飞角处不可太尖，须平圆，乃古式。照倭几下有拖尾者，更奇，不可用四足如书桌式；或以古树根承之。不则用木，如台面阔厚者，空其中，略雕云头、如意之类；不可雕龙凤花草诸俗式。"

3.对日本所制家具及器物特别器重，评价很高

（1）天然几："照倭几下有拖尾者，更奇……"

（2）橱："……小者有内府填漆；有日本所制，皆奇品也。"

（3）佛橱佛桌："……有内府雕花者；有古漆断纹者；有日本制者，俱自然古雅。"

（4）箱："倭箱黑漆嵌金银片，大者盈尺，其铰钉锁钥，俱奇巧绝伦，以置古玉重器或晋、唐小卷最宜……"

（5）香合："有倭盒三子、五子者，有倭撞金银片者，有果园厂，大小二种，底盖各置一厂，花色不等，故以一合为贵。"

（6）袖炉："……以倭制漏空罩盖漆鼓为上……"

（7）秘阁："秘阁以长样古玉璏为之，最雅；不则倭人所造黑漆秘阁如古玉圭者，质轻如纸，最妙。"

（8）裁刀："……日本所制有绝小者，锋甚利，刀把俱用瀗鹩木，取其不染肥腻，最佳。"

4.家具或器具用材以"雅"为重，并不以其价高或珍稀作为选择的首要条件

（1）凳："……以川柏为心，以乌木镶之，最古。"

（2）橱："……小橱有方二尺余者……大者用杉木为之，可辟蠹，小

明黄花黎笔筒
（收藏：上海吴开源）

者以湘妃竹及豆瓣楠、赤水、椤木为古。"

（3）笔筒："湘竹、桻桐者佳，毛竹以古铜镶者为雅，紫檀、乌木、花梨亦间可用，忌八棱花式。"

（4）秘阁："……紫檀雕花及竹雕花巧人物者，俱不可用。"

（5）如意："古人用以指挥向往，或防不测，故炼铁为之……至如天生树枝竹鞭等制，皆废物也。"

（6）琴台："以河南郑州所造古郭公砖，上有方胜及象眼花者，以作琴台……更有紫檀为边，以锡为池，水晶为面者，于台中置水蓄鱼藻，实俗制也。"

（7）笔："古有金银管、象管、玳瑁管、玻璃管、镂金、绿沉管，近有紫檀、雕花诸管，俱俗不可用，惟斑管最雅，不则竟用白竹。"

（8）文具："文具虽时尚，然出古名匠手，亦有绝佳者，以豆瓣楠、瘿木及赤水椤木为雅，他如紫檀、花梨等木，皆俗。"

（9）梳具："以瘿木为之，或日本所制，其缠丝、竹丝、螺钿、雕漆、紫檀等，俱不可用。"

5.极力反对时下对优秀家具或器具之改良或创新

(1)榻："……近有大理石镶者，有退光朱黑漆、中刻竹树、以粉填者，有新螺钿者，大非雅器。他如花楠、紫檀、乌木、花梨，照旧式制成，俱可用，一改长大诸式，虽曰美观，俱落俗套。"

(2)禅椅："禅椅以天台藤为之……近见有以五色芝粘其上者，颇为添足。"

(3)天然几："……不可雕龙凤花草诸俗式。近时所制，狭而长者，最可厌。"

(4)书桌："……凡狭长混角诸俗式，俱不可用，漆者尤俗。"

(5)橱："……竹橱及小木直楞，一则市肆中物，一则药室中物，俱不可用。"

(6)佛橱佛桌："……若新漆八角委角，及建窑佛像，断不可用也。"

不过文震亨也不一味反对改良与创新，只是能入其法眼者太少，他在论及"床"时，便认可"近有以柏木琢细如竹者，甚精，宜闺阁及小斋中"。

6.文人家具在"雅"的原则下，也必须满足"实用"与"舒适"这两大功能，也可能是区别宫廷家具或民间家具的主要标志之一

紫檀藤心面有束腰直足内翻马蹄榻（设计：沈平，工艺及制作：北京梓庆山房周统，摄影：初晓、杜金星、施军）

黄花黎瓜棱腿平头案局部

　　宫廷家具在很大的层面上讲究等级或威严，实用与舒适是放在第二位的，而民间家具很大程度上是以实用或满足基本欲望为主。文人家具则始终高举"雅"的旗帜，精神愉悦至上，极其讲究"实用"与"舒适"的结合。

　　（1）短榻："……置之佛堂、书斋，可以习静坐禅，谈玄挥麈，更便斜倚。"

　　（2）几："……置之榻上或蒲团，可倚手顿颡……架足而卧……"

　　（3）橱："藏书橱须可容万卷，愈阔愈古，惟深仅可容一册，即阔至丈余，门必用二扇，不可用四及六。小橱以有座者为雅，四足者差俗，即用足，亦必高尺余，下用橱殿，仅宜二尺，不则两橱叠置矣。橱殿以空如一架者为雅。小橱有方二尺余者，以置古铜玉小器为宜，大者用杉木为之，可辟蠹，小者以湘妃竹及豆瓣楠、赤水、椤木为古。黑漆断纹者为甲品，杂木亦俱可用，但式贵去俗耳。铰钉忌用白铜，以紫铜照旧式，两头尖如梭子，不用钉钉者为佳。"

黄花黎瓜棱腿平头案案面（摄影及收藏：李明辉，2008年1月9日）

二、文人家具的制式与雅俗标准

　　表27将根据《长物志》中不同家具的制式、文氏之雅俗标准、用材进行分列成表，如果制式中已包含"雅"的内容，则"雅"一栏中空缺。列表的目的在于让我们更进一步、更清晰地了解和研究文震亨有关家具、器具的审美与思考。

名　称	制　式	雅	俗	用　材
表27　文震亨《长物志》家具的雅俗标准				
榻	榻，座高一尺二寸，屏高一尺三寸，长七尺有奇，横三尺五寸，周设木格，中贯湘竹，下座不虚，三面靠背，后背与两傍等，此榻之定式也。	①有古断纹者，有元螺钿者；②元制榻，有长一丈五尺，阔二尺余，上无屏者，盖古人连床夜卧，以足抵足，其制亦古。	①忌有四足，或为螳螂腿；②近有大理石镶者，有退光朱黑漆、中刻竹树、以粉填者，有新螺钿者，大非雅器；③一改长大诸式，虽曰美观，俱落俗套。	花楠紫檀乌木花梨
短榻（弥勒榻）	高尺许，长四尺。			
几		几以怪树天生屈曲若环若带之半者为之，横生三足，出自天然。		天然树木
禅椅		禅椅以天台藤为之，或得古树根，如虬龙诘曲雍肿，槎枒四出……须莹滑如玉，不露斧斤者为佳。	以五色芝粘其上者，颇为添足。	天台藤古树根

名　称	制　式	雅	俗	用　材
天然几	①以文木为之；②第以阔大为贵，长不可过八尺，厚不可过五寸，飞角处不可大尖，须平圆，乃古式。	①照倭几下有拖尾者，更奇；②台面阔厚者，空其中，略雕云头、如意之类。	①不可用四足如书桌式；②不可雕龙凤花草诸俗式；③近时所制，狭而长者，最可厌。	花梨、铁梨、香楠等文木
书桌	书桌中心取阔大，四周镶边，阔仅半寸许，足稍矮而细，则其制自古。		凡狭长混角诸俗式，俱不可用，漆者尤俗。	
壁桌	壁桌长短不拘，但不可过阔，飞云、起角、螳螂足诸式，俱可供佛，或用大理及祁阳石镶者，出旧制，亦可。			
方桌		方桌旧漆者最宜，须取极方大古朴，列坐可十数人者，以供展玩书画。	若近制八仙等式，仅可供宴集，非雅器也。	
台几		台几倭人所制，种类大小不一，俱极古雅精丽，有镀金镶四角者，有嵌金银片者，有暗花者……近时仿旧式为之，亦有佳者，以置尊彝之属，最古。	若红漆狭小三角诸式，俱不可用。	

黄花黎

348

名　称	制　式	雅	俗	用　材
椅	椅之制最多，曾见元螺钿椅，大可容二人，其制最古；乌木镶大理石者，最称贵，然亦须照古式为之。总之，宜矮不宜高，宜阔不宜狭……踏足处，须以竹镶之。		折叠单靠、吴江竹椅、专诸禅椅诸俗式，断不可用。	乌木 大理石
杌	杌有二式，方者四面平等，长者亦可容二人并坐，圆杌须大，四足彭出，古亦有螺钿朱黑漆者。		竹杌及绦环诸俗式，不可用。	
凳		①凳亦用狭边镶者为雅；以川柏为心，以乌木镶之，最古；②不则竟用杂木，黑漆者亦可用。		
交床	即古胡床之式，两脚有嵌银、银铰钉圆木者，携以山游，或舟中用之。		金漆折叠者，俗不堪用。	
橱	①愈阔愈古，惟深仅可容一册，即阔至丈余，门必用二扇，不可用四及六；②小橱有方二尺余者，以置古铜玉小器为宜，大者用杉木为之，可辟蠹，小者以湘妃竹及豆瓣楠、赤水、椤木为古；	①小橱以有座者为雅；②橱殿以空如一架者为雅；③黑漆断纹者为甲品，杂木亦俱可用，但式贵去俗耳；④铰钉忌用白铜，以紫铜照旧式，两头尖如梭子，不用钉钉者为佳；	①四足者差俗；②竹橱及小木直楞，一则市肆中物，一则药室中物，俱不可用。	杉木 杂木 湘妃竹 豆瓣楠 赤水 椤木

名 称	制 式	雅	俗	用 材
	③经橱用朱漆，式稍方，以经册多长耳。	⑤小者有内府填漆，有日本所制，皆奇品也。		
架	有大小二式，大者高七尺余，阔倍之，上设十二格，每格仅可容书十册，以便检取；下格不可置书，以近地卑湿故也。足亦当稍高，小者可置几上。		二格平头，方木、竹架及朱墨漆者，俱不堪用。	
佛橱佛桌		用朱黑漆，须极华整，而无脂粉气，有内府雕花者；有古漆断纹者；有日本制者，俱自然古雅。	若新漆八角委角，及建窑佛像，断不可用也。	
床		①床以宋、元断纹小漆床为第一，次则内府所制独眠床，又次则小木出高手匠作者，亦自可用；②近有以柏木琢细如竹者，甚精，宜闺阁及小斋中。	竹床及飘檐、拔步、彩漆、卍字、回纹等式，俱俗。	柏木
箱	有三种制式：①倭箱黑漆嵌金银片，大者盈尺，其铰钉锁钥，俱奇巧绝伦，以置古玉重器或晋、唐小卷最宜；			

名　称	制　式	雅	俗	用　材
	②又有一种差大，式亦古雅，作方胜、缨络等花者，其轻如纸，亦可置卷轴、香药、杂玩…… ③又有一种古断纹者，上员下方，乃古人经箱，以置佛坐间，亦不俗。			
屏		以大理石镶下座精细者为贵，次则祁阳石，又次则花蕊石；不得旧者，亦须仿旧式为之。	若纸糊及围屏、木屏，俱不入品。	大理石 祁阳石 花蕊石
脚凳	以木制滚凳，长二尺，阔六寸，高如常式，中分一铛，内二空，中车圆木二根，两头留轴转动，以脚踹轴，滚动往来。竹踏凳方而大者，亦可用。			

明黄花黎素官皮箱

官皮箱全身光素，无任何雕饰。标准、规矩的造型，典型、对应的美纹均为其应有的特征。较难把握之处在于花纹材料与直纹材料的搭配，铜活分隔、遮掩和淡化了过于抢眼的美纹，使其回归到朴素、自然的环境。

三、文人家具用材之特点

1.《长物志》所列家具用材

表28　《长物志》家具用材一览表

名　称	制　式
紫檀	①榻②笔筒③笔船④器具底座、盖⑤压尺
花梨	①榻②天然几③器具底座④笔筒
铁梨	①天然几
乌木	①榻②椅③器具底座、盖④笔船⑤压尺
花楠	①榻
香楠	①天然几
豆瓣楠	①橱
鸂鶒木	①裁刀刀把
杉木	①橱
柏木	①床
栟榈	①笔筒
湘竹（斑竹、湘妃竹）	①笔筒②橱③榻
赤水	①橱
椤木	①橱
天然树木	①几
古树根	①禅椅
天台藤	①禅椅②杖
大理石	①榻②椅③屏④壁桌
祁阳石	①屏②壁桌
花蕊石	①屏

　　文震亨所述文人家具及器具，其所用材料务求与家具、器具所要表达的思想及审美相一致，并不是以材料的价格高低及珍稀程度来考虑，"雅"与实用是放在第一位的，如凳"以川柏为心，以乌木镶之，最古。不则竟用杂木，黑漆者亦可用"。"橱大者用杉木为之"。杉木纹理顺直而极显古朴，且承重、承压性能良好，明清时期多用于床、榻、案及书架、书箱的制作。而匠人家具多考虑实用与市场需求，其用材特点有如下特征：

（1）就地取材，以方便、价廉、实用为主；

（2）以价格高低、珍稀程度为风向标；

（3）以次充好、以假充真。

第一个特征主要是实用；第二、三个特征以市场取向为第一，即"聚财"。

文震亨对取材、用材的判断极为简练，几乎只有"雅""俗"二字，但我们从其他文献及明末所遗留的家具及器具来看，木材的使用有极其明显的局限性或范围，这也是文人家具用材的一大特点，即什么样的木材适合于做什么家具，什么样的家具采用什么样的木材是有定式的。

2.文人家具所用其他木材

除《长物志》所列木材外，还有如下几种木材也为文人所喜爱。

表29　文人家具所用其他木材一览表

名　称	特　征	产　地
黄杨木	色如骨黄，几无纹理。	云南、贵州、湖北
银杏	色白而透黄，花纹若隐若现，木质滑腻。	华东、华北、西南
柞榛	材色浅褐，金黄反光的筋纹密布，质密。	江苏、南通
榆木	色黄，浅褐或深褐色纹理明显。	华北地区
榉木	色杏黄，久则转为骨黄或褐色，宝塔纹明显，层叠有致。	江浙及两湖、贵州、广西、云南
核桃木	久露于空气色近浅咖啡色，纹理规矩、纤细。	华北、西北、西南地区
桦木	分红、白两种，少有花纹，其瘿多用于镶嵌。	东北、华北
花梨（草花梨）	分红、黄两种，多取色净而有花纹者。	缅甸、泰国、老挝、柬埔寨

四、明末文人与文人家具的设计

1.王佐

明江西吉水人，明宣德二年（1427年）进士，官刑部主事，历员外郎。景泰七年（1456年）七月完成考校增补曹昭《格古要论》。王佐论及琴桌的设计与尺寸、工艺、用材时称："琴桌须用维摩样，高二尺八寸（此样一有可入漆于桌下），可容三琴，长过琴一尺许。桌面用郭公砖最佳，玛瑙石、南阳石、永石尤佳。如用木桌，须用坚木，厚一寸许则好。再三加灰漆，以黑光为妙。佐曾见郭公砖，灰白色，中空，面上有象眼花纹……"屠隆《考盘余事》也称："或用维摩式，高一尺六寸，坐用胡床，两手更便运动。高或费力，不久而困也。曾见一琴台，用紫檀为边，以锡为池，于台中真水蓄鱼，上以水晶板为面，鱼戏水藻，俨若出听，为世所稀。"

而文震亨则认为屠隆所述之琴台俗不可耐："以河南郑州所造古郭公砖，上有方胜及象眼花者，以作琴台，取其中空发响，然此实宜置盆景及古石，当更置一小几，长过琴一尺，高二尺八寸，阔容三琴者为雅。坐用胡床，两手更便运动，须比他坐稍高，则手不费力。更有紫檀为边，以锡为池，水晶为面者，于台中置水蓄鱼藻，实俗制也。"

我们从王佐、屠隆、文震亨所述琴桌的尺寸、用材的不同，也可看出其不同的审美趣向，三种琴桌均显示了明末文人对家具设计的用心之处。

2.戈汕

明万历江苏常州人，其关于家具的名篇即《蝶几图》成书于万历丁巳年（1617年）。戈汕"能书善画，尝适蝶几，长短方圆，惟意自裁，全者无多，张者满室，各二三客至数十俱可用"。戈汕之蝶几以斜角形家具为主要特征，可以任意组合，"随意增损，聚散咸宜"。这种家具现在已很少见，香港大收藏家叶承耀先生就收有楠木蝶几。近年来也有人复制南宋时的方形燕几及戈氏蝶几，但形制丑陋而用材不准，已难显南宋或戈氏蝶几之风采。

3.高濂

高濂（1573—1620年），万历时期的戏曲家，浙江钱塘人。一生著作甚丰，但最为有名的还是《遵生八笺》。共分为清修妙论、四时调摄、起居安乐、延年祛病、饮馔服食、燕闲清赏、灵秘丹药、尘外遐举等"八笺"。其中对于家具的设计尤为用心，设计的理念多从养身的角度出发。

（1）二宜床：式如常制凉床，少阔一尺，长五寸，方柱四立，覆顶当做成一扇阔板，不令有缝。三面矮屏，高一尺二寸作栏。

（2）竹榻：以斑竹为之，三面有屏，无柱。

用途：①午睡倦息；②榻上宜置靠几，或布作扶手协坐靠墩。夏月上铺竹簟，冬用蒲席；③榻前置一竹踏，以便上床安履。或以花梨、花楠、柏木、大理石镶，种种俱雅。

（3）倚床：高尺二寸，长六尺五寸。

用途：①用藤竹编之，勿用板；②上置倚圈靠背如镜架，后有撑放活动，以适高低。

（4）短榻（弥勒榻）：高九寸，方圆四尺六寸，三面靠背，后背稍高。

用途：傍置之佛堂、书斋闲处，可以坐禅习静，共僧道谈玄，甚便斜倚。

（5）仙椅：后高扣坐身作荷叶状者为靠脑，前作伏手，上作托颏，亦状莲叶。

用途：坐久思倦，前向则以手伏伏手之上，颏托托颏之中，向后则以脑枕靠脑，使筋骨舒畅，血气流行。

（6）滚凳：长二尺，阔六寸，高如常，四桯镶成。中分一档，内二空，中车圆木二根，两头留轴转动，凳中凿窍活装。

用途：涌泉二穴，人之精气所生之地，养生家时常欲令人摩擦。以脚踹轴滚动，往来脚底，令涌泉穴受擦，无烦童子，终日为之便甚。

（7）香几："书室中香几之制有二：高者二尺八寸，几面或大理石、岐阳玛瑙等石；或以豆瓣楠镶心，或四入角，或方，或梅花，或葵花，或慈菰，或圆为式；或漆，或水磨诸木成造者，用以搁蒲石，或单玩美石，或置香橼盘，或置花尊，以插多花，或单置一炉焚香，此高几也。若书

黑柿面心乌木小方香几 (设计：沈平，工艺及制作：北京梓庆山房周统，摄影：连旭)

香几面采用黑白分明的黑柿，其余为漆黑的乌木。缘环板鱼门洞及角牙曲线造型，早已出现于唐代的一些器物中。三弯腿从形式到工艺的处理极为独到，上半部采用劈料做法，下部外侧两边打洼，挤出中间剑脊，内圆而外利，着地点呈方形，且明显外撇，稳固、大方。器物虽小，造型及工艺之精美、精致可谓大器。

案头所置小几，惟倭制佳绝。其式一板为面，长二尺，阔一尺二寸，高三寸余，上嵌金银片子花鸟，四簇树石。几面两横，设小档二条，用金泥涂之。下用四牙、四足，牙口鎏金铜滚阳线镶钤，持之甚轻。斋中用以陈香炉、匙瓶、香盒，或放一二卷册，或置清雅玩具，妙甚。今吴中制有朱色小几，去倭差小，式如香案，更有紫檀花嵌，有假模倭制，有以石镶，或大如倭，或小盈尺，更有五六寸者，用以坐乌思藏鎏金佛像佛龛之类，或陈精妙古铜官哥绝小炉瓶，焚香插花，或置三二寸高天生秀巧山石小盆，以供清玩，甚快心目。"

另外，高濂认为"文房器具，非玩物等也"。对文房器具一一点评。主要有文具匣、砚匣、笔格、笔床、笔屏、水注、笔洗、水中丞、砚山、印色池、糊斗、镇纸、压尺、图书匣、秘阁、贝光、裁刀、书灯、笔觇、墨匣、腊斗、笔船、琴剑、香几。对其尺寸、用材、来历、作用均做了详细介绍。

4.李渔

李渔（1611—1680年）是活跃于明末清初的大学问家、戏剧家，有"按剑当世，雄视千古"之美誉，学问之好几至"不佞半世操觚，不攘他人一字"。李渔最让我喜爱的还是其在寻欢作乐中所得之学问《闲情偶寄》，此书几乎无所不包，其中"器玩部"更是引人瞩目，其对家具的理解或创新很有独到之处：

（1）几案

李渔十分看重"抽替"的设置与功能，这在中国家具发展史上具有重要的意义。他认为欲制几案，其中有三小物必不可少，即抽替、隔板、桌撒。

李渔认为抽替乃容懒藏拙之地，"此世所原有者，然多忽略其事，而有设有不设"。设置抽替的理由是"文人所害，如简牍刀锥、丹铅胶糊之属，无一可少，虽曰司之有人，藏之别有其处，究竟不能随取随得，役之如左右手也。予性卞急，往往呼童不至，即自任其劳。书室之地，无论远迁捷，总以举足为烦，若抽替一设，则凡卒急所需之物尽纳其中，非特取

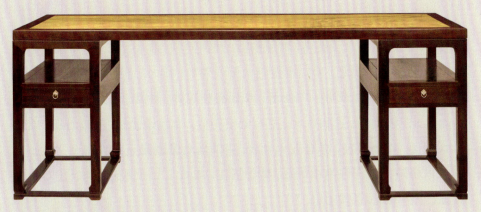

紫檀楠木瘿面带抽屉架几案（设计：沈平，工艺及制作：北京梓庆山房周统，摄影：初晓、杜金星、施军）

清早期黄花黎玫瑰椅（收藏：北京张旭，摄影：初晓）

之如寄，且若有神物俟乎其中，以听主人之命者，至于废稿残牍，有如落叶飞尘，随扫随有，除之不尽，颇为明窗净几之累，亦可暂时藏纳，以俟祝融，所谓容懒藏拙之地是也"。

（2）椅杌

李渔称"器之坐者有三：曰椅，曰杌，曰凳"，但他认为现有的椅杌并没有考虑对人的关怀与呵护，故又"特创而补之，一曰暖椅，一曰凉杌"，并详细陈述设计理由与要求。

（3）床帐

李渔认为，床"乃我半生相共之物，较之结发糟糠，犹分先后者也"，"每迁一地，必先营卧榻而后及其他，以妻妾为人中之榻，而床第乃榻中之人也"。

还认为"修饰床帐之具，经营寝处之方"有四法：即"床令生花"、"帐使有骨"、"帐宜加锁"、"床要着裙"。

（4）橱柜

李渔将橱柜的作用、制度与功能记述得十分清晰：

"制有善不善也。善制无他，止在多设搁板。橱之大者，不过两层、三层，至四层而止矣。若一层止备一层之用，则物之高者大者容此数件，而低者小者亦止容此数件矣。实其下而虚其上，岂非以上段有用之隙，置之无用之地哉？当于每层之两旁，别钉细木二条，以备架板之用。板勿太宽，或及进身之半，或三分之一，用则活置其上，不则撤而去之。如此层所贮之物，其形低小，则上半截皆为余地，即以此板架之，是一层变为二层。总而计之，则一橱变为两橱，两柜合成一柜矣，所裨不亦多乎？或所贮之物，其形高大，则去而容之，未尝为板所困也。此是一法。

至于抽替之设，非但必不可少，且自多多益善。而一替之内，又必分为大小数格，以便分门别类，随所有而藏之，譬如生药铺中，有所谓'百眼橱'者。此非取法于物，乃朝廷设官之遗制，所谓五府六部群僚百执事，各有所居之地与所掌之簿书钱谷是也。医者若无此橱，药石之名盈

乌木高足几黑柿多屉柜（设计：沈平，工艺及制作：北京梓庆山房周统，摄影：连旭）

黑柿花纹多变，能与其相配者只有乌木，次之则紫褐色紫檀。纯黑空灵的乌木高足几，上衬黑白花纹递延的黑柿多屉柜，尽现静与动、空与实之美。工艺方面，箱体穿带同抽屉滑道为一体，与抽屉架形成整体如蜂窝状，很好地解决了稳固与抽涨问题。

明黄花黎方桌（收藏：沈平，摄影：杜金星）

方桌为圆裹圆式，圆腿、圆枨、圆边、圆角，面心板的四角与四边的连接也是圆的组合，圆融无碍，浑圆一体。四边宽大，超出一般方桌的设计理念。边宽146毫米，如加内圆角，则为152毫米。枨与边的紧凑密不透风；枨下虚空，疏可走马。设计者对于疏密、空实的处理可谓炉火纯青。

千累百，用一物寻一物，则卢医、扁鹊无暇疗病，止能为刻舟求剑之人矣。此橱不但宜于医者，凡大家富室，皆当则而效之，至学士文人，更宜取法。能以一层分作数层，一格画为数格，是省取物之劳，以备作文着书之用。则思之思之，鬼神通之；心无他役，而鬼神得效其灵矣。"

李渔有关家具设计的几个主要观点如下：

（1）实用

有关几案、橱柜设立抽替，完全是出于日常生活实用所需。多设抽替即为"容懒藏拙之地"，而隔板则是以防桌面台心之碎裂。

（2）厚生

如"暖椅"的特创，主要是"予冬月着书，身则畏寒，砚则苦冻，欲多设盆炭，使满室俱温，非止所费不赀，且几案易于生尘，不终日而成灰烬世界"，"若止设大小二炉以温手足，则厚于四肢而薄于诸体，是一身而自分冬夏，并耳目心思，亦可自号孤臣孽子矣。计万全而筹尽适，此暖椅之制所由来也"。"凉杌"的设计主要是炎夏避暑。

（3）情趣

如"睡翁椅"的设计，几乎无所不包、无所不有，"是身也，事也，床也，案也，轿也，炉也，熏笼也，定省晨昏之孝子也，送暖偎之贤妇也，总以一物焉代之"。而"床帐"更有四法，令人叫绝。文人是十分注重生活，看重生活品质的，由此可见端倪。

我们在前面已谈过文震亨有关文人家具的论述，明末或清初有关文人与家具设计、研究的实例还有不少，文人参与明式家具的讨论与设计已成不争的史实。之所以明式家具成为中国家具发展史上一座不可逾越的巅峰，文人的参与是最重要的因素。

第八章

黄花黎的现状与未来

第一节　黄花黎的现状

一、野生林、天然更新林及萌生林

1.野生林

从明朝有选择地开始采伐黄花黎以来，野生林的破坏程度不断加剧。上世纪90年代末，在海南岛西部、西南部还有单株散生的野生黄花黎，胸径在50厘米以上者还有近一百棵，而至2012年，胸径20厘米以上的残存植株，据热带雨林研究专家推测，可能不到一百棵。这些推测中的野生树，集中于西部的尖峰岭、霸王岭等保护区内，一般已很难根据其伴生林及其他常识来寻找黄花黎。盗伐者每天还在西部林区穿梭，估计野生植株的数字还会下降。2013年4月已找不到一棵野生黄花黎树了。

白沙鹦哥岭（摄于2015年8月24日）

鹦哥岭被称为海南保护得最好的原始林区。据当地黄花黎收藏家介绍，不仅野生黄花黎一根也找不到，连小树根或毛孔料、沤山格也很难发现。

2.天然更新林

黄花黎荚果外缘为薄翅状，种子生命力极强，在其母树周围散落的荚果密布，自然生长的更新幼苗呈团状分布，一般幼林密集，而呈散生状的幼苗在单位面积里的株数明显少一些。天然更新的自然淘汰率很高，除了自身生长的局限性，即旱季落叶后长时间处于停止生长的休眠状态外，其他伴生树种加速生长而挤压黄花黎的生长空间是另一个重要因素。天然更新林的残存株数没有准确统计数据及估算数据，如达到胸径20厘米者自然会统计到野生林之中，幼林或胸径小于20厘米者，有不少也被移种到房前屋后。

3.萌生林

黄花黎伐后树蔸萌芽能力很强，一般每个树蔸有3—5株萌生的新苗。萌生林在2000年之前在海南岛各地散生的数量较多，至2012年几乎已很难在野外找到这种萌生林。萌生林毁灭的原因有两个：第一，中药学认为黄花黎之心材可替代降香，而根部的药效好于树干之心材。故2000年之前采挖黄花黎树蔸作为药材是林农很重要的收入来源之一；第二，2000年前后大规模采挖黄花黎树蔸，主要用于根雕，其价格大大高于药材的价格，也有部分树蔸锯板后作为家具的原料。

二、人工林

1.人工林的地理分布

（1）海南岛

主要分布于海南岛的东北部、西部及西南部，如琼山、海口、儋州、白沙、东方、乐东及

海南俄贤岭山脚下成片的人工种植的黄花黎，树龄约5年。

深圳梧桐山仙湖植物园种植的黄花黎纪念林（摄于2000年1月18日）

崖城地区，琼海及澄迈、临高和其他地区也有人工种植的海南黄花黎。

（2）广东

最早于上世纪30年代引种于广州植物园，后肇庆、江门、深圳等地先后均有引种。肇庆市内有一条街两旁均植有胸径在30厘米左右的黄花黎，故有"花黎街"之称。高州、湛江等地也有不少种植。

（3）福建

厦门最早引种海南黄花黎，现在漳州已成为主要人工种植基地。

（4）广西

主要种植于南宁市郊区的林科院科研林基地、凭祥热带林业研究中心、崇左市等地。近几年，广西其他地区也有零星种植。

（5）云南

目前在西双版纳热带植物园及红河州有少量人工种植。

中国林科院广西凭祥热带林业研究中心于石山斜坡上种植的黄花黎（摄于2014年7月7日）

广西南宁方权先生木材加工厂内种植的海南黄花黎树叶、果荚（摄于2014年7月7日）

云南西双版纳中国科学院植物园内人工种植的6棵黄花黎（摄于2014年8月4日）

约植于1965年，主干1.5米处的围径分别为126、70、88、71、94、57厘米。据杨清博士介绍，植物园的黄花黎种植7年后便开始有心材，这种特例在海南岛似乎并不多见。

云南西双版纳中国科学院植物园内人工种植的黄花黎树冠（摄于2014年8月4日）

2.人工林的数量

2011年10月,海南岛东方市所植黄花黎株数为360万棵,包括成片林及房前屋后种植的散生植株。而其他地区并未公布相关数据,据造林专家测算,全国黄花黎人工林的数字大致如下:

表30　我国黄花黎人工林株数估算表（2013）

省或地区	海南岛	广东	福建	广西	云南	合计
株数	1500万株	100万株	15万株	5万株		1620万株

三、原材料

海南黄花黎原材料是指采伐后各种形态之黄花黎。主要包括:

1.原木(包括旧料、新伐材)

2.板材或方材

3.建筑用材,如房梁、门窗、墙板等

4.旧家具

5.农具及其他用具

6.根料

海南黄花黎人工林剖面,树皮、边材(浅色部分)、心材(深色部分)
(收藏及摄影:魏希望)

黄花黎双人椅靠背板

靠背板草龙开光为一木整挖，此双人椅为上世纪80年代出口国外后回
流海南。回流的海南黄花黎家具用料讲究一木一器，颜色、纹理一致，
器型有传统的明清式样、中西结合、西式（主要出口到法国）或改良创新
式样。

上世纪90年代初，收藏界及学术界一致认为产于海南的黄花黎已经灭绝，不可能再有黄花黎存在。实际上，1949年后，海南当地一直使用黄花黎制作家具、农具及盖房。而且上世纪70至80年代，广东的台山、中山、广州及北京，河北的涞水、大成、三河、遵化等地有不少厂家为外贸公司生产出口用仿古家具，所有原材料，相当大一部分为海南产黄花黎。当时生产的黄花黎家具主要分三部分：仿明式或清代家具；现代家具；西式家具或来图、来样加工家具。近二十年来，这些家具有的作为文物回流至内地，进入博物馆或收藏家手中。

黄花黎原材料枯竭应始于1999年。当北京的家具制作商、收藏界确认海南还有不少黄花黎原材料后，纷纷赴海南采买，继而广东、福建、江浙、河北的商人麇集海南，采伐树木，拆除有黄花黎的建筑，甚至包括祠堂、寺庙。黄花黎原木、板方材、旧家具、棺材板及树根均在竞购之列。至2012年，在海南岛已很难再找到可以出售的用于家具制作的原材料，这也是黄花黎原材料的真实状况。

第二节　黄花黎与黄花黎家具的市场分析

一、黄花黎原材料的市场分析

黄花黎原材料的分类、分级十分复杂，一般依据新老、规格、产地、颜色等多种因素来分类、分级，从而制定价格。价格也无统一性，一般是买卖双方商议决定，上世纪90年代以前有统一收购价与销售价，到90年代后则以双方议价、随行就市的方式确定价格。随着黄花黎价格的逐步上升，分类、分级也越来越细，价格体系也越来越复杂。故根据这一特点，我们将黄花黎原料的市场变化分为四个阶段：

1.1950—1989年

这一时期处于计划经济时期，80年代已部分实行市场调节，但其影响有限。计划外的木材及进口木材的定价多数采用议价的方式。这一时期的海南黄花黎原材料，基本上处于计划内生产与销售，少部分销往广东、北京、河北、江浙等外贸公司或木器厂。黄花黎原材料的分类一般分为原木、板方材、小料、根料，很少见到当年采伐的新材。原木小头直径一般在14厘米以上，长度140厘米以上；板方材的规格复杂，主要指已被锯为各种尺寸的板材、方材或家具的毛坯料、旧家具。小料，指小头直径在8厘米左右，长短不一的小原木或枝桠材；根料，指黄花黎树蔸，规格大小不一，一般用于药材及家具中的官皮箱、笔筒及其他雕刻用。

分类 年份	原木	板方材	小料	根料
1950—1959	0.16	0.18	0.06	0.05
1959—1969	0.20	0.22—0.25	0.08	0.08
1969—1979	0.20—0.50	0.25—0.70	0.10	0.10
1979—1983	0.50—0.85	0.70—0.95	0.20	0.25
1984	0.85—1.00	1.00—1.20	0.30	0.35
1985	0.85	1.00	0.20	0.40
1986	0.85	1.00	0.20	0.45
1987	1.00	1.00	0.30	0.50
1988	1.00	1.00	0.30	0.50
1989	0.80—1.00	1.00—1.20	0.20	0.50

表31 1950—1989年黄花黎原材料价格 单位：元/斤

从表31可以看到1950—1989年的价格变化是和缓有序的，整体变化不大，30年中，原木价格上涨6倍，板方材也是6倍左右，小料的价格上涨4—5倍，根料上涨幅度较大，即10倍，主要是中药材及根雕的需求量增加。原木、板方材进入上世纪70—80年代，除了本地农村盖房、制作家具外，主要外调出岛供外贸公司加工仿古家具。

黄花黎原木、板方材老料

2、1990—1999年

这一时期由于外贸出口创汇的压力增加,国外市场对中国古旧明清家具及仿古家具、来样加工的各式硬木家具的需求量增加。这一时期也是走私出口古旧硬木家具、柴木家具的高峰期,广东江门、中山、台山等地用海南黄花黎制作仿明式或清式家具,也用其制作中西合璧的家具或纯法式家具。另外,90年代中后期,随着中国经济的复苏,古董市场开始初现繁荣,新仿制的明清家具也开始大量进入专业市场,材料主要以紫檀、卢氏黑黄檀、红酸枝、白酸枝、花梨等木材为主,而多数人认为黄花黎已灭绝,故黄花黎原材料在国内市场上的销量并不明显,价格变化起伏不大,但比第一阶段的价格高出不少。

表32 1990—1999年黄花黎原材料价格   单位:元/斤

年份 \ 分类	原木	板方材	新伐材	小料	根料
1990	1.5	3.0		0.20	0.50
1991	1.5—2.5	5.0		0.20	0.50
1992	2.5—6.0	10.0	3	0.50	0.60
1993	6—8.0	15.0	5	0.80	0.80
1994	8.0	15.0	6	1.00	1.20
1995	12.0	20.0	5—10	1.20	1.2—2.0
1996	12—20.0	20.0	5—8	1.50	2.0—2.6
1997	15—30	20—60	5—15	1.60	3.0
1998	15—50	20—60	5—15	1.80	3—5
1999	20—60	15—60	5—15	1.80	3—5

从表32看,进入上世纪90年代后黄花黎原材料价格普遍上涨。1993—1996年平均,价格比较平衡,除了金融紧缩政策的影响外,另外一个重要原因是产于老挝、越南的所谓"越南黄花梨"大量从海上和广西东兴、钦州等地进入广西、海南、广东,其木材规格大、板面宽,且价格低廉,单价每斤约3—6元,极大地压缩了海南黄花黎的市场空间。而从1997年开始,福建及北方地区对海南黄花黎的需求量逐渐增加,价格

写有越南文字的越南黄花梨短料

越南黄花梨根料

产于白沙的黄花黎树根及小径原木（标本：白
沙符弟，摄于2015年8月23日）
白沙料有两个极端：等级极高的紫褐色油黎或
带虫眼、虫道的黄花黎均源于白沙。

产于白沙的黄花黎瘿纹树干（标本：白沙符弟，摄
于2015年8月23日）

开始以较大幅度上升。这一时期，北方地区还没有使用进口的"越南黄
花梨"，福建等地已开始批量使用。

这一时期，已开始采伐房前屋后的人工林或野生林，新伐材中人工
林的比重约占60%，除掉树皮与边材后直接进入市场。这也是市场需求
开始旺盛的指标之一，这一现象在历史上是比较少有的。另外，根料价
格的上涨，是药材市场与工艺雕刻市场争夺原料的结果；小料，一部分
用于家具，一部分用于工艺品，故价格也急剧上扬。

3.2000—2003年

这一时期是黄花黎原材料交易量增长最快的时期，也是资源遭到毁灭性破坏的关键时期。

分类 年份	原木		板方材		小料		根料		新伐材	
	数量	价格	数量	价格	数量	价格	数量	价格	数量	价格
2000	150吨	30—60	80吨	30—70	30吨	8	200吨	10	50吨	15
2001	200吨	30—120	120吨	50—150	50吨	10—18	260吨	10—15	120吨	20
2002	280吨	50—150	200吨	80—200	70吨	10—30	300吨	10—20	180吨	35
2003	500吨	80—220	300吨	80—260	100吨	10—45	350吨	10—35	260吨	50
合计	1130吨		700吨		250吨		1110吨		610吨	

表33　2000—2003年黄花黎原材料数量与价格　单位：元/斤

海南从事黄花黎原材料经营的人数很多，但最后均集中到几个较大的商家，故黄花黎出岛的数量比较好统计，而价格也比较透明，除极个别规格的价格外，表中所列价格基本与当时的实际情况相符。

2000年至2003年，也是中国经济在经历金融海啸后的高速发展阶段，房地产市场开始急剧扩张。家具收藏界以收藏黄花黎及黄花黎家具为首选，许多商家将黄花黎和黄花黎家具作为投资手段，市场需求一旦激增，价格就被不断抬高。从市场供给总量来看，这四年间黄花黎原材料总量为3800吨，而原木及板方材共1830吨，占总量的48.16%；根料为1110吨，占29.21%；新伐材610吨，占16.11%。

表34　2000—2003年黄花黎原材料分类比例一览表

分　类	原板材方材	根料	新伐材	小料
数量（吨）	183000.00	1110.00	610.00	250.00
所占总量3800吨之比例%	48.16	29.21	16.11	6.6

黄花黎原材料的分类供给比率也完全反映了这一阶段的市场需求。这一阶段黄花黎家具需要量大，价格上涨较快，故对于原木及板方材的

紫黑色的沤山格 (标本：符弟，摄于2015年8月23日)

需求量也大。另外，根料的主要作用已不再是药用，而是满足不断增长的黄花黎根雕及其他工艺品市场。故海南岛的黄花黎树根在这一时期基本上被挖掘干净。新伐材仅610吨，所占比例为16.11%，这一时期主要以历史上所存旧料、旧家具为主，这些老料材性稳定，颜色一致且油性大，这是家具生产商或藏家追逐的主要原因。新料的缺陷刚好也表现在这几点上，含水率高，材性不稳，色差大且油性小，光泽也不如老料内敛柔和，加之当时的老料货源充足，故对新料即新伐材的需求量偏小。

4.2004—2012年

2004年，应该是黄花黎原材料市场变化的一个拐点，从此黄花黎原材料的市场价格急剧飙升，2012年面宽超过30厘米的板材、方材或小头直径在20厘米以上原木，每斤价格在15000—22000元之间。2012年8月份，尾径14厘米，长146厘米的原木，每斤价格为8500元。如果宽度超过36厘米，长度超过160厘米，厚度超过2厘米以上的板材，价格并不按重量来计。2011年，1根长4米多，直径约60厘米的原木，出售价为1700万元；2012年6月，径级稍小的1根原木价格也在1600万元。这一时期的价格变化与供给数量并不遵循一般稀缺资源的市场运行规律，即市场供给数量越大，价格趋于下降。2004年以后的黄花黎市场偏离一般经济规律，供给量增加，价格仍旧趋升，价格的上升与市场供给量的增减脱节。我们暂且将这一反常的市场现象称之为"黄花黎法则"。我们从下面所列数字便可很清晰地看到这一点。

表35　2004—2012年黄花黎原材料数量、价格变化表

分类 年份	原木		板方材		新伐材		小料		根料	
	数量(吨)	价格元/斤	数量(吨)	价格元/斤	数量(吨)	价格元/斤	数量(吨)	价格元/斤	数量(吨)	价格元/斤
2004	800	350	500	400	500	50—100	100	20—50	400	40
2005	860	600	500	800	500	50—200	200	20—60	300	50
2006	1000	600—1500	350	1500	700	100—450	350	50—100	200	40—70
2007	1000	1000—5500	400	1500—6000	800	200—600	400	50—150	150	40—85
2008	700	2000—7000	300	2000—8000	500	500—1000	200	50—300	80	100—350
2009	200	2000—8000	100	5000—10000	300	800—1500	80	500—500	50	350—1000
2010	80	4000—15000	30	8000—15000	100	1000—3000	50	500—1500	30	700—3000
2011	20	5000—2000	10	8000—20000	30	1500—3000	30	500—2000	30	1000—4500
2012	10	5000—22000	5	8000—25000	10	3000—5000	10	1000—2000	30	500—5500
合计(吨)	4070		2195		3400		1420		1270	

从表35可以清晰地看到"黄花黎法则"的显现。2004年至2008年是黄花黎原材量供应的高峰期，期间价格已开始呈几何级数递增，进入2008年市场供给量开始逐年递减，价格攀升。我们将2012年与1950年、1960年、1970年、1990年、2000年各类原材料的价格作一比较，便可以寻找到黄花黎原材料市场供应价格的倍增关系。

表36　不同时期黄花黎原木价格变化比较表

年　份	1950	1960	1970	1980	1990	2000	2012
价格元/斤	0.16	0.20	0.20	0.50	1.50	50	20000
与2012年价格的 倍数关系	125000	100000	100000	40000	13333	400	

从表36可以很直观地看出黄花黎原木价格上升的速度，可能世界上没有一种商品或木材的价格会发生如此快速的变化，2012年的价格相当于1950年的12万5千倍，而与2000年相比，价格也上升了400倍。随着原材料的枯竭，这种上升的趋势还有可能愈演愈烈。

表37 2004—2012年黄花黎原材料分类比例一览表

分 类	原木及板方材	根料	新伐材	小料
数量（吨）	6265	1270	3400	1420
所占总量12355吨之比例（%）	50.71	10.28	27.52	11.50

原木与板方材所占比例较之2000—2003年这一时期基本持平，小料从6.6%上升至11.50%，而根料从29.21%下降至10.28%。主要原因是根料在早期被过度开发，其供给总量已开始下降，2000—2003年商家的采购主要集中于原木及板方材，造成小料的积压，进入2004年，黄花黎原材料供应量增加，但买方市场扩大，资源更加紧张，小料的优点开始被家具生产商发现，即小料价格低于原木、板方材，但用于家具的腿脚、边或其他部位，成本大大低于原木与板方材，且可做到物尽其用。另外，小料为径级较小的原木或枝丫，所谓成串的鬼脸，极易在小料中生成与发现，在市场上有很高的号召力。这是小料受到欢迎的几个主要因素。

黄花黎新料（标本：海南李广文）
新料来源广泛，有广东料、越南料及本地料。广东料中质量最好的产于惠州，色深油足。新伐材多用保鲜膜包裹以防止水分流失而失重，易使黄花黎产生霉变。

新伐材即新材所占比例由2000—2003年的16.11%上升到2004—2012年的27.52%，这一比例的变化或由以下因素造成：

(1) 黄花黎原材料买方市场趋旺，而卖方市场可供给量趋紧

特别是旧料、拆房料、旧家具等老料始终是商家追求的第一目标，得到老料的期望值也越来越小，故商家开始转向新伐材的开发。

(2) 新伐材存量的增加

2004年以前，商家很少采购新伐材，其库存不会减，只能增；加之从民国开始近百年的植树，庭园、房前屋后或野外还有不少野生林或人工林的保有量，即活立木资源，在某种程度上尚未得到彻底破坏。

(3) 木材表面处理技术的支持

黄花黎新料的最大缺陷即色差大、油性差、手感涩，而2004年前后，对珍稀硬木的锯解及表面处理技术有很大的进步，特别是木材表面的着色与仿真技术，可以产生新料接近老料的效果。

(4) 新料成本低

将表31中原木与新伐材的价格做一比较，便可找到新料供给量增加的直接原因。

(5) 消费者购买心理的变化

受商家诱购，黄花黎家具的购买者从追逐老料，特别是所谓西部之油黎，转向其他颜色的黄花黎家具，如黄色、红色，甚至于越南黄花梨。新料所制家具较之老料家具的价格便宜得多，同属一个种，无非料之新旧区别而已。这一购买心理的变化导致黄花黎活立木的采伐量与市场原木供给量的增加，也直接推高了新伐材的市场价格。

6.小结

黄花黎原材料价格的变化之显著特点是无论市场供给量的增减如何，其价格始终处于快速增长之中，且这一趋势在近期和将来将仍持续。主要原因如下：

(1) 资源的极度稀缺性

本章第一节的开始及其他章节均谈到了黄花黎资源已近枯竭，新的人工林如保护得当，在50—100年左右便可以利用，但目前可以利用的黄花黎资源极度匮乏，市场供给量微乎其微。这一现象还将持续很长一段时间，至少应在50年左右。

（2）旺盛的市场需求

近几年国家的经济总量不断扩大，居民收入与存款也随之增加，但国民的投资渠道未能相应地拓宽。另外，古玩市场特别是古旧家具市场则异常火爆，黄花黎原材料及仿古的黄花黎家具的价格增幅是所有木材及家具中最大的。除少数确因喜爱而收藏、持

海口东湖市场出售的黄花黎根料径级越来越小，并且夹杂从越南来的根料及其他类似于黄花黎的根料，黄花黎树根的供给进一步趋紧。其背后的原因为2013年以来黄花黎家具价格高昂，销售趋缓，而手串市场活跃。

有，绝大多数人购进黄花黎原材料和家具只为投资获利。有市场的刚性需求，原材料的新旧，家具的工艺之优劣、造型之美丑等因素被一概忽略了。只要是黄花黎原材料或器具，就有人卖、有人买。商品的价格，一般是由成本决定的，而黄花黎的价格则完全是由需求决定的，这是典型的需求决定价格。

（3）对黄花黎的认识逐渐深入

上世纪80年代以来，随着王世襄《明式家具研究》、《明式家具珍赏》的出版和多次再版，使国际、国内的收藏家认识到黄花黎家具之美，改变了"紫檀为大"的传统认识。另外，媒体的不断深入报道，也是影响黄花黎市场价格的重要因素。

产于东方的新料（标本：东方市肖奕亮）

（4）2013—2015年黄花黎原材料及家具市场变化的主要特征：

第一，整体价格下向运行趋势明显。

老料、大料及品相好的原材料价格比较稳定，略有下降或持平，老料价格每斤5000—16000元不等。新料价格下降明显，从最高的每斤3000元左右，下降至600—1000元或更低。

第二，新料来源渠道拓宽。

主要来源为广东及其他地方的人工林。越南黄花梨人工林生长迅速，通过海上、广西陆路进入海南岛。几个产地的木材很难通过经验分别，纹理边际漫漶，颜色浑浊且深浅不一，也是价格下降的主要原因。

第三，根料价格上升。

近几年各种材质的手串、佛珠市场活跃，黄花黎手串成品有几万、十几万、几十万或一百多万一串的奇高价格。直径为4厘米左右的根料价格每斤8000元或更高。长度28—30厘米，刚好可做一手串，不论重量，花

新料佛珠

纹奇特、色深者，价格为1万以上。随着根料市场的火爆，新的名词也不断出现，如石山料，多指产于琼山石山地区的黄花黎，颜色金黄、红褐，纹理清晰，易生鬼脸纹；毛孔料，也称管孔料，砂石或岩石缝隙中生长的黄花黎树苑、树根，一般分布于西部、西南部的昌江、白沙、东方、乐东等干旱少雨、雨水蒸发量大的山地、斜坡，毛孔料少有油性、干涩，木材性脆而易折，表面浮罩紫褐色粉末，2015年5月在东方市大广坝、东河镇毛孔料每斤约500—800元；铁料，指生长于铁矿带上的黄花黎及其树根，色深油重，是制作手串及小件的上等材料；沤山格，多指采伐后遗落于山林中沤烂腐朽后留存的黄花黎心材，有原木、树苑、树根，材质良莠不一；沉江料，多发现于白沙南开河及南渡江、昌化江和西部江河河床，古代扎排运输或船运木材流落于江底河沙之中，乃阴沉之属。沉江料少有树苑或树根。无论何种材料，目前均为花纹奇美、怪异、对等、连续为决定价格的第一要素，追求鬼脸纹、芝麻点或其他动物纹，色以深紫、紫褐色为上。

第四，黄花黎家具市场回归理性。

优秀的黄花黎明式家具，无论新旧，价格比较稳定，从单一的追求材质、分量、满彻，已过渡到看重器形、器韵或内在的人文精神。无形无神的黄花黎家具，价格下降明显，如民国时期的八仙桌，两拼板、一木一器制作，由原来的120万元，下降至35—50万元。海南名匠王明珍2015年制作的黄花黎圈椅，1对价格仍高居220万元。

二、黄花黎家具市场分析

"黄花黎法则"不仅适用于原材料价格走向，也完全适用于黄花黎家具市场分析。黄花黎家具，无论制于明朝、清朝、民国或当今，也无论其市场供应量的增减，或造型的高下、工艺的巧拙，其价格一直在上升。

1.新制黄花黎家具的价格变化

表38　新制黄花黎家具价格变化一览表[①]　价格：万元人民币

品名 年份	玫瑰椅 （对）	方桌 （只）	带托泥圈椅 （对）	三面围子 独板罗汉床	圈椅 （对）	圆裹圆 画案
1998	0.05	0.08	0.20	5.00	0.10	1.80
1999	0.06	0.10	0.30	10.00	0.50	2.80
2000	0.12	0.30	0.80	15.00	0.80	6.00
2001	0.30	0.60	1.00	18.00	1.80	18.00
2002	1.20	0.80	3.50	20.00	2.50	25.00
2003	2.60	1.50	13.00	25.00	8.00	40.00
2004	6.00	3.20	18.00	35.00	10.00	45.00
2005	8.00	5.00	20.00	50.00	13.00	60.00
2006	10.00	8.00	36.00	120.00	18.00	130.00
2007	12.00	15.00	40.00	280.00	28.00	260.00
2008	15.00	26.00	50.00	350.00	35.00	400.00
2009	25.00	36.00	90.00	500.00	50.00	500.00
2010	35.00	50.00	140.00	780.00	65.00	650.00
2011	40.00	65.00	170.00	900.00	80.00	800.00
2012	50.00	70.00	190.00	1020.00	96.00	900.00

[①] 资料来源：北京梓庆山房。

黄花黎三面独板围子罗汉床（设计：沈平，工艺及制作：北京梓庆山房周统）

因家具的造型、用材、工艺、尺寸等条件各不相同，价格的差距很大也是十分正常的。如2001年，一对黄花黎麒麟纹圈椅的价格，高者可达8万元，低者仅8千元，价格相差10倍。2012年，一对黄花黎带托泥圈椅，高者接近200万元，低者仅90—100万元。

2.海南民国时期黄花黎家具的价格变化

表39　民国时期所制黄花黎家具价格变化一览表　价格：万元人民币④

品名 年份	米柜① （对）	方桌	太师椅 （对）	贮衣箱②	半桌	供案③	罗汉床	圈椅 （对）
2000	0.80	0.20	0.60	0.03	0.80		0.80	0.06
2001	0.15	0.30	0.80	0.08	0.10		1.00	0.80
2002	0.30	0.50	0.30	0.10	0.20		3.00	2.60
2003	0.40	0.80	0.50	0.20	1.00	2.00	5.00	4.60
2004	0.60	1.00	1.30	0.40	3.00	5.00	10.00	10.00
2005	1.00	1.50	3.00	0.80	5.00	8.00	20.00	18.00
2006	3.00	3.30	5.00	1.00	10.00	20.00	30.00	25.00
2007	15.00	8.00	7.00	3.00	15.00	30.00	50.00	36.00
2008	20.00	15.00	20.00	5.00	20.00	45.00	130.00	55.00
2009	28.00	20.00	25.00	10.00	30.00	60—100.00	200—400.00	60.00
2010	30.00	35.00	30.00	30—50.00	50.00	60—120.00	400—600万	60—80.00
2011	35.00	50.00	40.00	40—70.00	60—80.00	100—180.00	600—800.00	60—100.00
2012	40.00	5—100.00	50.00	60—80.00	120.00	200—800.00	800—1100.00	120.00

海南民国时期制作的黄花黎家具，在2005年之前，一般作为原材料在市场出售，大陆地区很少将其作为收藏品。但随着黄花黎家具的价格趋升，海南及大陆不少人将旧家具作为投资对象，故民国家具的价格也增长很快。这种趋势可能还将持续很长的一段时间。

---

①米柜为海南土称，亦可贮衣及其他贵重物品。
②贮衣箱：尺寸大小不一，长多为65—80厘米，宽45厘米左右，厚度30—45厘米不等，一般板面较宽，箱体为一木裁制。
③供案：长度在200厘米左右或更长，高度为110—135厘米。
④资料来源：北京梓庆山房。

黄花黎米柜 (摄影: 魏希望)

清乾隆黄花黎十二扇围屏 (收藏: 北京梓庆山房, 摄影: 连旭, 2006年4月28日)
屏风为清代遗物, 属海南郑氏祠堂之物。清代乾隆年间, 河北柏乡、正定在知县郑镇的治理下, 政通人和, 声名远播。乾隆南巡时, 特地停留此地, 郑镇二接圣驾, 三受嘉奖。因此, 郑镇在其海南郑氏祠堂内建亭, 曰"三赐亭", 以荣君赐, 以启子孙。其母70大寿时, 郑镇特地制作12扇屏风, 以示祝贺。上眉板浮雕夔龙纹, 腰板浮雕折枝花卉, 下裙板浮雕花鸟图。首尾两扇分别雕刻有"福如东海"、"寿比南山"对联。屏框两侧安铜质钩钮, 可以随时组合和分解。围屏屏心虽失, 然屏框保存完好, 图案雕刻生动传神, 具浓厚清代中期风格特点。

3.1998年以来明清时期黄花黎家具拍卖市场分析

黄花黎家具拍卖市场分析以中国嘉德国际拍卖有限公司提供的
1998年至2012年春拍资料为基础做一简要分析。

表40　1998—2012年明清时期黄花黎家具成交情况一览表

年　份	成交件数	价　格（元）	备　注
1998	6	1,306,800.00	
1999	5	118,800.00	
2000	1	33,000.00	
2001	2	234,300.00	
2002	3	9,795,500.00	
2003	9	432,960.00	
2004	8	4,664,000.00	
2005	6	1,112,100.00	
2006	3	282,700.00	
2007	3	59,360.00	
2008	1	504,000.00	
2009			
2010	65	259,481,800.00	
2011	148	370,238,400.00	
2012	57	151,272,150.00	此为春拍资料，缺秋拍资料

我们从1998年、2002年的资料及2010年的部分资料即可看出，明
清黄花黎家具市场交易量已呈上升发展之态势。

表41　1998年秋季黄花黎家具拍卖资料

年　代	品　名	成交价格（元）
清早期	黄花黎有束腰小炕桌	50,600.00
明	一腿三牙罗锅枨方桌	51,700.00
清早期	有束腰雕花画桌	1,144,000.00
明	书格（成对）	220,000.00
清晚期	三门小柜	16,500.00
清中期	方桌	44,000.00

明黄花黎冰裂纹亮格柜
（资料提供：中国嘉德国际拍卖有限公司）

表42　2002年黄花黎家具拍卖资料

年　代	品　名	成交价格（元）
清初	雕云龙纹大四件柜（成对）	9,438,000.00
明	束腰长方凳	27,500.00
明	双面透雕花板（1对）	82,500.00

表43　2010年黄花黎家具拍卖资料

年　代	品　名	成交价格（元）
明	簇云纹马蹄腿六柱式架子床	43,120,000.00
清乾隆	云龙纹大四件柜（成对）	39,760,000.00
明	四面平带翘头条桌	23,520,000.00
明	圈椅（成对）	5,600,000.00
清早期	嵌大理石圈椅（4只）	17,696,000.00
明	福如东海纹隔扇（12扇）	5,712,000.00
清	隔扇（12扇）	3,920,000.00
清早期	龙纹方桌	3,920,000.00
清	四件柜（成对）	3,920,000.00
明	高束腰马蹄足挖缺做条桌	10,080,000.00
明早期	大笔筒	1,568,000.00

综合对比以上各表，可以得出如下结论：

1.黄花黎家具价格持续升高

（1）方桌：1998年明黄花黎一腿三牙罗锅枨方桌为5.1万元，清中期方桌4.4万元；2001年，一腿三牙罗锅枨方桌升至198万元；2010年，清早期黄花黎龙纹方桌则为392万元，较之1998年升幅达76倍。

（2）椅类

2010年，明黄花黎圈椅（成对）价格为560万，清早期黄花黎嵌大理石圈椅（4只）高达1769.6万元，而同时拍卖的清黄花黎圈椅价格134.4万元，方材官帽椅53.76万元，玫瑰椅为56万元。价格的差异背后有许多因素，《简约隽永》认为：明黄花黎圈椅的"造型蕴含着深刻的哲理，除了标准制式外亦经常有变化，每一种款式的圈椅乘坐起来的感受都会因

明黄花黎方桌桌面

明黄花黎方桌（收藏：张旭，摄影：初晓）

明黄花黎书案（收藏：张旭，摄影：初晓）

明黄花黎书案局部

人而异。由此可见，圈椅是定制家具，而非盲目生产，存世量不会太多，更显珍贵"。另一原因是"此对圈椅为徐展堂先生旧藏"，名人效应及传承有序是中国古典家具价格走高的重要原因。又如黄花黎嵌大理石圈椅"四具一堂，完整传世，十分难得。圈椅造型简洁明朗，身形挺拔，扶手不出头，与前足上端用烟袋锅榫卯结合，这是较为少见的做法"。这四把圈椅原为美国加州中国古典家具博物馆旧藏，曾被收录于王世襄先生《明式家具萃珍》，这也是四把圈椅价格突破千万的直接原因。

（3）隔扇

隔扇或围屏近几年的价格波动并不是很大，此类家具用料大，且加工技术难度高，按理价格也应该高，但由于现代的房屋层高多为2.6—2.8米，很难安置高达3米左右的隔扇或围屏，即与现代生活实际相距较远，不像椅、桌、柜类家具可以直接使用。这是阻碍隔扇价格升高的主要原因。2010年清黄花黎隔扇（12扇）成交价为392万，其价格与清早期龙纹方桌的成交价一致；明福如东海纹隔扇（12扇）571.2万。2012年春拍的黄花黎螭龙纹围屏（12扇）成交价也只有897万。

（4）顶箱柜

顶箱柜（又称四件柜）在各地不同时期的价格都是很引人关注的。如2002年的清初黄花黎雕云龙纹大四件柜（成对）价格高达943.8万元，这一价格成为当年黄花黎家具的最高价。2010年，清乾隆云龙纹大四件柜（成对）价格高达3976万元，仅次于当年的明黄花黎簇云纹马蹄腿六柱式架子床（4312万元）。而同年另外一对四件柜成交价为392万，价格低的原因除了年代为清，通体光素外，尺寸较小（高148×宽73×进深40厘米）是主要原因。

2010年所拍黄花黎家具价格普遍上涨，2011年、2012年的价格也进一步上涨。随着黄花黎资源供应的极度匮乏，黄花黎家具无论新旧，其上涨空间还较大，价格也将持续上升。

2.清式家具成为收藏的重点

柯惕思先生在《简约隽永》中称："上世纪90年代的中国古典家具收藏家有'反清复明'的概念。但是通过前几年在香港以拍卖会最高成交纪录拍出的清代紫檀围屏与清代宝座都被中国人买回，能看到新的国内市场更倾向于清式宫廷家具，也称作'满式宫廷家具'。"这一点从嘉德黄花黎家具的拍卖记录中也可看得很清楚：如2002年黄花黎雕云龙纹大四件柜，年代为清初，但一些专家认为年代定得太早，应该为清中或更晚。至2010年，清乾隆黄花黎云龙纹大四件柜（与2002年的不是一物）成交价为3976万元。价格奇高的主要因素有：存世量屈指可数，比例匀称，"装饰宝贵华丽"可能最重要。"八扇门板和柜膛的立墙均铲地高浮雕云龙纹波涛之上，浮云之间，云龙俯首下窥，龙身辗转腾挪，气宇轩昂，龙爪张弩，矫健有力"。

国内收藏家近几年将目光由明转向清，特别是清乾隆时期的家具是有原因的：一些研究中国古典家具的专家近年来极为重视对工艺，特别是繁复雕刻工艺的研究与宣传，强调满雕、满工、满彻而忽视家具的艺术与精神，重视材料的珍稀而忽视家具的科学结构与造型。这一点与乾隆时期的"乾隆工"家具是一致的。更有人认为中国古代家具的顶峰不在明末，而是乾隆时期，故乾隆时期的黄花黎及紫檀家具的拍卖价格屡创新高就有理由了，反映到新制家具方面，则是没有一件家具不雕，讲究材料的厚重、尺寸肥大。这一现象距中国古代优秀的明式家具已越来越远，将重蹈清代家具之末路。

第三节　我对黄花黎的几点思考

一、黄花黎的保护

降香黄檀是我国独有的珍稀树种，于上世纪80年代列为国家二级保护树种。对于黄花黎的保护工作应着重如下几点：

1.摸清黄花黎现有资源情况

海南省林业部门曾于1997年对全省黄花黎的分布及数量进行调查，时隔15年，情况已发生很多变化，应该组织专门队伍再次将黄花黎天然林或次生林、人工林的分布、数量、生长状况做一次全面的资源调查，调查范围除海南岛外，也应包括福建、广东、广西、云南、四川、贵州、湖南。

海南尖峰岭黄花黎苗圃，大面积长势良好的黄花黎树苗昭示着海南黄花黎美好的明天。

2.提高黄花黎的保护级别

黄花黎野生林几近绝迹，其濒危程度已超过红豆杉，应将黄花黎（降香黄檀）的保护级别从二级提高为一级，这样对于残存的部分资源的保护力度也会随之加大。

3.做好现有资源的保护

现有的野生林（如胸径20厘米以上者或更小）、人工林（胸径20厘米以上者），特别是生长于海口人民公园、琼海人民医院、儋州植物园、东方市港务局中学及散生于村民房前屋后的黄花黎，均应逐一登记、拍照，统一挂牌编号，纳入林业部门的统一保护范围，进行日常巡防与保护，责任到人、到户。日本林业部门对于香榧木等名贵树木的保护非常严格，不仅将其统一编号，而且落实到每一名林务官，定期查访，并对树木的生长进行人工干预，使其符合今后使用的需求。

4.加大保护力度

目前，海南及全国黄花黎原材料及家具的销售呈公开化，如按《森林法》及其他相关法律，这是非法的。要有合法的采伐、运输证明才能采伐与运输，没有这些合法的文件，黄花黎原材料及家具的销售也是非法的。海南林业部门应向地方立法部门申请"黄花黎保护条例"的立法，制订黄花黎的资源调查、人工种植及采伐、运输、制作、销售等各环节的保护措施细则，以便理解与执行，从而加大打击力度，取消非法的黄花黎市场，规范黄花黎的销售与加工等环节。

二、关于人工种植黄花黎的几点建议

1.研究黄花黎的生长条件与环境

（1）气候

①温度

温度是限制黄花黎生长与分布的最重要因素。黄花黎耐高温而不耐寒，气温在零上5℃左右就极不利于黄花黎的生长，使之在生长初期冻死的几率极高。黄花黎在海南分布区域的年平均气温为23—25℃，年活动积温8178—9255℃，长夏无冬的气候适宜黄花黎的自然生长。故一定时期内气温低于5℃之福建、广东、广西、云南等地区并不适宜人工种植黄花黎，应选择纬度与海南相当、气温适合的地区种植。

②雨量

黄花黎的分布区年降雨量1200—1600毫米，蒸发量为1200—2300毫米，蒸发量大于降雨量。降雨多集中于5—10月份，占年降雨量的80%，这也是黄花黎的生长季节；而11月至次年4月为旱季，月降雨量仅为16—29毫米。雨热同期，有利于黄花黎的生长；而旱凉同时，黄花黎则休眠停止生长，以度过不利生境。这也是黄花黎生长的一个显著特点，且对于黄花黎材质，如密度、油性等的影响较大。

③土壤

黄花黎一般生长于海南海拔600米以下的低山丘陵及部分台地，林下土壤为花岗岩风化物上发育的褐色砖红壤，风化程度与土层厚薄程度不一，但其土体多石质粗沙、结构松散。土壤在旱季含水量仅2%左右，而到雨季因土质沙而松散，故排水性能良好。这些特有的因素与黄花黎自然生长的习性非常吻合。这一特点极大地制约了黄花黎的生长发育，也制约了其自然分布。这也是海南东部黄花黎自然分布较少的重要原因。

（2）伴生植物

树和人一样，由各种不同的植物组成一个相互竞争、和谐生长的小社会，如果一块林地只有黄花黎一个树种孤独地生长，则极不利于其生长的自由竞争，不仅易招致虫害，对于干形的形成也很不利。野生林及混生于其他植物之间的黄花黎明显分叉较高，干形直而饱满。成片种植的单纯人工林，则明显分叉较低，干形弯曲且不饱满，木材的利用率较低，也影响其材质。以黄花黎为主的植物群落类型较多，植物种类也很多，我们在种植黄花黎时不可能完全复制其原始植物群落，但应尽量提供合适的生长环境。我们并不主张单一成片地种植黄花黎，应尽可能地与其他树种混生,当然黄花黎的比例应依不同地区、不同情况而定。

　　我国热带林学家侯元兆先生力举产于海南本地的花梨(即降香黄檀)应营造混交林:"实践证明,营造混交林的方式和树种选择适当,就能保持和提高地力,又有利森林的更新和林木的生长,提高抵抗自然灾害能力,提供多样化材种。同时林木未郁闭之前也可实行林农间种、抚育管理、促进林木和农作物的生长,混交方式可采取行间或带状混交,株行距2×3米,树种选择宜与相思类树种为主,花梨占造林总株数的1／3或1／2,也可与果树类树种混交,如石榴、杜果、杨桃、荔枝、毛叶枣等,株行距按各类果树正常的栽植株数而定,花梨可占总造林株数的1／5或1／4。但花梨与果树混交时,林长生长到一定程度,应进行及时的合理修枝、打杈或必要的间伐,确保互相之间有充足的阳光,互相利用和促进生长。对混交林有各种不同的看法,但总的认为混交林树种之间通过各种途径互相作用的结果,可能是彼此有利或彼此有害的,实际上有利因素和有害因素是随着时间、地点、条件而变化的不同,要保证树种之间充分受益,必须掌握这些树种的竞争能力和表现形式,进行人为的控制和调节,可以使混交林获得成功。"[1]

生长于琼海人民医院的黄花黎树全貌(摄影:杜金星,2012年5月21日)

---

[1] 侯元兆等编著《热带林学基础知识与现代理念》第321页,中国林业出版社,2002年。

2.提倡对黄花黎生长过程的积极人工干预

日本人对于野生或人工种植的香榧、榉木在其生长初期就直接进行人工干预。香榧树易因分叉而影响材质,木材的疤节变多、直纹材的比例减少,有花纹的或疤节多的木材比例增加。香榧木在日本的用途主要是制作围棋棋盘,棋盘用材讲究径切直纹,花纹多者则不宜于棋盘的制作。故在其生长初期必须削掉多余的分枝,让树干笔直、饱满,可大大提高木材的利用率与经济价值。

黄花黎在生长初期受多种因素影响,普遍分叉又早、又低。我们以琼海人民医院内所植黄花黎为例,院内土层深厚、肥沃,树龄约45年,树高25米,树冠直径20米,主干离地面米1处,直径约90厘米,生长速度明显高于其他地区。由于无人管护,任其自然生长,其主干与分枝交替互换,不断分叉,大的互换或分叉有6次。

表44 黄花黎主干、枝桠轮替相关资料

序　次	分叉相关资料
第一次	次主干高850×直径40cm(离地面约80cm)
第二次	侧枝高700×直径20cm
第三次	侧枝已砍断
第四次	侧枝高400×直径23cm
第五次	侧枝高200×直径10cm
第六次	在主干高约14m处分叉,侧枝直径约35cm

我们记录的数据说明,如果黄花黎人工林自然散漫生长,受到台风或其他因素的干扰,主干与分枝交替互换,始终形不成粗壮的主干,则难以成就大材。除了选择气候、土壤合适的地方及营造多树种结构的混交林外,极为重要的是黄花黎生长过程中的人工干预。海南省东方市东河镇南浪村处金矿丰富的俄贤岭下,著名的黄花黎之乡的核心地带,有黄花黎圣地之称。俄贤岭产黄花黎地质条件优良、特殊,无台风侵扰之苦,

沉于水的紫黑色黄花黎

溪流不绝，漾洄清彻，浮光耀金，黄花黎呈紫褐色、深咖啡色、金黄色，油色外溢，光泽柔和，比重近于沉水，沉水者十有一二。因野生林几于灭绝，黎民房前屋后、菜地及溪边种有不少黄花黎，径级大者多从俄贤岭山野移植，黄花黎移种后的人工干预方法还是有不少。南浪村收藏家吉才荣先生称，黄花黎树主干如自然生长到两米以上，仍保持笔直，则不用采取任何措施，主干4—5米可以保持正直、饱满，与东部、东北部受台风危害的特征不一样。除此之外，人工干预的主要措施有：

南浪村吉进辉家后院最大的一棵黄花黎树

（1）修枝

移植后的黄花黎在形成主干后，易过早、过低分叉，刚长的新枝便要剔除，不能伤及主干的树皮。吉进辉家后院与俄贤岭及溪流相距不到100米，所植黄花黎树龄约30年，其中一颗围径85厘米（主干1.5米高处），主干高挑，是人工积极干预的典范，据称也是东方市仅存的最大、最高的一颗标志性样板树。

　　如果主人不是精心培养、修枝护理，是不可能得到上述漂亮的数据的。因此，适度的、可控的、积极的人工干预黄花黎的生长过程是可取

表45　南浪村吉进辉后院黄花黎修枝主干变化图（2015年9月16日）			
序　号	主干1.5米处围径（cm）	第1次分叉高度（cm）	第二次分叉高度（cm）
A	85	460	700
B	67.5	491	691
C	63	578	–
D	72	280	760
E	55	307	457

的，效果也非常明显。我们应该鼓励房前屋后所植黄花黎以积极的人工干预为主，其他手段为辅。

　　（2）矫正

竹竿矫正

小径木矫正

小径木矫正,用橡胶带牵引　　　　　　石条矫正　　　　　　　　　　　依托山荔枝树捆绑矫正

黄花黎从一开始主干便有弯曲、倾斜,少有正直者。南浪村多采用竹竿、木棍、小径原木或木板、石条进行捆绑、支撑的方式矫正。

另外,也有依托其他树木逼迫、捆绑加以矫正的。

（3）小型混交林

南浪村的黄花黎混交林主要是以黄花黎为主,比例接近1/2或更高,与其共生的树种主要为果树及其他杂树,如野芒果、野石榴、木瓜、椰子、荔枝、杨桃、槟榔、香蕉树及木棉树、橡胶树等。

3.加强黄花黎生境与材质变化的研究

我国黄花黎人工种植的东移、北移与西移,特别应注意的是当地的生境是否与黄花黎生长的特殊要求相一致或接近。有的树种离开原生地后发生变异,最明显的便是心材特征的变化,比重、颜色、光泽、纹理、味道、油性均会发生改变。黄花黎为什么成为我国家具发展史上巅峰时期的代表——明式家具的代名词,与其自身固有的特征与魅力是分不开的。海南本地人工种植的黄花黎,多植于房前屋后土壤肥沃的地方，生长速度明显加快，但形成心材的时间延长，且颜色、纹理、油性较之山地或沙地、火山岩或花岗岩风化地区的黄花黎人工林更有明显不同，前者颜色浅、杂，浅黄泛白者多，纹理变粗，比重下降，油性也差。移至广东或福建、广西、云南的黄花黎，生境发生了根本性的改变，植物学家及林学家、木材学家均应跟踪监测、研究，找出生境与材质变化的规律，选择符合黄花黎生长的干热地区进行人工种植。不宜种植黄花黎的地区，则应改种其他更合适的树种，以避免林地与资源浪费。

参考书目

1.周振甫《诗经译注》，中华书局，2002年

2.闻人军译著《考工记》，上海古籍出版社，2008年

3.〔汉〕班固《汉书》，台湾鼎文书局，1981年

4.〔汉〕司马迁《史记》，台湾鼎文书局，1981年

5.〔汉〕杨孚《异物志》，广东科技出版社，2009年

6.〔西晋〕嵇含《南方草木状》，中国医药科技出版社，1999年

7.〔晋〕郭璞著，杨慎补注《山海经补注》，浙江古籍出版社影印扫叶山房《百子全书》本，1998年

8.〔北魏〕郦道元《水经注》，中华书局，2007年

9.〔唐〕刘恂《岭表录异》，广东人民出版社，1983年

10.〔唐〕段公路《北户录》，台北商务印书馆，1983年

11.〔唐〕陈藏器，尚志钧辑译《本草拾遗》，安徽科学技术出版社，2002年

12.〔唐〕欧阳询撰，汪绍楹校《艺文类聚》，中华书局，1965年

13.〔五代〕李珣，尚志钧辑校《海药本草》，人民卫生出版社，1997年

14.〔宋〕乐史撰《太平寰宇记》，中华书局，2007年

15.〔宋〕李昉撰，汪绍楹点校《太平广记》，中华书局，1961年

16.〔宋〕李昉《太平御览》，中华书局，1998年

17.〔宋〕严羽著，郭绍虞校释《沧浪诗话校释》，人民文学出版社，1961年

18.〔宋〕朱熹《四书章句集注》，中华书局，1983年

19.〔宋〕周去非著，杨武泉校注《岭外代答校注》，中华书局，1999年

20.〔宋〕赵汝适《诸蕃志》，中华书局，2000年

21.〔元〕周达观著，夏鼐校注《真腊风土记》，中华书局，2000年

22.〔明〕王士性《广志绎》，中华书局，1981年

23.〔明〕顾岕《海槎余录》，中华书局，1991年

24.〔明〕唐胄《正德琼台志》，海南出版社，2006年

25.〔明〕李时珍著，刘衡如、刘山永校注《本草纲目》，华夏出版社，2002年

26.〔明〕罗曰褧《咸宾录》，中华书局，1982年

27.〔明〕张天复《皇舆考》，台北中央图书馆出版，1981年

28.〔明〕黄省曾著，谢方校注《西洋朝贡典录校注》，2000年

29.〔明〕陈嘉谟《本草蒙筌》，中医古籍出版社，2009年

30.〔明〕倪朱谟《本草汇言》,中医古籍出版社,1997年

31.〔明〕马欢原著,万明校注,《明钞本〈瀛涯胜览〉》,海洋出版社,2005年

32.〔明〕王阳明《传习录》,中州古籍出版社,2008年

33.〔明〕王阳明《王阳明全集》,上海古籍出版社,1992年

34.〔明〕李渔《闲情偶寄》,岳麓书社,2000年

35.〔明〕高濂《遵生八笺》,人民卫生出版社,2007年

36.〔明〕文震亨《长物志图说》,山东画报出版社,2004年

37.〔明〕李贽《初潭集》,中华书局,1974年

38.〔明〕袁中道《珂雪斋集》,上海古籍出版社,1989年

39.〔明〕张岱《琅嬛文集》,岳麓书社,1985年

40.〔明〕李贤、万安等纂修《大明一统志》,国家图书馆出版社,2009年

41.〔明〕曹昭著,舒敏编,王佐增《新增格古要论》,商务印书馆,1939年

42.〔清〕张巂、邢定纶、赵以谦纂修,郭沫若点校《崖州志》,广东人民出版社,1983年

43.〔清〕屈大均《广东新语》,中华书局,1985年

44.〔清〕赵尔巽等撰《清史稿》,中华书局,1977年

45.〔清〕李调元《粤东笔记》,上海会文堂,1925年

46.〔清〕张庆长《黎岐纪闻》,广东高等教育出版社,1992年

47.〔清〕李调元《南越笔记》,商务印书馆,1936年

48.〔清〕吴震方《岭南杂记》,商务印书馆,1936年

49.〔清〕谷应泰《博物要览》,商务印书馆,1939年

50.〔清〕萧应植修,陈景埙纂《乾隆琼州府志》,海南出版社,2006年

51.〔清〕胡端书总修,杨世锦、关鸣清纂《道光万州志》,海南出版社,2006年

52.〔清〕高魁标纂修《康熙澄迈县志》,海南出版社,2006年

53.〔清〕马日炳纂修《康熙文昌县志》,海南出版社,2006年

54.〔清〕潘廷侯、佟世南修,吴南杰纂《康熙琼山县志》,海南出版社,2006年

55.〔清〕潘廷侯《康熙陵水县志》,海南出版社,2006年

56.〔清〕明谊修,张岳崧纂《道光琼州府志》,海南出版社,2006年

57.〔清〕方岱修,璩之璨校证《康熙昌化县志》,海南出版社,2004年

58.〔清〕李有益纂修《昌化县志》,海南出版社,2004年

59.中国第一历史档案馆、香港中文大学文物馆合编《清宫内务府造办处档案总汇》,人民出版社,2005年

60.彭元藻、曾有文修,王国宪总纂《民国儋县志》,海南出版社,2004年

61.古斯塔夫·艾克,薛吟译,陈增弼校审《中国花梨家具图考》,地震出版社1991年

62.华北产业科学研究所编纂《调查资料第十二·北京木材业的沿革》,1940年7月

63.唐燿著,胡先骕校《中国木材学》,商务印书馆,1936年

64.陈嵘《中国树木分类学》（1937年初版），上海科学技术出版社，1959年

65.周文海重修，卢宗棠、唐之莹纂修《民国感恩县志》，海南出版社，2004年

66.朱为潮、徐淦等主修，李熙、王国宪总纂《民国琼山县志》，海南出版社，2004年

67.陈铭枢编纂《海南岛志》，方志出版社，2009年

68.许崇灏《琼崖志略》上海正中书局，1947年

69.谭正璧编《中国文学家大辞典》，光明书局，1934年

70.王国宪、许崇濠等编著《琼志钩沉》，海南出版社，2006年

71.王世襄《明式家具研究》，三联书店，2007年

72.王学萍主编《中国黎族》，北京民族出版社，2004年

73.广州地理研究所编《海南岛热带农业自然资源与区划》，科学出版社1985年

74.中国科学院民族研究所、广东少数民族社会历史调查组编《黎族简史简志合编》，1963年

75.方鹏《椰岛寻踪——海南文化史话》，四川人民出版社，2004年

76.杨东文《海南历史开发过程中的人口迁移研究》，载《海南大学学报（社会科学版）》1991年第3期

77.林冠群《东坡海外集（修订本）》，银河出版社，2006年

78.侯宽昭主编《广州植物志》，科学出版社，1956年

79.成俊卿、李秾《中国热带及亚热带木材识别、材性和利用》，科学出版社，1980年

80.2000年5月19日由国家质量技术监督局发布GB/T18107-2000《红木》国家标准，中国标准出版社，2000年

81.濮安国《明清苏式家具》，浙江摄影出版社，1999年

82.吴中伦《中国森林》，中国林业出版社，2000年

83.文化部恭王府管理中心《恭王府明清家具集萃》，文物出版社，2008年

84.成俊卿、杨家驹、刘鹏《中国木材志》，中国林业出版社，1992年

85.郑万钧主编《中国树木志》，林业出版社，1997年

86.洪光明《黄花梨家具之美》，台湾南天书局有限公司，1997年

87.罗天诰主编《森林药物资源学》，国际文化出版公司，1994年

88.中国医学科学院药物研究所编《中药志》，人民卫生出版社，1994年

89.林仰三、苏中海《明式家具所用珍贵硬木名实考》，《中国木材》1993年第2期

90.春元、逸明编《张说木器》，国际文化出版公司，1993年

91.琼山县林业局编《琼山县林业志》，三环出版社，1990年

92.江海声等《海南吊罗山生物多样性及其保护》，广东科技出版社，2006年

93.周铁烽教授主编《中国热带主要经济树木栽培技术》，中国林业出版社，2001年

94.广州地理研究所编《海南岛热带农业自然资源与区划（论文集）》，科学出版社，1985年

95.黄定中《留馀斋藏明清家具》，三联书店（香港）有限公司，2009年

96.蔡易安《清代广式家具》，香港八龙书屋出版，1993年

97.海南地方志编纂委员会办公室编《海南岛自然资源》（内部资料），1980年

98.罗良才《云南经济木材志》，云南人民出版社，1989年

99.李宗山《中国家具史图说》，湖北美术出版社，2001年

100.傅立国主编《中国植物红皮书》，科学出版社，1991年

101.胡德生《故宫博物院藏明清宫廷家具大观》，紫禁城出版社，2006年

102.罗献瑞主编《实用中草药彩色图集》，广东科技出版社，2003年

103.朱家溍编纂《明清家具》，上海科学技术出版社、商务印书馆（香港），2002年

104.单士元《故宫史话》，新世界出版社，2004年6月

105.符桂花主编《清代黎族风俗图》，海南出版社，2007年

106.李露露《热带雨林的开拓者——海南黎寨调查纪实》，云南人民出版社，2003年

107.洪寿祥主编《明清〈实录〉中的海南》，海南出版社，2006年10月

108.焦勇勤、孙海兰主编《海南历史文化大系·社会卷·海南民俗概说》，海南出版社、南方出版社，2003年

109.陈立浩、陈兰、陈小蓓《海南历史文化大系·民族卷》，南方出版社、海南出版社，2003年

110.黄友贤、黄仁昌主编《海南历史文化大系·民族卷·海南苗族研究》，海南出版社、南方出版社，2003年

111.罗民介《海南历史文化大系·社会卷·海南农垦社会研究》，海南出版社、南方出版社，2003年

112.陈光良《海南经济史研究》，中山大学出版社，2004年

113.张星烺《中西交通史料汇编》，中华书局，2003年

114.子月《岭南经济史话》，广东人民出版社，2000年

115.中国科学院民族研究所广东少数民族社会历史调查组、中国科学院广东民族研究报《黎族古代历史资料》，1964年

116.许士杰主编《海南省——自然、历史、现状与未来》，商务印书馆，1988年

117.中国科学院昆明植物研究所编《南方草木状考补》，云南民族出版社，1991年

118.戴好富、郑希龙、邢福武、梅文莉主编《黎族药志》，中国科学技术出版社，2014年

119.戴好富、郭志凯《海南黎族民间验方集》，中国科学技术出版社，2014年

120.杨伯峻《论语译注》，中华书局，1980年

121.李泽厚《论语今读》，三联书店，2008年

122.冯友兰《中国哲学史新编》，人民出版社，1964年

123.陈鼓应《老子今注今译》，商务印书馆，2005年

124.张松辉《老子研究》，人民出版社，2009年

125.陈来《宋明理学》（第二版），华东师范大学出版社，2004年

图表索引

名词索引

412

名　词	页　码
S	
色木	237
涩勒	032
沙塘木	136
砂竹	032
山荔枝	055 402
山檀	237
山桃花	028
山油柑	136 138 155
山竹	032 070
杉木	019 084 237 245 251 253 307 329 340 343 348 352
烧料沉速	035
蛇木	237
蛇总管	031 147
射木	197
麝檀	197 198 232
麝香木	009 098 099 197 198
生结沉	035
石决明	035
石山料	197 208 383
双丝	113
水桫	030
水相思	145
水杨柳	031
水椰	030
四六沉	035
松筋藤	032
松木	019 084 237 245 307
苏方木	030 135
苏枋	031
苏木	031 039 052 053 070 080 092 116 271
酸枝	021 036 119 217 299 301
桫椤	162 163
T	
檀木	084 126

跋

我的一生，注定永远在行走，没有片刻的停顿。刚刚校对完《黄花黎》，便应约赴南太平洋岛国瓦鲁阿图的桑托岛考察林业。近半个月时间不间断地在密林深处穿行，蚊叮虫咬，酷热难耐，但收获不小。回到北京，见到刚看完初稿的一位仁兄，第一句话就是：《黄花黎》一书为何戛然而止？是否没写完？

仁兄的话切中要害。以我目前的学术水平与素养，《黄花黎》一书是永远没有结尾的。原有一章的标题为"黄花黎与黄花黎家具的审美及哲学思考"，终因难度太大而不得不搁置。多数研究明式家具或中国古典家具的著作，一般纠缠或拘泥于材质、造型、工艺上，对于其审美或哲学层面上的探究还没有真正开始。但已有少数年轻学者开始将目光移到明式家具形成的渊源、成长与最终确立之过程，明式家具与中国哲学特别是宋明理学的关系，阳明心学对于明式家具形成与完善的关系。这是研究明式家具里"形而上"的东西，也是研究明式家具不得不涉及的领域。几年前，我写了一篇很不成熟的小文章《有无相生之美——明式家具的审美与哲学思考》，几种杂志均有转载，引起了一些学者的关注。从哲学方面讲，这篇文章还没有接触到深层次的核心，概念的把握还不十分准确，但这也许是研究明式家具一个新的尝试、新的开端。我一直在读书，在森林中穿行，在博物馆流连，向我的老师、朋友们讨教。愈是学习，愈是感到恐惧，甚至颤栗，需要学习的东西太多，不懂的东西也太多了。到林区、到博物馆、到工厂、到图书馆，我把时间安排得很紧，但我还是后悔，年青时为什么虚度了那么多光阴呢？

就在《黄花黎》一书交稿之际，北京有一场引人注目的新制罗汉床是"海南黄花黎还是越南黄花梨"的官司，北京及外地的电视台、报纸、杂志通过很多关系找到我，以各种理由要求我发表看法。罗汉床的形制、工艺、榫卯几乎全然不对，没有灵魂，徒有躯壳，仅剩商业炒作与利益的羁绊，真假还有什么意义？

王国维《人间词话》谓"诗人必有轻视外物之意，故能以奴仆命风月；又必有重视外物之意，故能与花鸟共忧乐"。此意契合庄子"物物而不物于物"的本意。对于黄花黎、紫檀及家具的认识也应如此。

我一直在讲，紫檀有紫檀的理想，黄花黎有黄花黎的追求。不同的木材有不同的审美，你要表达什么、要达到什么样的审美层次或理想，这对于木材的选择是十分敏感与重要的。乌木一片漆黑，但在黑暗中透出不灭的丝光，是宋人理性、简约的灯影；紫檀红褐中显露高贵、沉穆与典雅，自晋至明清，都有她不谢的舞台；黄花黎似乎专为明末浪漫而不服传统礼教约束的士人而生长。对于每一种木材适合做什么家具，什么家具需要用什么木材，什么人喜欢什么木材或适合什么木材，什么环境需要陈设什么家具，这些问题不仅仅是从木材或物理方面考虑，更重要的是审美问题。这一问题的提出，必须引起我们的思考，也必须予以回答。

世界的万事万物，绝对不仅仅是"一分为二"，不是孤立的。我们的思维不能非左即右，非黑即白。对于"唯材质论"的争论开始步入这一单极思维中，这有害于科学地认识中国传统的、优秀的古典家具，特别是明式家具。

"黄花黎与黄花黎家具"的研究才刚刚开始。也许我找不到我的先祖周敦颐先生，也找不到王阳明和我所仰慕的袁氏三兄弟，但有他们的诗文下酒，且行且饮，自我愉悦的感受也许会浸润心田。我希望用我余生不多的时间做一些自己喜欢的、有意义的事情，尽量做到生死轮替之际不会因为自己的碌碌无为、虚度年华而叹息。

《黄花黎》一书耗费了我人生中的黄金时刻。此书初稿的第一个读者便是于思群老师，她读了数遍，亲自修改，调整大纲、纠缠细节，并写下数十页的建议。

中华书局的余喆先生，对于中国古典家具有着透彻的理解，对本书的内容、结构进行了合理、严谨的变动，建议添加"海南黄花黎的现状与未来"一章，增强了本书的学术性与可读性。责任编辑朱振华、李晓燕同志和美术编辑许丽娟女士，对本书的编辑加工不辞辛劳、整体设计不厌其烦，让我铭感于心！

特别感谢我的老师，北京大学王守常教授、徐天进教授对于本书写作的关心与指导！还有魏希望、李明辉先生等一长串光辉而又温暖的名字已反复出现于本书中，在此不一一列举，一并致谢！

我要说的、要写的太多，到此也只能戛然而止了。

周　默

2010年5月31日晨于北京

2015年9月10日定稿